洋外紀略

安積艮斎

村山吉廣 監修
安藤智重 訳注

洋外紀略

引

洋外紀略引（※自序）

幾月も雨が降らず、酷暑には堪えられず、この身が赤道の下にあるのかと不審に思う。たまたま漢訳された西洋の数種の書物を読んでいると、奇異な話が次から次へと出てきて、心は寒く骨は冷え、さらに、この身が転じて雪の山や氷の海のあたりを行くのかと不審に思い、猛暑が人を苦しめるのを感じなくなった。よって、これを文字に探求し、その要旨をえらびとり、シナの史書もとりまぜて、かろうじて冊子を作った。

そうではあるが、体中の熱血が筆先から流れ出て、まるで剣を伊吾（いご）の北に鳴らすかのように、感情が高ぶり、奮い立った。加えて、葵や藿（まめのは）が太陽の方に傾き向うように、野人の真心は君主を思い、赤誠と飾りのない忠義が、いまだかつて心中にしたたらなかったことはない。しかし、内容が海防に及ぶので、どうしても人に示せず、これを竹の箱におさめ、賢明な人物を待って、問いただしたいのである。

嘉永元年（一八四八）六月、艮斎安積信記す。

※

洋外紀略引

連月（れんげつ）雨ふること無く、極熱（ごくねつ）堪うべからず、身は赤道の下に在るかと疑う。偶（たま）ま翻訳の西洋書数種を閲するに、奇事異聞、累々として出で、神寒く骨冷え、又た身転じて雪山氷海の間を行くかと疑い、烈暑の人を困むるを覚えざるなり。因りて諸を副墨に謀り、其の要約を掇い、参うるに震旦の史籍を以てし、僅かに冊子を成すのみ。

然れども一腔の熱血、筆端より流出し、慷慨感激すること剣を伊吾の北に鳴らすが如し。而して葵藿日に向かい、芹曝君を思い、赤誠樸忠、いまだ始めより其の中に瀝らずんばあらざるなり。但だ事の洋警に渉るを以て敢えて人に示さず、諸を筐衍に蔵め、賢明の君子を待ちて之を質さんと欲するのみ。

嘉永紀号戊申荷月、艮斎安積信識す。

語釈 ○**引**―序。 ○**奇事**―不思議な事。 ○**異聞**―普通とは違った話。 ○**副墨**―文字。 ○**震旦**―シナ。 ○**慷慨**―感情が高まり出る。 ○**感激**―強い刺激を受けて心が奮い立つ。 ○**伊吾**―今の新疆省哈密県。匈奴の地。『後漢書』「呉蓋陳臧列伝」に、「蔵宮・馬武の徒、鳴剣を撫して抵掌し、志は伊吾の北に馳す」とある。 ○**葵藿日に向う**―葵と藿が日光の方に傾き向う。君主を尊敬し、忠誠を尽すこと。 ○**芹曝**―野人の微衷。嵆康「山巨源に与うるの絶交書」に、「野人に、炙背（日なたぼっこ）を快とし、芹子（せり）を美とする者有り。之を至尊（天子）に献ぜんと欲するは、区区（真面目なさま）の意有りと雖も、亦已に疏（粗略なさま）なり」とある。○**樸忠**—飾りのない忠義。○**洋警**—海防。○**筺衍**—竹で編んだ箱。○**紀号**—年号。○**荷月**—陰暦六月。

※

洋外紀略引

連月無雨、極熱不可堪、疑身在赤道下。偶閲翻訳西洋書数種、奇事異聞、累々而出、神寒骨冷、又疑身転而行雪山氷海之間、不覚烈暑困人也。因謀諸副墨、掇其要約、参以震旦史籍、僅成冊子。

然一腔熱血、従筆端流出、慷慨感激、如鳴剣于伊吾之北。而葵藿向日、芹曝思君、赤誠樸忠、未始不瀝其中也。但以事渉洋警、不敢示人、蔵諸筺衍、欲待賢明君子而質之爾。

嘉永紀号戊申荷月、艮斎安積信識。

洋外紀略

目録

洋外紀略　目録

洋外紀略

卷上

四大洲・万国

天下に四大陸がある。第一をアジア大陸と言い、第二をヨーロッパ大陸と言い、第三をアフリカ大陸と言う。第四をアメリカ大陸と言い、陸地が一層大きいので、南北二大陸に分けている。これで天下の大陸が出そろう。

四大陸の気候は、五帯に分けられている。赤道から南北に各々二十三度半隔てたところまでを熱帯という。両極から各々二十三度半隔てたところまでを寒帯という。寒帯と熱帯の中にあるものを温帯という。熱帯は一つ、寒帯と温帯は各々二つ、全部で五帯である。

アジア大陸、ヨーロッパ大陸は、ちょうど温帯の地に当たり、気候は温和で、そこの人は聡明で、あらゆる穀物や財貨、金銀の類が備わっている。昔から、聖賢、君子、雄傑の士が多い。アフリカは赤道の下にあり、大地は非常に暑く、そこの人は愚かで怠けていて、なりわいに力を尽さず、英雄がその中から頭角を現わすことはわずかである。

北アメリカもまた温帯であり、その気候はアジア・ヨーロッパと似ている。南アメリカは熱帯の地にかかり、二つの国は建国してから長くなく、人民や物資も少なく、おおむねヨーロッパ諸国がはじめ開いた。だから、その属領が多い。

近年、北アメリカは土地がますます開け、人民がますます増え、国勢は強大になった。西洋の官吏を追い払い、各々その領地に拠って、部族の長同士が契約して、互いに艱難を救っている。世に共和制国家と称する三十一の国がある。

アメリカの南の果てにメガラニアという国がある。マテオ・リッチがそれを合わせて五大陸としたのは誤りだ。この地域に、当時、かろうじてその国があることは知られていた。けれどもまだその地域がはっきりしなかったので、そう言った。

そののち、オランダ人がその境界がきわまるところまで詳しく調べた。そこではじめて、これがただの大きな島で、四大陸に配するには及ばないことを知った。新井白石は『采覧異言（さいらんいげん）』を書き、四大陸を主として、メガラニアをそれに付した。きわめて本質を突いている。

ヨーロッパ大陸には帝国があって、ゲルマニア（またドイツランドと言う）、オロス（またモスコビア、ロシアと言う）、トルコ（アジア大陸にかかり、その首都はヨーロッパ大陸にある）と言う。

王国があって、イスパニア、フランス、アンゲリア（またイギリスと言う）、イタリア、デンマーク、ポルトガル、オランダ、ヘルヘシア、プロイセン、スウェーデンと言う。

アフリカ、アジア、南洋諸国もまた王国と名乗り、万国が星のように羅列して、記載するゆとりもない。今、その最も強大なものを記し、また人物の雄俊なものを取上げて、それに付す。

※

天下に四大洲(しだいしゅう)有り。第一を亜細亜(アジア)洲と曰い、第二を欧羅巴(ヨーロッパ)洲と曰い、第三を亜弗利加(アフリカ)洲と曰う。第四を亜墨利加(アメリカ)洲と曰い、地更に大いなれば、分ちて南北二洲と為す。而して域中(いきちゅう)の大地尽く。

四大洲の気候、分ちて五帯と為す。赤道より南北に距つること各〻二十三度半を暖帯と為す。二極より距つること各〻二十三度半を寒帯と為す。寒暖の中に居る者を正帯と為す。暖帯一、寒正各〻二、共に五帯と為す。

亜細亜洲、欧羅巴洲は乃ち正帯の地に当たり、気候融和、其の人や聡明、九穀百貨、金銀の属備わる。古より聖賢君子雄傑の士多し。亜弗利加は赤道の下に在り、地極めて熱く、其の人や昏惰(こんだ)にして力を生業に竭(つ)くさず、英雄、其の中より崛起(くっき)する者絶えて少なし。

北亜墨利加も亦た正帯と為し、其の気候は亜細亜・欧羅巴と相い類す。南亜墨利加は暖帯の地に係り、二州、国を建つること久しからず、人物寡少にして、大抵、欧羅巴諸番の創開(そうかい)する所と為る。故に其の属地多し。

近世、北亜墨利加は、地益〻闢(ひら)け、人益〻殖(ふ)え、国勢強盛たり。西洋の官吏を逐(お)い、各〻其の境に拠り、酋長(しゅうちょう)胥(あ)い約して、迭(たが)いに患難を救う。世に共和政治国と称する者三十一なり。

亜墨利加の極南に国有りて墨瓦蝋泥亜(メガラニア)と曰う。李瑪竇(りまとう)合して五大洲と為すは非なり。此の境、当時

白楽天のこと

ISBN978-4-

製函入七二四頁

頼山陽のことば　長尾直茂　一六五〇円

「日本外史」の著者として、多くの
頼山陽は知られるが、本書では家族への情愛を吐露し
旅中の感慨を詠じた絶唱等、また諸家の文も交え、親しみ易く生涯と人物像を描く。

ISBN978-4-89619-765-5　B六判並製三三二頁

湖村詩存　桂湖村 著　村山吉廣 編　二五三〇〇円

『漢籍解題』の名著によって、また森鷗外の漢詩文の師として知られる博学の漢学者・桂湖村。高古・秀逸な彼の漢詩を収めた貴重な書を初公刊。「桂湖村伝」を附載し、その生涯と人物を紹介する。

ISBN978-4-89619-949-9　A五判上製一五四頁

安積艮斎 艮斎詩略 訳注　菊田紀郎　安藤智重　三三〇〇〇円

昌平坂学問所教授として師の佐藤一斎と双璧をなし、また斎藤拙堂と詩文の才を称され、その門に多くの逸材を輩出した安積艮斎の詞藻の真骨頂を示す「艮斎詩略」所収の全百一首を詳細に訳注。

ISBN978-4-89619-725-9　B六判並製三八四頁

牧野默庵の詩と生涯　濱久雄　四一八〇〇円

牧野默庵は菅茶山・佐藤一斎・菊池五山等に師事した江戸時代末期の儒者であるが、詩人としても優れ、特に時事詩は瞠目すべきものがある。その詩と生涯を紹介し、埋もれた詩人の再評価を試みる。

ISBN978-4-89619-173-8　A五判上製二五八頁

岸上質軒の漢詩と人生　濱久雄　三三〇〇〇円

明治時代に博文館の編集者として活躍し、多くの文人と交わった岸上質軒が遺した自筆稿本に収められた漢詩全三一〇首を訳注。質軒の詩風と時代背景、また明治詩壇の流風余韻を窺う貴重な資料。

ISBN978-4-89619-598-9　A五判上製二三三頁

二松学舎奇桀の士 佐藤胆斎　濱久雄　三三〇〇〇円

夏目漱石・犬養毅等、嘗て二松学舎に学んだ傑物は実に多かった。佐藤胆斎もその一人。辛亥革命の檄文を起草し満州国建国に係わる機密文書を作成したことは特筆に値する。彼の生涯と詩文を解説。

ISBN978-4-89619-798-3　A五判上製二二八頁

大正天皇御製詩の基礎的研究　古田島洋介　五五〇〇〇円

『大正天皇御製詩集謹解』の続編とすべく、同書に未載の漢詩二十七首を採り上げて解説し、併せて御製詩についてさまざまな角度から考察を加えた論考を収録。巻末には両書を合せた詳細な索引を付す。

ISBN978-4-89619-172-1　菊判上製函入三三八頁

㈱明徳出版社の電話番号は０３（３３３３）６２４７です。

郵便はがき

恐縮ですが
郵便切手を
お貼り下さ
い

162-0801

新宿区山吹町三五三

明徳出版社 行

ふりがな 芳名	年齢 才	男・女
住所 〒		
メール アドレス		
職業	電話 ( )	
お買い求めの書店名	このカードを前に出したことがありますか はじめて ( )回目	

書　名

愛読者カード

ご購読ありがとうございます。このカードは永く保存して，新刊のご案内や講演会等のご連絡を申し上げますので，何卒ご記入の上ご投函下さい。

この本の内容についてのご感想ご意見

この本を何でお知りになりましたか	①書店でみて，②小社新刊案内，③小社目録 ④知人の紹介 ⑤新聞・雑誌の広告（　　　　　　　） ⑥書評をよんで（　　　　　　　） ⑦書店にすすめられて　⑧その他（　　　）

紹　介　欄

本書をおすすめしたい方をご紹介下さい。ご案内を差上げます。

「明徳出版図書目録」をご希望の方には送呈します。

□ 希望する　　□ 希望しない

僅かに其の国有るを知るのみ。而れどもいまだ其の区域を審らかにせず、故に爾云《しかい》う。後、和蘭《オランダ》人、其の境界の尽くる所を究む。然る後に、此れ惟だ一鉅嶋《きょとう》にして、以て四大洲に配するに足らざるを知る。新井白石、采覧異言《さいらんいげん》を作り、四大洲を以て主と為し、而して墨瓦臘泥亜を以て焉れに附く。極めて体を得たりと為す。

欧羅巴洲に帝国有りて入尓馬泥亜《ゼルマニア》と曰い（又た独逸蘭土《ドイツランド》と称す）、俄羅斯《オロス》と曰い（又た莫斯哥未亜《モスコビア》と称し、又た魯西亜《ロシア》と称す）、都尓格《トルコ》と曰う（亜細亜洲に係りて、其の都は則ち欧羅巴洲に在り）。

王国有りて伊斯巴你亜《イスパニア》と曰い、仏郎察《フランス》と曰い、諳厄利亜《アンゲリア》と曰い（又た暎咭唎斯《イギリス》と称す）、伊太里亜《イタリア》と曰い、弟那瑪尓加《デネマルカ》と曰い、波尓杜瓦尓《ポルトガル》と曰い、涅垤尓蘭士《ネデルランド》と曰い、赫尓勿萋亜《ヘルヘシア》と曰い、孛漏生《プロイセン》と曰い、蘇亦斉《シュエシア》と曰う。

阿弗利加、亜細亜、南洋の諸番も亦た王と称し、万国星羅《せいら》、記載するに遑《いとま》あらず。今、其の最も強大なる者を録《しる》し、而して人物の雄俊を以て焉《これ》に附く。

語釈　○**域中**―天下。　○**昏惰**―心がくらくておこたる。　○**崛起**―多数の中から頭角を現す。　○**創開**―はじめ開く。　○**墨瓦蝋泥亜**―西洋において南半球に実在するとされていた大陸。　○**李瑪竇**―マテオ・リッチ。イタリアのイエズス会宣教師。明末の中国に渡り布教。西洋学術を紹介し、中国最初の世界地図『坤輿《こんよ》万国全図』を作る。　○**采覧異言**―世界地誌。イタリアの宣教師シドッチへの尋問や、オランダ人からの聴取をもとに、中国の地理書を参照して著す。海外事情を詳細に解説。○星羅—星が天空に羅列するように、物が数多く並びつらなる。

※

天下有四大洲。第一曰亜細亜洲、第二曰欧羅巴洲、第三曰亜弗利加洲。第四曰亜墨利加洲、地更大、分為南北二洲。而域中大地尽矣。

四大洲気候、分為五帯。距赤道南北各二十三度半、為暖帯。距二極各二十三度半、為寒帯。居寒暖之中者、為正帯。暖帯一、寒正各二、共為五帯。

亜細亜洲、欧羅巴洲、乃当正帯之地、気候融和、其人聡明、九穀百貨、金銀之属備焉。自古多聖賢君子雄傑之士。亜弗利加在赤道之下、地極熱、其人昏惰不竭力於生業、英雄崛起其中者絶少矣。

北亜墨利加亦為正帯、其気候与亜細亜欧羅巴相類。南亜墨利加係暖帯之地、二州建国不久、人物寡少、大抵為欧羅巴諸番所創開。故多其属地。

近世北亜墨利加、地益闢、人益殖、国勢強盛。逐西洋官吏、各拠其境、酋長胥約、迭救患難。世称共和政治国者三十一焉。

亜墨利加極南有国焉、曰墨瓦臘尼亜。李瑪竇合為五大洲非也。此境当時僅知有其国。而未審其区域、故云爾。

後和蘭人究其境界所尽。然後知此惟一鉅島、不足以配四大洲。新井白石作采覧異言、以四大洲為主、而以墨瓦臘尼亜附焉。極為得体。

欧羅巴洲有帝国焉、曰入尓馬泥亜（又称独逸蘭土）、曰俄羅斯（又称莫斯哥未亜、又称魯西亜）、曰都尓格（係亜細亜洲、而其都則在欧羅巴洲）。有王国焉、曰伊斯巴你亜、曰仏郎察、曰諳厄利亜（又称暎咭唎斯）、曰伊太里亜、曰弟那瑪尓加、曰波尓杜瓦尓、曰涅垤尓蘭土、曰赫尓勿萋亜、曰孛漏生、曰蘇亦斉。阿弗利加、亜細亜、南洋諸番、亦称王、万国星羅、不遑記載。今録其最強大者、而以人物之雄俊附焉。

俄羅斯（オロス）

ロシアが建国したのは、非常に遠い昔である。けれども、まちは狭く人民は少なく、国内はただ深林と大きな谷と広々とした野だけが互いに入り組み、昔からはじめ開くことができなかった。国王の子弟らは各々その領地を根拠とし、互いに攻撃していた。気風は粗野で道理や正義をわきまえず、学術や技芸はたちおくれていた。ここへ来て貿易をする外国人は皆国王と関らず、貿易は無秩序で、人の教えが及ばない野卑な人民であるに過ぎなかった。

ピョートル帝が現れてからは政令が一変し、すべての制度が一新し、軍隊ははじめて強くなり領地ははじめて広くなった。西方においてポーランド、スウェーデンなどの国を攻め取り、南方においてトルコを奪い取り、ペルシアの領地を奪い、東方においてシベリアの国々を攻め取り、北方は北極海に至り、東方はカムチャッカに至り、蝦夷にせまった。領土や周囲の広大さは、四大陸中で群を抜いている。

ピョートル帝は寛文十二年（一六七二）に生まれた。国王アレクセイの三男である。生まれつきすぐれた人物で大志を抱き、つねに心を奮い起こして、国勢の不振を憤っていた。帝位に就いてからは、人目につかないよう身をやつして諸国を周遊し、国情を詳しく調べ、その政治や教育を実地に調べ、もっぱら富国強兵につとめ、鄭重な礼物や重い位を惜しまず、才気学問、技術文芸を備えた優れた人を召し出し、彼らに国民を教導させ、道徳や学芸を身に付けさせた。

さらに山河を開鑿（かいさく）し、数十隻の大艦を建造し、外国と貿易した。この時にあたって、他国の人が一族揃って雲のように大勢集まり、陋習や悪習にまみれた国情が立派に一新した。才能や技芸が衆人に秀でた人が前後して輩出し、兵力がやっと強大になった。

宝永六年（一七〇九）、ピョートル大帝は、みずから軍を率いて、スウェーデン、ポーランド、コサックの三国とポルタヴァで大戦してこれを破った。斬り殺し、捕虜にした兵士たちは数知れず、倒れた屍が野をおおった。勝ちに乗じて進攻し、コサックの城を攻めおとし、かくしてその国を併合した。コサックは気性が荒く、しばしば国境を犯していたが、ついに従い服した。

翌年、スウェーデンを伐ち、連戦連勝し、その領地リホニアを取った。この年、トルコとプルト川に戦い、まもなく和睦した。それ以前に、スウェーデンは戦って敗れ、援軍をトルコに乞うていた。トルコはそのために挙兵して北に向かって伐ってでた。

そのとき、ピョートル帝はみずから遠征して西方を侵略していた。カタリナ妃は自分で兵をひきいて防戦した。トルコは、兵隊を鼓舞して突撃したが、妃の指揮は巧みに機会をつかんでおり、非常に力を尽くして戦った。トルコは勝てず、兵をひきまとめて去った。

ピョートル帝は、おおよそ二十年の間スウェーデンを伐って、そこまでしてやっと平定することができた。さらにペルシアの地を奪い取り、領土はますます広くなり、かくして空前の大業を開いた。英主と称するべきである。けれども、強くて疑い深く、はなはだ殺戮を好み、処刑を行なうたびごとにいつも血を流して道に波立て、いまだ野蛮な民族の風習を免れていないという。

ピョートル帝が逝去し、その遺言によって妃が政務を行った。妃は国を治めることができ、賢明さを称えられた。三年その地位にあって逝去した。太子は早世し、嫡孫もまた幼くして死んだ。国人は、ピョートル帝の姪のアンナを立てた。彼女もまた大きなはかりごとを持っていて、ポーランドに騒乱があることを聞き、五万の兵を差し向けてうち破った。さらにクリミアとトルコの軍を破って、その領地を奪い取り、モルダビ国を降し、その威はヨーロッパにふるいたった。

アンナ帝が逝去し、姪の長男イヴァンが帝に立ったが、まだ年を越えないうちに逝去した。国人は、ピョートル帝の末娘エリザヴェータが立派な徳を備えていたので、彼女を帝に立てた。女帝が三代続き、皆英主であった。大きな都が二つあって、古都をモスクワと言い、新都をペテルブルグと言う。城郭や宮殿の壮大なさまは、天下に比肩するものがほとんどない。

文化八年（一八一二）、フランス皇帝ナポレオンが三十万の兵をひきいて攻め入った。非常に精鋭であった。ロシア皇帝は奇計をしくみ、自分からみやこを焼いて逃げた。フランス皇帝は食糧の補給ができず、四方で略奪しようにも取るものがない。ちょうど厳寒の時期で、兵士たちは凍えたり飢えたりして数万人が死に、勢いはすっかり打ちくだかれ、軍隊をひきまとめて帰った。属国はことごとくそむき、ついに滅びるに至った。これこそ孫子が言う、戦わずに他の軍隊をやりこめるものである。

❊

俄羅斯（オロス）の国を建つること已（はなは）だ久遠（きゅうえん）なり。而れども城邑偪仄（じょうゆうふくそく）、人民寡弱（かじゃく）にして、境内（きょうない）は惟だ深林鉅谷（きょこく）曠野（こうや）の地のみ盤互（ばんご）して相い錯（ま）じり、振古（しんこ）より能く創闢（そうびゃく）すること莫し。国王の諸子各ゝ其の地に拠り、迭（たが）いに相い攻撃す。風俗粗鄙（そひ）、理義を知らず、芸業（げいぎょう）に通ぜず。異邦の人の此（ここ）に来りて互市（ごし）する者、皆国王と関渉せず、貿易甚だ濫りにして、藐然たる一陋夷なるのみ。

伯多瑑帝興るに至っては、而して政令一変、百度維れ新たにし、兵始めて強く、地始めて大いなり。西のかた波羅泥亜、蘇亦斉の諸国を取り、南のかた都尓格を掠め、百尓西亜の地を奪い、東のかた大韃靼の諸国を取り、北のかた氷海に至り、東のかた加摸沙斯加に至り、蝦夷と相い逼る。版図の大いなること、幅員の広きこと、四大洲に冠絶す。

帝、寛文十二年（西洋の千六百七十二年）に生まる。国王亜歴吉悉斯の第三子なり。天資魁傑にして大志有り、毎に慨然として国勢の振わざるを憤る。位を襲ぎてより、即ち微服して諸州を周游し、其の風俗を察、其の政教を覈べ、専ら富強に務め、厚幣重爵を惜しまず、才学・術芸・雄駿の士を徴し、其れをして国人を教導し、道芸を肄習せしむ。

又た山を開き河を鑿ち、大船数十隻を造り、他邦と貿易す。是に於いて他邦の人襁負雲集し、陋習汚俗、煥然として一新す。豪雋材芸の士、先後輩出し、而して兵力始めて強盛たり。

宝永六年（西洋の千七百九年）、帝親ら師を帥い、蘇亦斉・波羅尼亜・哥撒更の三国と大いに彪尓多襪に戦いて之を破る。斬獲算うる無く、僵屍野を蔽う。勝に乗じて進み、哥撒更の城を陥れ、遂に其の国を并す。哥撒更は性鷙悍にして、屢〻辺害を為すも、是に至りて怗服す。

翌年、蘇亦斉を伐ち、連戦皆捷ち、其の礼勿泥亜の地を取る。是の歳、都尓格と普魯砣河に戦い、尋（つ）いで和す。是より先、蘇亦斉は戦いて敗れ、援を都尓格に乞う。都尓格は為に兵を挙げて北伐す。時に帝親（みずか）ら征して西方を略す。后加太里那（カタリナ）、親ら兵を督（ひき）いて相い拒（まも）る。都尓格、士衆を鼓して突撃するも、后の指麾（しき）、機に合い、戦い甚だ力（つと）む。都尓格、克（か）つ能わず、兵を収めて去る。

帝、蘇亦斉を伐つこと殆んど二十年、是に至りて始めて克（よ）く龕定（がんてい）す。又た百児西亜（ペルシア）の地を略（かす）め、彊（きょう）域（いき）益ゝ大いにして、遂に無前の鴻業（こうぎょう）を開く。英主と称すべし。然れども雄猜（ゆうさい）、殺（さつ）を嗜（たしな）み、刑戮（けいりく）を行う毎に、輒（すなわ）ち血を流して道に波だち、いまだ夷狄（いてき）の風を免れずと云う。

帝殂（そ）し、遺命もて后をして称制（しょうせい）せしむ。后、能く国を治め、賢明を以て称さる。立つこと三年にして殂す。太子早世し、嫡孫も亦た夭す。国人、帝の姪女（てつじょ）盎那（アンナ）を立つ。亦た雄略有り、波羅泥亜（ポロニア）に乱有るを聞き、兵五万を遣わして大いに之を破らしむ。又た小韃靼（だったん）及び都尓格の衆を破りて其の地を略（かす）め、莫尓太未（モルダビ）国を降し、威、欧羅巴に振るう。

帝殂し、姪孫（てっそん）伊方（イワン）立つも、いまだ歳を踰えずして殂す。国人、伯多琭（ペテル）帝の季女厄利撒荊多（エリサベット）、令徳有るを以て、之を立つ。女主三世相い継ぎ、皆英主なり。大都、二つ有り、旧都を莫斯哥烏（モスコウ）と曰い、新都を伯多琭勃尓孤（ペテルブルグ）と曰う。城郭宮室の壮んなる、宇内（うだい）に比すること罕（まれ）なり。

文化八年、仏蘭西帝檏那抜児的（ボナパルト）、兵二十万を将（ひき）いて入冦（にゅうこう）す。鋭きこと甚し。俄羅斯帝、奇計を設け、自ら都城を焚きて逃る。仏蘭西帝、糧運継がず、四（よも）に掠（かす）むるも獲（う）る所無し。時方に大寒、士衆凍餓（とうが）して死する者数万人、勢い大いに挫(くじ)かれ、師を収めて還る。属国悉く叛(そむ)き、卒(つい)に亡ぶに至る。此れいわゆる戦わずして人の兵を屈する者なり。

語釈 ○**城邑**―城壁にかこまれた町。○**偪仄**―せまる。○**寡弱**―少なくて弱い。○**境内**―国内。○**盤互**―互いに入り組む。○**振古**―太古。○**創闢**―はじめて開く。○**粗鄙**―粗野な。○**理義**―道理と正義。○**芸業**―学術・技芸のわざ。○**互市**―貿易。○**関渉**―関わる。○**藐然**―遠くて及ばぬさま。○**陋夷**―野卑な異民族。○**百度維新**―全ての制度が一新する。○**大韃靼**―シベリア。「韃靼」は中国北方のモンゴル系民族の呼称で、タタールの音訳語。○**版図**―領土。○**幅員**―はばとめぐり。○**冠絶**―群を抜いてすぐれていること。○**天資**―生まれつき。○**魁傑**―すぐれた人物。○**慨然**―心を奮い起こすさま。○**微服**―人目につかないよう、身なりをやつす。○**厚幣**―鄭重な礼物。○**重爵**―重い位。○**術芸**―技術と文芸。○**道芸**―道徳と学芸。○**雄駿**―才能の優れた者。○**肄習**―実習する。○**襁負**―おびひもで小児を背負う。○**雲集**―たくさんのものが、雲のように一つのところに集まる。○**汚俗**―よくない風俗。○**煥然一新**―改革によって、目を見はるほど物事が新しくなること。○**豪雋**―才知のすぐれていること。○**斬獲**―敵をきり殺すことと生け捕ること。○**僵屍**―倒れた屍。○**鷙悍**―強く荒い。○**辺害**―国境に起る害。○**怗服**―従い服する。○**龕定**―平定する。○**疆域**―国の範囲。○**無前**―空前。○**鴻業**―大きな事業。○**雄猜**―強くて疑い深い。　○刑戮―死刑に処すること。　○夷狄―野蛮な民族。　○称制―皇帝が幼少のときに皇太后が政務を行うこと。　○雄略―すぐれて大きいはかりごと。　○小韃靼―クリミア。　○令徳―立派な徳。　○入冦―攻め来る。　○凍餓―凍えたり飢えたりする。　○戦わずして…―『孫子』「謀攻篇」に、「戦わずして人の兵を屈するは、善の善なる者なり」とある。

❊

俄羅斯建国已久遠。而城邑偪仄、人民寡弱、境内惟深林鉅谷曠野之地、盤互相錯、振古莫能創闢。国王諸子各拠其地、迭相攻撃。風俗粗鄙、不知理義、不通芸業。異邦人来此互市者、皆与国王不関渉、貿易甚濫、藐然一陋夷耳。

至伯多琭帝興、而政令一変、百度維新、兵始強、地始大。西取波羅泥亜、蘇亦斉諸国、南掠都尔格、奪百尔西亜之地、東取大韃靼諸国、北至氷海、東至加摸沙斯加、与蝦夷相逼。版図之大、幅員之広、冠絶于四大洲矣。

帝生于寛文十二年（西洋千六百七十二年）。国王亜歴吉志斯第三子也。天資魁傑、有大志、毎慨然憤国勢不振。自襲位即微服周游諸州、察其風俗、覈其政教、専務富強、不惜厚幣重爵、徴才学術芸雄駿之士、使其教導国人、肄習道芸。

又開山鑿河、造大舶数十隻、与他邦貿易。於是他邦人襁負雲集、陋習汚俗、煥然一新。豪雋材芸之士、先後輩出、而兵力始強盛矣。

宝永六年（西洋千七百九年）、帝親帥師、与蘇亦斉、波羅尼亜、哥撒更三国、大戦于彪尓多襪破之。斬獲無算、僵屍蔽野。乗勝而進、陥哥撒更城、遂并其国。哥撒更性鷙悍、屢為辺害、至是帖服。

翌年伐蘇亦斉連戦皆捷、取其礼勿泥亜之地。是歳与都尓格戦于普魯砣河、尋和。先是蘇亦斉戦敗、乞援於都尓格。都尓格為挙兵北伐。

時帝親征略西方。后加太里那、親督兵相拒。都尓格鼓士衆突撃、后指麾合機、戦甚力。都尓格不能克、収兵去。

帝伐蘇亦斉、殆二十年、至是始克龕定。又略百児西亜之地、疆域益大、遂開無前之鴻業。可称英主矣。然雄猜嗜殺、毎行刑戮、輒流血波道、未免夷狄之風云。

帝殂、遺命使后称制。后能治国、以賢明称。立三年而殂。太子早世、嫡孫亦夭。国人立帝姪女盎那。亦有雄略、聞波羅泥亜有乱、遣兵五万大破之。又破小韃靼及都尓格之衆、略其地、降莫尓太未国、威振欧羅巴矣。

帝殂、姪孫伊方立未踰歳而殂。国人以伯多琭帝季女厄利撒荊多、有令徳、立之。女主三世相継、皆英主也。大都有二、旧都曰莫斯哥烏、新都曰伯多琭勃尓孤。城郭宮室之壮、宇内罕比。

文化八年仏蘭西帝檏那抜児的、将兵三十万入寇。鋭甚。俄羅斯帝、設奇計自焚都城而逃。仏蘭西帝糧運不継、四掠無所獲。時方大寒、士衆凍餓死者数万人、勢大挫、収師而還。属国悉叛、卒至於亡。此所謂不戦而屈人兵者也。

都児格（トルコ）

トルコは旧名はギリシア、いわゆるアレキサンダー王が生まれたところで、西洋の一帝国である。領地は広大、気風は強く荒々しく、モンゴル族と似て、乗馬の戦闘に長じ、馬上でたくみに長槍をふるい、銃を撃つ。その都はバルバリアにあり、その初代皇帝をオスマンと言う。その父のエルトゥールルは、アジア大陸のアナトリア地方から身をおこした。

永仁五年（一二九七）、オスマンが継いで帝位につき、兵力は日増しに盛んになって、諸国を攻略し平定した。ローマ帝国のゲルマニアは、高官を差し向けてトルコを討たせた。トルコは防戦し、ローマの軍隊は大敗した。そこで、諸州の領主に命じて、大軍を率いてトルコを討たせたが、また大敗した。このことによって、トルコは勢力がますます強大になった。北の領地を黒海沿岸の諸州に取り、クリミアに至った。ローマ帝国はトルコを討ったが、戦うたびにいつも敗れた。百余年の間、トルコが併合した領地は、アジア、アフリカの諸州にわたる。

享徳二年（一四五三）、連勝の武威をたのみにして、大軍を起こしてローマ帝国の東都コンスタンティノーブルを攻め落とし、かくして都をここに遷した。ローマ帝国は敗走して、西都ラヴェンナを守り、勢いはますます衰え、属国は皆そむいた。フランス、イスパニア、イギリス、スウェーデンはみな挙兵して領土を奪った。デンマーク、ポルトガルもまた独立して王国と称した。

トルコは、ハンガリー、ポーランドなどの国々を攻め、領地をますます拡大し、抜きん出て帝国となった。アジア、アフリカの諸国には、その属国が多い。よって、三区に分け、ヨーロッパトルコ、アジアトルコ、アフリカトルコと言った。刑罰は残酷で、人民は震え上がり、決して法を犯さなかった。その首都はヨーロッパの中にあるものの、しかしながら諸国と盟約を結ばず、また海外と貿易をしなかった。戦争となれば、皇帝はみずから軍隊の長となって、権力を臣下に委ねず、四方の国々はこのことを恐れた。

近年、イギリスは、その城やとりでの堅固でないところをうかがい、そうして軍艦に乗って船着き場をかき乱した。トルコは大砲を撃ったが命中しなかった。その砲台が高いところにあって、直線的な弾道で発射できなかったからである。かくして敗れ、国民は非常に憤った。そこで、新たに数百門の大砲を鋳造し、砲台を改造し、海面を標準とした。イギリスは再び攻めることができなかった。兵力の強さは昔の十倍となって、アジア、アフリカ、ヨーロッパのあたりににらみをきかせた。（新井

白石の『采覧異言』に、トルコをアフリカ大陸に置き、唐のトルファンとしたのは、まだ念入りには考えていなかったのである）

❊

都尓格（トルコ）は旧名厄勒祭亜（ギリシア）、いわゆる歴山（アレキサンダー）王の産する所にして、西洋の一帝国なり。区域は広大、風俗は勁悍（けいかん）、韃靼（だったん）と相い類し、騎戦に長じ、馬上善く長槍（ちょうそう）を揮（ふる）い、銃を発す。其の都は巴尓巴利亜（バルバリア）に在り、其の鼻祖（びそ）を阿多満（オットマン）と曰う。其の父阿多魯瓦歴児（オットルガレル）は、亜細亜洲の那多里阿（ナトリオ）国より起こる。

永仁五年（西洋の千二百九十七年）、阿多満継いで立ち、兵威日（ひび）に盛んにして、諸州を略定す。邏馬（ローマ）帝の入尓馬泥亜（ゼルマニア）は、大臣を遣わして之を討たしむ。都尓格拒戦し、邏馬の師大敗す。因って諸州の侯伯に命じて、大衆を率いて之を伐たしむるも、又た敗績（はいせき）す。是れに由りて都尓格、勢い益ゝ強大なり。北を高海（こうかい）の諸州に取り、小韃靼に至る。邏馬帝之を伐つも、戦う毎に輒（すなわ）ち敗る。百余年の間、都尓格の并（あわ）する所の者、亜細亜、亜弗利加の諸州なり。

享徳二年（西洋の千四百五十三年）、連勝の威を挟（さしはさ）み、大挙して邏馬帝の東都公斯瑙低諾波尓（コンスタンティノーブル）を攻めて之を陥（おとしい）れ、遂に都を此（ここ）に遷す。邏馬帝、走りて西都勿能（ラヴェンナ）を保ち、勢い益ゝ衰え、属国皆叛く。払蘭西（フランス）、伊斯把泥亜（イスパニア）、諳厄利亜（アンゲリア）、雪際亜（シュエシア）、皆兵を挙げて相い呑噬（どんぜい）す。弟那瑪尓加（デエネマルカ）、波尓杜瓦尓（ポルトガル）も亦た自立して王と称す。

杜尓格は翁加里亜、波邏尼亜の諸国を攻め、地を拓くこと益、広く、巍然として帝国と為る。亜細亜、亜弗利加の諸州に其の属国多し。故に分ちて三部と為し、欧羅巴杜児格と曰い、亜細亜杜児格と曰い、亜弗利加杜児格と曰う。政刑厳酷にして、人民股栗し、敢えて法を犯す莫し。其の都は欧羅巴の中に在りと雖も、而れども諸国に会盟せず、又た海外に貿易せず。兵を用うること有れば、則ち帝自ら将とし、威権を以て臣下に委ねず、四隣之を畏る。

近世、暎咭唎は、其の城堡の堅牢ならざるを覘い、乃ち兵艦に乗りて埠頭を擾乱す。都児格は大砲を発して之を撃つも、中らず。其の墩高くして、平射する能わざるを以てなり。遂に敗衂し、国人憤ること甚し。乃ち新たに大砲数百座を鋳し、墩台を改造し、水面を以て準と為す。暎咭唎復た攻むる能わず。兵力の強きこと、古よりも什倍して、亜細亜、亜弗利加、欧羅巴の間に雄視す。（新井白石の采覧異言に、之を亜弗利加洲に置きて、以て唐の土魯番と為すは、いまだ深く考えざるのみ）

語釈 ○**勁悍**―強く荒々しい。 ○**鼻祖**―最初に物事を始めた人。 ○**略定**―攻略して平定する。
○**拒戦**―防ぎ戦う。 ○**侯伯**―諸侯。 ○**敗績**―大敗して今までの功績を失う。 ○**高海**―黒海。 ○**呑噬**―他国を攻略してその領土を奪う。 ○**巍然**―ぬきんでて偉大なさま。 ○**厳酷**―思いやりに欠け、非常にきびしい。 ○**股栗**―恐ろしさに足がふるえる。 ○**威権**―威力と権力。 ○**城堡**―城ととりで。
○**兵艦**―軍艦。 ○**埠頭**―船着き場。 ○**擾乱**―入り乱れて騒ぐ。 ○**墩**―砲台。 ○**平射**―四十五度以下の仰角から直線的な弾道で砲弾を発射する。　○敗衂―戦いに敗れる。　○雄視―威勢を張って他に対する。

※

都尓格旧名厄勒祭亜、所謂歴山王所産、西洋一帝国也。区域広大、風俗勁悍、与韃靼相類、長騎戦、馬上善揮長槍、発銃。其都在巴尓巴利亜、其鼻祖曰阿多満。其父阿多魯瓦歴児、自亜細亜洲那多里阿国起。

永仁五年（西洋千二百九十七年）、阿多満継立、兵威日盛、略定諸州。邏馬帝入尓馬泥亜、遣大臣討之。都尓格拒戦、邏馬師大敗。因命諸州侯伯、率大衆伐之、又敗績。由是都尓格勢益強大。取北高海諸州、至小韃靼。邏馬帝伐之、毎戦輒敗。百余年間、都尓格所并者、亜細亜、亜弗利加諸州。

享徳二年（西洋千四百五十三年）、挟連勝之威、大挙攻邏馬帝東都公斯瑠低諾波尓陥之、遂遷都于此。邏馬帝走保西都勿能、勢益衰、属国皆叛。払蘭西、伊斯把泥亜、諳厄利亜、雪際亜、皆挙兵相呑噬。弟那瑪尓加、波尓杜瓦尓、亦自立称王。

杜尓格攻翁加里亜、波邏尼亜諸国、拓地益広、巍然為帝国。亜細亜、亜弗利加諸州、多其属国。故分為三部、曰欧羅巴杜児格、曰亜細亜杜児格、曰亜弗利加杜児格。政刑厳酷、人民股栗、莫敢犯法。其都雖在欧羅巴中、而不会盟于諸国、又不貿易于海外。有用兵則帝自将、不以威権委臣下、四隣畏之。

近世暎咭唎覘其城堡不堅牢、乃乗兵艦擾乱埠頭。都児格発大砲撃之、不中。以其墩高而不能平射也。遂敗衂、国人憤甚。乃新鋳大砲数百座、改造墩台、以水面為準。暎咭唎不能復攻。兵力之強、什倍於古、而雄視于亜細亜、亜弗利加、欧羅巴之間矣。（新井白石采覧異言、置之亜弗利加洲、以為唐土魯番者、未深考耳）

入尓馬泥亜（ゼルマニア）

ゲルマニアは、別名ドイツランド、漢名黄祁（こうき）、ヨーロッパ第一の大国である。東はプロイセン、ポーランドに接し、南はベネチア、ヘルヘシアに連なり、西はフランス、ネーデルランドと境を接し、北はオースト海、デンマーク海に至る。国土は極めて広い。人物や風土はオランダと似ている。昔から大業を相次いで立てて、帝国と称している。

かつての都はイタリア国ローマの地で、後にそこから遷った。だからかつての名称に基づいてローマ帝国と言い、その都をラヴェンナと言う。城郭は高大で、六つの大門が開き、宮殿や城の庭園の美しさ、学校や寺院の華やかさは、西洋の首位に立っている。軍隊はすぐれて強く、諸国は恐れひれ伏し、イスパニア、イギリス、フランスは皆朝貢を欠かさない。土地は肥え、ものは豊かで、平原が多い。その充実した制度や法刑は、諸国が慎んで手本とするものである。

元禄年間、ゲルマニアはイスパニアと交戦し、西洋は大変乱れた。これ以前に、ゲルマニアはイスパニアの王女の妹を娶って妃とし、二子を生んだ。イスパニア王に子が無かった。国民は、ゲルマニアの末子を後嗣とすることを望んだ。王は病気になって、みずから手紙を書いて金の箱に納め、家臣達を召して、これを授けて言った、

「余が病で立てなくなったらば、ちょうど天主像の前に到ったときに、文書を開いて見よ。後嗣はすでに定めた」と。

王が没して、家臣達がローマ（イタリアの国都）に赴き、箱を開いて手紙を見た。それには、「フランス王の孫を迎えて即位させるがよい」とあった。群臣は愕然として、一言も発することができなかった。けれども、遺命にそむくことはできないので、王孫を迎えて即位させた。ゲルマニア帝は怒り、挙兵してその子をイスパニアに入れようとした。ローマ法王がさとして和解させようとしたが聞かなかった。四万の海軍を率いて末子を送り、従属する九ヶ国の兵が皆従った。イスパニアは三万の兵を出発させ、フランスの四万の兵を合わせてこれを防いだ（スペイン継承戦争・一七〇一～一四）。

オランダとイギリスがゲルマニアを援けたのは、東軍である。ポルトガルがイスパニアを援けたのは、西軍である。実に元禄十三年（一七〇〇）のことである。これ以来、何年も戦争し、死屍累々た

るありさまとなった。諸国は敵味方にわかれ、こもごも戦い、天下は騒乱が続いた。

四年後、ゲルマニア帝が逝去し、その翌年ポルトガル王が死んだ。東西の陸海の戦士の死者ももはや十余万人である。この年、ゲルマニアとフィンランド、リホニアがそれぞれ争い、ポーランドの死者七千人、ゲルマニアもまた戦死が二千人であった。この時、ロシアとザクセンとが交互にスウェーデン領を侵略した（ポーランド継承戦争・一七三三〜三五）。

宝永六年（一七〇九）、オランダはフランス・イスパニアと戦い、一万人を斬首にして、フランスの三つの城を取った。オランダの戦没者も一万人を数えた。同七年、オランダはイスパニアと戦い、五千人を斬首にし、七千人を捕虜にした。さらにフランスと戦い、一万三千人を斬首にし、四千人を捕虜にして、その四つの城を落した。

正徳二年（一七一二）、オランダがゲルマニアを援けた軍と、フランス・イスパニア軍とが戦った。両国の兵は各々十万で、西兵の死者が一万人余り、東軍も死者が九千五百人であった。一人の王が乱れた命令を下してから、二国が交戦し、もはや十余年が経ち、天下は分裂し、戦闘が四方に起こり、西洋諸国の盛んで麗しい都会の、赤い楼や白壁、雲集したたくさんの家々は、大半が窮まって藪となり、千里の丸裸の土地には亡霊が泣き、鬼火が舞い、天下はむなしく消耗した。その災いは未曾有のものであった。この時にあたって、南北の君主は、戦乱を解除して、両国の怨みを静めて和睦しようとし、いろいろな方面に言い聞かせた。東西はそれぞれ誓約した。
同三年（一七一三）、ゲルマニアとイスパニアは、各々捕虜と侵略した土地とを返した。そして、西洋の乱局はようやくおさまった。

近年、フランス王ナポレオンが大軍を率いてゲルマニアに攻め入り（ナポレオン戦争・一七九九〜一八一五）、皇帝は防戦したが、しばしば敗北した。属国の武力を持つ諸侯たちは皆離反して割拠し、軍事の支援をフランスに仰ぎ、弱小勢力はフランスの支配下となった。ナポレオンが死ぬに及んで、その後、諸侯たちはまたゲルマニアに従った。今からわずか四十年前のことである。

❊

入尓馬泥亜(ゼルマニア)は一名独逸蘭土(ドイツランド)、漢名黄祁(こうき)、欧羅巴の第一の鉅邦(きょほう)なり。東は孛漏生(プロイセン)、波羅泥亜(ポロニア)に接し、南は勿搦祭亜(ベネチア)、赫尓勿萋亜(ヘルヘシア)に連なり、西は仏蘭察(フランス)、涅垤尓蘭土(ネデルランド)に界(かい)し、北は窩々所徳(オースト)海、第那馬尓加(デンマーク)海に至る。彊域(きょういき)極めて大いなり。人物風土、和蘭(オランダ)と相い類す。古より奕業(えきぎょう)相い継ぎて帝と称す。

旧都は伊太里亜(イタリア)国邏馬(ローマ)の地にして、後、此(ここ)より遷る。故に旧称に仍(よ)りて邏馬帝と曰い、其の都を勿能(ラヴェンナ)と曰う。城郭は崇宏にして、六大門を開き、宮室苑囿(えんゆう)の美、学校寺観の麗、西洋に甲(こう)たり。兵馬精強にして、諸州懾服(しょうふく)し、伊斯把泥亜(イスパニア)、諳厄利亜(アンゲリア)、仏蘭西は皆朝聘(ちょうへい)すること絶えず。土は沃(こ)え物は阜(おお)く、平原多し。其の制度典刑の懿(い)なるは、諸州の矜式(きょうしょく)する所なり。

元禄中、入尓馬泥亜は伊斯把泥亜と兵を構え、西洋大いに乱る。是より先、入尓馬泥亜は伊斯把泥亜王女の弟(いもうと)を娶り、妃と為し、二子を生む。伊斯把泥亜王、子無し。国人、入尓馬泥亜の少子を以て嗣と為さんことを欲す。王、寝疾(しんしつ)して親(みずか)ら書を作り諸(これ)を金匱(きんき)に蔵め、群臣を召して之を授けて曰わく、「我れ病みて起たずんば、天主像の前に到るに当たって、書を発(ひら)きて之を視よ。嗣、乃ち定めたり」と。

王没して群臣邏馬(ローマ)（伊太里亜の国都）に赴き、匱(はこ)を開きて書を視る。曰わく、「宜しく仏蘭西王孫を迎えて之を立つべし」と。衆、愕然として敢えて一語も発する莫し。然れども遺命に違うることを得ざれば、乃ち迎えて之を立つ。入尓馬泥亜帝怒り、将に兵を挙げて其の子を納(い)れんとす。邏馬の教主、之を諭解(ゆかい)するも聴かず。水軍四万を率いて少子を送り、部下九国の兵皆従う。伊斯把泥亜は兵三万を発し、仏蘭西兵四万を合して之を禦ぐ。

和蘭・暎咭唎の入尓馬泥亜を援くる、是れを東軍と為す。波尓杜瓦尓の伊斯把泥亜を援くる、是れを西軍と為す。実に元禄十三年庚辰なり。是れ由り連年戦闘し、死者相い枕藉(ちんせき)す。諸州、党を分かち、互いに干戈を尋ね、海内騒擾(そうじょう)す。

後四年、入尓馬泥亜帝殂(そ)し、明年、波児杜瓦児王死す。東西水陸の戦士の物故するも亦た已に十余万人なり。是の年、入尓馬泥亜及び肥良的亜(ヒランデア)、礼勿泥亜(リホニア)各ゝ争い、波羅泥亜(ポロニア)の死者七千人、入尓馬泥亜も亦た戦亡二千人なり。是の時、俄羅斯(オロス)と沙瑣泥亜(サクソニア)と、交(こもごも)蘇亦斉(シュエシア)の地を侵す。

宝永六年、和蘭は仏蘭西、伊斯把泥亜と戦い、斬首万級にして、仏蘭西の三城を取る。和蘭の戦死の者も亦た万もて計（かぞ）う。七年、和蘭は伊斯把泥亜と戦い、斬首五千、虜獲七千なり。又、仏蘭西と戦い、斬首万三千、虜獲四千にして、其の四城を抜く。

正徳二年、和蘭の入尓馬泥亜を援くると、仏蘭西、伊斯把泥亜と戦う。両国の兵各ゝ十万にして、西兵の死者万余、東軍も亦た亡九千五百人なり。一王、命を乱せしより、二国兵を構え、已に経ること十余年、海宇分裂し、戦闘四（よも）に起り、西洋諸国の都会盛麗の地、丹楼粉壁、万家雲の如き者、大半鞠（きわま）りて榛莽（しんぼう）と為り、赤地（せきち）千里、鬼哭燐舞（きこくりんぶ）し、海内虚耗（きょもう）す。其の禍、古よりいまだ有らざる所なり。是に於いて、南北の君長、其の難を紓（と）きて、以て二国の怨を平らげんと欲し、百方暁諭（ぎょうゆ）す。東西各ゝ約誓有り。

三年、入尓馬泥亜、伊斯把泥亜、各ゝ俘囚（ふしゅう）及び侵地を反（かえ）す。而して西洋の乱局始めて緩めり。

近世、仏蘭西王樸那抜尓的（ボナパルト）大挙して入寇し、帝、拒戦するも屡ゝ敗衂（はいじく）す。属国の侯伯、兵力有る者、皆離叛して割拠し、声援を仏蘭西に仰ぎ、其の微なる者は管下と為る。樸那抜児的亡（し）するに及びて、而る後に侯伯又た服従す。今を距つること僅かに四十年前の事なり。

語釈　○**奕業**—大業。　○**苑囿**—広大な範囲に禽獣を放し飼いにした自然庭園。城郊に設けられた。
○**寺観**—寺院。　○**甲たり**—首位に立つ。　○**懾服**—勢いに恐れてひれ伏す。　○**朝聘**—諸侯が朝見して物を献上し、天子のご機嫌を伺う。○**典刑**─一定不変の法刑。○**懿**─充実して立派である。○**矜式**─つつしんで手本にする。○**兵を構う**─交戦する。○**少子**─末子。○**寝疾**─病気になる。○**金匱**─策書等の秘書を納れる金属製の箱。○**諭解**─さとして和解させる。○**枕藉**─互いの身を枕として寝る。○**騒擾**─集団で騒ぎを起こし、社会の秩序を乱す。○**戦亡**─戦死。○**命を乱す**─臨終に、乱れた心で命令を言い残す。○**海宇**─天下。○**榛莽**─草木が群がり茂っている所。○**赤地**─土地が丸裸になる。○**鬼哭**─亡霊が浮かばれないで泣く。○**燐舞**─鬼火が舞う。○**虚耗**─むなしく消耗する。○**暁諭**─言い聞かせる。○**俘囚**─捕虜。

※

入尓馬泥亜、一名独逸蘭土、漢名黄祁、欧羅巴第一鉅邦也。東接孛漏生、波羅泥亜、南連勿搦祭亜、赫尓勿萋亜、西界仏蘭察、涅垤尓蘭土、北至窩々所徳海、第那馬尓加海。疆域極大。人物風土与和蘭相類。自古奕業相継、称帝。

旧都伊太里亜国邏馬之地、後遷于此。故仍旧称曰邏馬帝、其都曰勿能。城郭崇宏、開六大門、宮室苑囿之美、学校寺観之麗、甲于西洋。兵馬精強、諸州慴服、伊斯把泥亜、諳厄利亜、仏蘭西、皆朝聘不絶。土沃物阜、多平原。其制度典刑之懿、諸州所矜式也。

元禄中、入尓馬泥亜与伊斯把泥亜構兵、西洋大乱。先是入尓馬泥亜娶伊斯把泥亜王女弟、為妃、生二子。伊斯把泥亜王無子。国人欲以入尓馬泥亜少子為嗣。王寝疾親作書蔵諸金匱、召群臣授之曰、我病不起、当到天主像前、発書視之。嗣乃定矣。

王没群臣赴邏馬（伊太里亜国都）、開匱視書。曰、宜迎仏蘭西王孫立之。衆愕然莫敢発一語。然不得違遺命、乃迎立之。入尓馬泥亜帝怒、将挙兵納其子。邏馬教主諭解之、不聴。率水軍四万送少子、部下九国兵皆従。伊斯把泥亜発兵三万、合仏蘭西兵四万禦之。

和蘭、暎咭唎、援入尓馬泥亜、是為東軍。波尓杜瓦尓援伊斯把泥亜、是為西軍。実元禄十三年庚辰也。由是連年戦闘、死者相枕藉。諸州分党、互尋干戈、海内騒擾。

後四年入尓馬泥亜帝殂、明年波児杜瓦児王死。東西水陸戦士物故亦已十余万人。是年入尓馬泥亜及肥良的亜、礼勿泥亜各争、波羅泥亜死者七千人、入尓馬泥亜亦戦亡二千人。是時俄羅斯与沙瑣泥亜、交侵蘇亦斉地。

宝永六年和蘭与仏蘭西、伊斯把泥亜戦、斬首万級、取仏蘭西三城。和蘭戦死者亦万計。七年和蘭与伊斯把泥亜戦、斬首五千、虜獲七千。又与仏蘭西戦、斬首万三千、虜獲四千、抜其四城。

正徳二年、和蘭援入尓馬泥亜与仏蘭西、伊斯把泥亜戦。両国兵各十万、西兵死者万余、東軍亦亡九千五百人。自一王乱命、二国構兵、已経十余年、海宇分裂、戦闘四起、西洋諸国都会盛麗之地、丹楼粉壁、万家如雲者、大半鞠為榛莽、赤地千里、鬼哭燐舞、海内虚耗。其禍従古所未有也。於是南北君長、欲紓其難、以平二国之怨、百方暁諭。東西各有約誓。

三年入尓馬泥亜、伊斯把泥亜、各反俘囚及侵地。而西洋乱局始緩矣。

近世仏蘭西王樸那抜尓的大挙入冦、帝拒戦屡敗衂。属国侯伯有兵力者、皆離叛割拠、仰声援於仏蘭西、其微者為管下。及樸那抜児的亡而後侯伯又服従。距今僅四十年前事矣。

伊斯把你亜（イスパニア）

イスパニアは、漢名西班牙（スペイン）、ヨーロッパの極西の一大国である。四方は皆海で、東北だけがフランスに連なり、大きな山を国境とし、南は地中海を隔ててバルバリアに相対する。国土が広く産業が盛んである。もとはローマ帝国の属国であった。兵力が次第に強くなり、隣国を片端から侵略し、都をカステイラに建てて、独立して王国となった。ベルチナンという人が諸国の俊才を召し集めて、最初に、大艦に乗って海外に貿易した。

応永年間（一三九四〜一四二八）、ルソンと貿易し、その国が弱く、攻め取ることができると察知した。そこで、多額の賄賂を王に献上し、牛の皮ほどの大きさの土地を乞い、家を建てて住もうとした。王は、だまされているとも思わずに、これを許可した。その人はなんと牛の皮を裂いて、連ねて数十丈に至り、ルソンの土地を囲み、約束の通りにすることを乞うた。王は大変驚いた。けれども、もはや許諾してしまったので、どうしようもなく、結局これを聞き入れた。

そして、次第に、国法のように税を徴収するようになっていった。その人は、すでに土地を得たので、家を建て城を築き、銃砲を並べ防御の備えを設けた。かつまた隙をうかがいねらって策を講じ、ついに隙に乗じてその王を襲い殺し、その人民を追い払って、その国を根拠地とした。実に元亀三年(一五七二)のことである。

もはやルソンを併呑して、ますます海外にほしいままに振舞い、とうとう広東のマカオを根拠地とし、城を築いて住み、民と貿易した。そして、災いはさらに広東地方を直撃した。(『明史』と『東西洋考』に、イスパニアのことをフランスとするのは誤りである。『海国聞見録』に、スペインはルソンの本国であると言う。この言はその実情を得たものである)

永正十六年(一五一九)、大軍を率いて、北アメリカ大陸のメキシコを伐った。メキシコは領土が広く産業も盛んである。けれども、教育を理解せず、わずかに淫祠を崇めるばかりだった。あるいは人をいけにえにし、高官が死ぬと、人を殉死させた。

かつてイスパニアはアメリカの近海を開き、官吏を置いて統治した。メキシコはその勢力が迫ってくることを深く憎み、つねに軍隊を派遣してこれを追い払った。よって、イスパニアは使者をさしむけて和親貿易を求めた。メキシコは、その富強をたのみとして聞き入れず、使者の応対は非常に無礼であった。イスパニアは大変怒り、毎年軍艦をさしむけて臨海部に攻め込み、都会を焼いて財をかすめとり、その防備があるところを避け、その不意を討ち、しばしば骨を折らせて疲弊させ、種々の計略を廻らしてこれを害し、メキシコの文武の官を君命に疲れさせた。

この時にあたって、メキシコはまったく動きがとれなくなり、外に対抗する兵力は尽き、国内に反乱が起った。イスパニアは、メキシコの弱ったところに乗じて、全国力を挙げて来襲した。百余隻の軍艦、五万人余の精兵が転戦し、遠くまで敵を追い、続けて諸城を攻め落し、風雨のような勢いであった。

首都の周囲は四十八里、城郭はまっすぐに大きな湖の中から突出し、良材を組んで橋を架けていて、宮城は壮麗である。これを数ヶ月間包囲して、四方八方から攻め込み、城はとうとう陥落した。王と王妃、王子を捕えてカステイラに送り、全土は降伏した。名を新イスパニアと変えた。

天文二年（一五三三）、イスパニアは、使者をペルーにさしむけて貿易を求めた。ペルーは南アメリカにあり、国土も広い。兵力は大変強く、近隣諸国を攻略して平定した。それ以来百余年も平和が続き、遊びほうけて贅沢にふけり、民は戦争を知らない。けれども、その国力の強さをたのみにして、使者を殺戮した。

イスパニアは大変怒り、かつまたペルーの軍備がすたれゆるんでいることを探り知った。軍隊をメキシコに集めて、数ヶ月間教練し、そしてペルーを討った。三面に突撃し、大砲を連発して、砲声は山岳を動かした。ペルー人は放心して、進んで戈をふるって拒もうとはしなかった。大軍が遠征し、とうとう首都を攻め落とした。その他、侵して奪った領地は数えきれない。

慶長十五年（一六一〇）、イスパニア人が暴風に吹かれてわが国の西のほとりに到り、船はことごとく壊れていた。幕府は修理を命じ、薪や食糧を給して帰らせた。十七年夏、使者をさしむけて謝意を示した。その進物の中に自鳴鐘一座があって、わが国の自鳴鐘はこの時から始まる。この年、わが国の商船が随って行き、翌年帰ってきた。イスパニア人は、「両国は万里も遠く隔たっていますから、どうか、もう来られませぬように」と言った。

寛永年間（一六二四〜四四）、わが国の商船はルソンに到った。イスパニア人は貨物を奪って、残らず殺戮した。その一年後、イスパニア船が長崎に到り、鎮台は急ぎの知らせで江戸へ告げた。幕府は有馬侯に命じて、皆殺しにさせた。侯は、数十隻の軍艦を率いてこれを囲んだ。イスパニア船が広く立派なので、軍隊は恐れて、どうしても進まない。侯が勇み立って船に登ったので、軍隊もこれにしたがった。イスパニア人は走って船の胴に入り、窓や戸を閉めた。侯は異変を覚って、急いで本船に戻った。ほんの少しの間に、火が船の中からおこり、わが国の兵は皆焼け死んだ。侯は怒り、さらに始めと同様に、軍隊をどなってイスパニア船を討った。死者は数百人、結局火の矢を放ってこれを焼き、外国人を皆殺しにした。けれども、我が兵の死傷も多かった。それ以後、二度と来ない。

※

伊斯把你亜(イスパニア)は、漢名西班牙(スペイン)、欧羅巴の極西の一大国なり。四面は皆海にして、惟だ東北のみ仏蘭西に連なり、大山を以て界(さかい)と為し、南は地中海を隔てて巴尔巴里亜(バルバリア)に対す。域広く物殷(さか)んなり。旧(もと)邏馬帝の属国と為す。兵力寖(ようや)く強く、隣邦を蚕食(さんしょく)し、都を加西臘(カステラ)に建て、自立して王と為る。百児智南(ベルチナン)なる者有り、諸州の俊士を徴聚(ちょうしゅう)し、始めて大船に駕して海外に経商(けいしょう)す。

応永中、呂宋(ルソン)と互市(ごし)し、其の国の弱くして取るべしと見ゆ。乃ち厚賄(こうわい)を奉じて王に遺(おく)り、地を乞うこと牛皮の大いさの如く、屋を建てて以て居らんとす。王、其の詐(いつわ)れるを慮らずして之を許す。其の人、乃ち牛皮を裂きて連属すること数十丈に至り、呂宋の地を囲みて、乞うこと約の如し。王大いに駭(おどろ)く。然れども業已(すで)に許諾すれば、奈何(いかん)とすべくも無く、遂に之を聴く。

而して稍(ようや)く其の税を徴すること国法の如し。其の人、既に地を得、即ち室を営み城を築き、火器を列ね守禦(しゅぎょ)を設く。且つ窺窬(きゆ)の計(はかりごと)を為し、竟に其の虚に乗じて其の王を襲殺し、其の人民を逐(お)いて其の国に拠る。実に元亀三年なり。

已に呂宋を併(あわ)せ、益、海外に横行し、遂に広東(かんとん)の香山澳(マカオ)に拠り、城を築きて以て居り、民と互市す。

而して患い復た粤に中れり。（明史及び東西洋考に、伊斯把你亜を以て仏郎察と為すは誤りなり。海国聞見録に、是班牙は呂宋の祖家なりと曰う。此の言、其の実を得たり）

永正十六年（西洋の千五百十九年）、大挙して北亜墨利加洲の墨是可を伐つ。墨是可は地広く物殷んなり。而れども教学を知らずして、惟だ淫祠是れ崇ぶのみ。或いは人を以て牲と為し、大官死すれば即ち人を以て焉に殉ぜしむ。

是より先、伊斯把你亜は亜墨利加の辺海を開き、吏を置きて之を治む。墨是可は、其の逼るを嫉み、毎に衆を発して之を逐う。因って使を遣わして通好互市を請わしむ。墨是可は、其の富強を恃みて聴かず、使者を遇すること甚だ慢なり。伊斯把你亜は大いに怒り、歳毎に軍艦を遣わして瀕海を侵擾し、城邑を焚掠し、其の備え有るを避け、其の不意を伐ち、亟肄して以て之を疲らしめ、多方以て之を誤り、其の将吏をして奔命に労らしむ。

是に於いて、墨是可は大いに窘しみ、兵力外に竭き、叛乱内に起る。伊斯把你亜は、其の寡なきに乗じて、国を傾けて来る。艨艟百余隻、精兵五万余人、転闘長駆して、連りに諸城を陥れ、勢い風雨の如し。

国都の周廻は四十八里、城郭は直に大湖の中より突出し、良材を構えて橋と為し、宮闕は荘麗なり。之を囲むこと数月、百道より争い攻め、城遂に陥る。王及び后妃王子を擒にして、之を加西臘に送り、全国皆降る。名を更えて新伊斯把你亜と曰う。

天文二年（西洋の千五百三十二年）、使いを孛露国に遣わして、互市を請わしむ。孛露は南亜墨利加に在りて、疆界も亦た大いなり。兵力頗る強く、近州を略定す。尓来百余年、昇平無事、流蕩奢靡にして、民、兵革を知らず。然れども其の強盛を恃み、使者を戮殺す。

伊斯把你亜は大いに怒り、且つ其の武備の廃弛せるを偵知す。師衆を墨是可に聚め、練習すること数月、乃ち孛露を伐つ。三面に突撃し、巨熕連発して、声、山岳を撼かす。孛露人、魂を喪い、肯えて戈を揮いて之を拒む莫し。大衆長駆し、遂に都城を陥る。其の他、侵奪する所の者数うべからず。

慶長十五年、国人飄風もて我西陲に抵り、舳艫悉く壊る。官、繕治を命じ、薪糧を給して還らしむ。十七年夏、使いを遣わして謝恩せしむ。其の饋献の中に自鳴鐘一座有り、我邦の自鳴鐘は此れより始まる。是の歳、我商船随い往き、歳を踰えて還る。彼の人曰わく、「両地、阻隔すること万里、請う、復た来ること勿かれ」と。

寛永中、我商船呂宋に抵る。伊斯把泥亜人、貨物を奪い、殺戮して遺す無し。後一年、伊斯把泥亜船、長崎に抵り、鎮台、飛報もて江府に告ぐ。官、有馬侯に命じて之を殲ぼさしむ。侯、兵艦数十隻を率いて之を囲む。虜船宏壮なれば、衆懼れて、敢えて進む莫し。侯奮躍して焉に登れば、衆之に従う。虜、走りて艙内に入り、窓戸を閉ず。侯、異有るを覚り、急ぎ本船に還る。須臾にして、火、船中より起こり、我兵皆燔死す。侯怒り、衆を叱して之れを撃つこと又た初めの如し。死者数百人、遂に火箭を投じて之を焚き、虜皆殲ぼす。而れども我兵の死傷も亦た多し。尓後復た来らず。

語釈 ○**蚕食**―蚕が桑の葉を食うように、他の領域を片端からだんだんと侵していく。○**加西臘**―カスティーリャ王国。後のスペイン王国の中核となった。○**百児智南**―未詳。○**俊士**―才知のすぐれた人。○**徴聚**―召し集める。○**経商**―貿易商。○**呂宋**―フィリピンのルソン島。○**厚賄**―大きい賄賂。○**連属**―連なりつづく。○**火器**―大砲・銃。○**守禦**―城を守り、敵を防ぐ。○**窺窬**―隙をうかがいねらう。○粤―広東・江西両省。○**明史**―明代の正史。○**東西洋考**―明、張燮著。一六一七年刊。○**海国聞見録**―清、陳倫炯著。○**辺海**―陸地の近くの海。○**通好**―互いによしみを通ずる。○**瀕海**―臨海。○**侵擾**―攻め込んで乱す。○**城邑**―人家の多い土地。○**焚掠**―家を焼いて財をかすめとる。○**亟肄**―しばしば骨を折らせて疲れさせる。○**多方以て之を誤る**―種々の方略を廻らして敵を欺く。○**将吏**―武官と文官。○**奔命**―主君の命令を聞いて走りおもむく。○**傾国**―全国力を挙げる。○**艨艟**―軍艦。○**転闘**―あちこちうつり戦う。○**長駆**―遠くまで敵を追い続ける。○**宮闕**―宮城。○**疆界**―土地のさかい。○**略定**―攻略して平定する。○**昇平**―世の中が平和でよく治まっていること。○**流蕩**―遠方へ遊びまわる。○**奢靡**―身のほどを過ぎたぜいたく。○**兵革**―戦争。○**廃弛**―すたれゆるむ。○**偵知**―ひそかにようすを探って、知る。○**巨熕**

―大砲。　○**喪魂**―放心。　○**舳艫**―船のへさきとも。　○**繕治**―つくろってなおす。　○**饋献**―進物。　○**自鳴鐘**―時計。　○**阻隔**―遠く隔てる。　○**鎮台**―一地方を守るために駐在する軍隊。　○**飛報**―急ぎの知らせ。　○**虜**―敵対する異民族。　○**奮躍**―勇み立つ。　○**艙**―船の胴の間、貨物を積む所。　○**須臾**―ほんの少しの間。　○**燔死**―焼け死ぬ。　○**火箭**―火をつけて射た矢。

❊

伊斯把你亜、漢名西班牙、欧羅巴極西一大国也。四面皆海、惟東北連仏蘭西、以大山為界、南隔地中海対巴尓巴里亜。域広物殷。旧為邏馬帝属国。兵力寖強、蚕食隣邦、建都於加西臘、自立為王。有百児智南者、徴聚諸州俊士、始駕大船経商於海外。

応永中与呂宋互市、見其国弱可取。乃奉厚賄遺王、乞地如牛皮大、建屋以居。王不慮其詐、而許之。其人乃裂牛皮連属至数十丈、囲呂宋地、乞如約。王大駭。然業已許諾、無可奈何、遂聴之。而稍徴其税如国法。其人既得地、即営室築城、列火器設守禦。且為窺窬計、竟乗其虚襲殺其王、逐其人民、而拠其国。実元亀三年也。

已併呂宋益横行海外、遂拠広東香山澳、築城以居、与民互市。而患復中於粤矣。（明史及東西洋考、以伊斯把你亜為仏郎察誤矣。海国聞見録曰、是班牙者、呂宋祖家也。此言得其実）

永正十六年（西洋千五百十九年）、大挙伐北亜墨利加洲墨是可。墨是可地広物殷。而不知教学、惟淫祠是崇。或以人為牲、大官死即以人殉焉。
先是伊斯把你亜開亜墨利加辺海、置吏治之。墨是可嫉其逼、每発衆逐之。因遣使請通好互市。墨是可、恃其富強不聴、遇使者甚慢。伊斯把你亜大怒、每歳遣軍艦侵擾瀕海、焚掠城邑、避其有備伐其不意、亟肄以疲之、多方以誤之、使其将吏労於奔命。
於是墨是可大窘、兵力竭於外、叛乱起於内。伊斯把你亜、乗其寡、傾国而来。艨艟百余隻、精兵五万余人、転闘長駆、連陥諸城、勢如風雨。
国都周廻四十八里、城郭直従大湖中突出、構良材為橋、宮闕荘麗。囲之数月、百道争攻、城遂陥。擒王及后妃王子、送之加西臘、全国皆降。更名曰新伊斯把你亜。
天文二年（西洋千五百三十二年）、遣使孛露国、請互市。孛露在南亜墨利加、疆界亦大。兵力頗強、略定近州。尓来百余年、昇平無事、流蕩奢靡、民不知兵革。然恃其強盛、戮殺使者。
伊斯把你亜大怒、且偵知其武備廃弛。聚師衆於墨是可、練習数月、乃伐孛露。三面突撃、巨熕連発、声撼山岳。孛露人喪魂、莫肯揮戈拒之。大衆長駆遂陥都城。其他所侵奪者不可数。
慶長十五年、国人飄風、抵我西陲、舳艫悉壊。官命繕治、給薪糧、使還。十七年夏遣使謝恩。其饋献中有自鳴鐘一座、我邦自鳴鐘始此。是歳我商舶随往、踰歳而還。彼人曰、両地阻隔万里、請勿復来。
寛永中我商舶抵呂宋。伊斯把泥亜人、奪貨物、殺戮無遺。後一年伊斯把泥亜船、抵長崎、鎮台飛報告江府。官命有馬侯殲之。侯率兵艦数十隻囲之。虜船宏壮、衆懼莫敢進。侯奮躍而登焉、衆従之。虜走入艙内、閉窓戸。侯覚有異、急還本船。須臾火自船中起、我兵皆燔死。侯怒、叱衆撃之又如初。死者数百人、遂投火箭焚之、虜皆殲。而我兵死傷亦多。尓後不復来矣。

波尓杜瓦尓　（ポルトガル）

ポルトガルは、漢名が葡萄牙、東南はアンダルシアに連なり、北はガリシアに接する。昔はイスパニアに属し、きわめて長く時代を経、バルバリアに占拠された。

寛治七年（一〇九三）、首領ヘンリクスは勇猛で、挙兵してバルバリアを討ち、大いに破ってかつての首都を回復した。イスパニア王は、その武功を賛美し、その娘を嫁がせた。ヘンリクスが死に、子のアルホンシュスが立って、バルバリアを討ち、その五つの地方の首領を追い払い、ことごとく旧領を回復し、かくして王位に登った。国民は心服した。これが王国を名乗った始めとされる。ギニアという属国があって、諸国で商って非常に巨大な利益を得た。こういうわけだから、資財は豊かであった。

明応六年（一四九七）、ガマという者が、はじめて大西洋を経、喜望峰を通り、インドに至って貿易し、国の資財はますます富んだ。西洋がアジア大陸で通商したのは、およそこれが始まりであるという。永正七年（一五一〇）、ゴアに到り、商館を建てて島民と貿易し、かくしてここを拠点とした。これが、西洋がインドにかわるがわる占拠するようになった始めとされる。

かつてバスコ・ダ・ガマというポルトガル人がいて、大艦に乗ってアジアや南洋の諸島をめぐって測量した。それで、事の真相を把握し、地理書を作って献上した。王はたいそう喜んで、地図を紐解き境を調べて、ホルムズ海峡が諸島の要害の地であることを察知し、これを手に入れようと謀った。使者をさしむけて手厚く贈り物をして交誼を結び、貿易を求めた。しかし、聞き入れなかった。ここに及んで、海軍提督のアルブテルクに命じ、十二隻の大艦を派遣して、これを討った。

ホルムズ海峡はペルシアにあり、海辺にケシムという港がある。あらゆる商品が持ち込まれ往来が激しいところである。敵が突然襲来したのを見て、大変驚き、すみやかに軍隊を出して、これを防いだ。ポルトガルは、一度戦ってこれを破り、大砲を撃って城郭を崩した。人を介し王に対して言った、

「私は貿易を求めているだけである。二心はない。もしも貿易を許可するならば、兵をひきまとめて帰ろう」と。

王は許さず、二万余人の兵を徴発して、軍艦を連ねて浮き橋とし、港の出口をさえぎり止めて、大小の火の船によってこれを防いだ。ポルトガルの船は大きくかつ堅固で、大砲を乱れ撃つと、敵船は

こなみじんになり、浮き橋は残らず焼け落ちた。王は大変恐れおののいて降伏を乞い、毎年金品を贈って属国となった。これによって交易の便を得て、国はますます豊かになった。

さらにマラッカを取ろうとし、手厚い贈りものを送り届けて、関税の徴収所を首都に置いた。才気あり弁舌巧みな宣教師をさしむけて、国民に妖しい教えを説き、大いに恩恵を施させたので、国中が喜んで従った。この年にわかに挙兵してみやこを襲った。王は怖れ驚いて為す術もなく、妃や側室、太子をひき連れて、山中に逃げ込んで死んだ。結局、その国を取ってしまった。さらにシナと交わって、商館を広東省の香山県に置いた。

天文十一年（一五一二）、ポルトガル船は、シナに行こうとしたが、暴風に遭ってわが国の豊後の神宮浦に到った。（千三百年代、ヘネシア国の人が韃靼に入り、元の開祖に仕え、開祖に従ってシナに入り、十七年居て帰り、「東洋に日本国がある」と言った。西洋がわが国を知ったのは、これが最初とされる）

珍しい品物と鉄砲を豊後の国主の大友宗麟に贈って、貿易を乞うた。宗麟は大変喜んでこれを許した。西洋がわが国と交わるのは、これが最初である。そして、鉄砲の製造もこの時から始まった。

二年後、六隻の大艦が来航して、その一隻が、薩摩の種子島に到った。この年、とりわけおびただしい食物や金品、珍宝が贈られた。宗麟は手厚く報い、直属の家来の斎藤源助に命じて返礼させた。彼はその国に到り、病死した。その墓は、今もなお首都にあるという。

この時から毎年貿易して途絶えず、外国の珍宝が九州に流れあふれ、九州の大名は皆争ってこれを迎えた。外国人はさらに妖しい教えによって誘いこみ、不思議な幻が次々にたくさん現れ、武士や民衆はますますこれを崇敬し、鄭重な礼物を贈った。こういうわけだから、妖しい教えは盛んに行なわれた。

天正十五年、豊臣秀吉は西国に出兵して宣教師を引見し、その傲慢なふるまいに憤って、彼らを追放し、その教えを禁じた。貿易はもとの通り行なった。けれども、異教はもはや国内に蔓延していた。およそ、外国船がわが国に入って以来、貪欲な者はその利益を追い、愚かな者はその教えに惑い、大波小波が崩れ倒れるように、ことごとく巧みに手なずけられた。幕府は厳しく禁じたけれども、しかしながら悪弊はもはや行きわたり、結局天草教団の乱が起った。

こういうわけだから、諸外国の貿易は一切禁止され、許された者は、ただ清人とオランダだけであった。けれども、禁を犯して、死刑に処され屍をさらされた者は、始めから終りまで二十八万人、教団の災いとしては、史上空前のものであった。

その頃、ポルトガルを南蛮と呼んだのは、その航路をルソンに取ったからである。外国船を黒船と呼んだのは、その船がタールを塗っていたからである。その後、オランダ、フランス、イギリスなどの国々は、ポルトガルの針路に従って、アジア大陸で貿易した。ポルトガルの船着き場は多くは略奪され、その利益を得ることは昔のようにはいかなくなった。

❊

波尓杜瓦尓は、漢名葡萄牙、東南は俺大留西亜に連なり、北は加利祭亜に接す。古は伊斯巴泥亜に属し、世を歴ること已だ久しくして、巴尓巴利亜の佔拠する所と為る。

寛治七年（西洋の千九十三年）、渠酋汾利孤斯、性雄毅、兵を挙げて巴尓巴利亜を討ち、大いに之を敗り、旧都を恢復す。伊斯把泥亜王、其の功を嘉し、嫁するに女を以てす。汾利孤斯卒す。子の亜児豊粛斯立ちて、巴児巴利亜を伐ち、其の五部の酋長を逐い、悉く旧疆を復し、遂に王位に登る。国人悦服す。是れ王と称うるの始と為す。属国有りて為匿亜と曰い、諸国に商販し、営利甚だ鉅いなり。是れに由りて、財用豊饒たり。

明応六年（西洋の千四百九十七年）、瓦嫣なる者有り、始めて亜太臘海を経、喜望峰を過ぎ、印度に至りて貿易し、国用益ゝ富む。西洋の亜細亜洲に通商するは、蓋し此れを以て権輿と為すと云う。

永正七年（西洋の千五百十年）、臥亜に抵り、商館を建てて島人と相い貿遷し、遂に之に拠る。此れ西洋の印度に番居するの始と為す。

是より先、国人に巴斯倔加麻なる者有り、大舶に乗り亜細亜、南洋の諸島を廻旋して之を測量す。因って其の虚実を得、図説を作りて以て献ず。王大いに喜び、乃ち図を按じ境を撿べ、忽魯謨斯の諸島襟喉の地為るを知り、之を図らんと欲す。使いを遣わして厚幣もて好を結び、互市を求めしむ。聴かず。是に至りて水軍都督亜児藐的児倔に命じて、大艦十二隻を発して之を伐たしむ。

忽魯謨斯は百児西亜に在り、海浜に港有りて渓尓蔓と曰う。百貨旁午の区なり。冦の猝かに至るを見て、大いに駭き亟かに師を出して之を禦ぐ。波児杜瓦児は、一たび戦いて之を破り、巨熕を発して城郭を崩す。人をして王に言わしめて曰わく、「我、互市を求むるのみ。他腸有るにあらず。若し之を許さば、即ち兵を収めて還らん」と。

王許さず、兵を発すること二万余人、艨艟を連ねて浮橋と為し、港口を遏絶し、亦た火船火筏を以て之を禦ぐ。波尓杜瓦児の船は大いにして且つ堅く、巨礮叢り発すれば、敵船粉韲し、浮橋焚燬して遺る無し。王大いに懼れて降るを乞い、歳幣を致して属国と為る。是れに由りて、交貿、便を得、国益ゝ富む。

又た満剌加を取らんと欲し、厚貺を致して、榷場を都に置く。教僧の才弁有る者を遣わして、国人に説くに妖教を以てし、大いに恩恵を施さしむれば、闔国悦び従う。是の歳、遽かに兵を挙げて都城を襲う。王恇駭して為す所を知らず、妃嬪太子を率い、逃れて山中に入り、而して死す。竟に其の国を取る。又た震旦に通じ、商館を広東の香山県に置く。

天文十一年（西洋の千五百十二年）、将に震旦に抵らんとするも、飄風もて我豊後の神宮浦に抵る。

（千三百年の間、勿搦察亜国の人、韃靼に入り、元の世祖に事え、従いて震旦に入り、居ること十七年にして還り、「東洋に日本国有り」と曰う。西洋の我邦を知るは、此れを以て始と為す）

珍貨及び銃砲、国主大友宗麟に遺るを以て、互市を請う。宗麟大いに喜びて之を許す。西番の我に通ずるは、此れを以て始と為す。而して銃砲の製も亦た此れより始まる。

後二年、六大船に駕して来り、其の一隻は薩摩の種島に抵る。是の歳、餽遺珍宝尤も夥し。宗麟厚く之に酬い、麾下斎藤源助をして報礼せしむ。其の国に至り、病みて卒す。其の墓、今に至るも尚お国都に在りと云う。

是より毎歳互市すること絶えず、蛮珍夷宝、九州に流溢し、九州の侯伯、皆争いて之を迎う。番人又た誘うに妖教を以てし、奇幻百出、士民益ゝ之を崇敬し、遺るに厚幣を以てす。是れに由りて、妖教盛んに行わる。

天正十五年、豊臣秀吉西征して教僧を見、其の倨傲なるを憤りて之を駆逐し、其の法を禁止す。互市すること故の如し。而れども異教已に海内に蔓延せり。蓋し蛮舶の我に入りしより以来、貪者は其の利を逐い、愚者は其の教に惑い、波頽れ瀾倒れ、悉く籠絡を受く。朝廷、巌に之が禁を為すと雖も、而れども流毒已に遍く、遂に天草教匪の乱有り。

是れに由りて、諸番の市、一切禁絶し、唯だ許す所の者は、清人、和蘭のみ。然れども禁を犯して大戮(たいりく)に陥いる者、前後に二十八万人、教匪の禍、曠古(こうこ)いまだ有らざる所なり。

当時、波尓杜瓦尓を呼びて南蛮と為すは、其の道を呂宋(ルソン)に取るを以てなり。蛮船を呼びて黒船と為すは、其の瀝青(れきせい)を塗るを以てなり。嗣後(しご)、和蘭、仏蘭西、暎咭唎の諸国、其の針路に循(したが)い、亜細亜洲に貿販(ぼうはん)す。波尓杜瓦尓の埠頭(ふとう)、多くは掠奪せられ、其の利を獲ること昔の如くならず。

語釈 ○**渠酋**—首領。 ○**悦服**—心から喜んで服従する。 ○**権輿**—物事のはじめ。 ○**貿遷**—商売してまわる。 ○**番居**—かわるがわる占拠する。 ○**襟喉**—要害の地。 ○**厚幣**—鄭重な礼物。 ○**旁午**—往来の激しいこと。 ○**巨熕**—大砲。 ○**他腸**—ふた心。 ○**艨艟**—軍艦。 ○**遏絶**—さえぎり止める。 ○**火船火筏**—燃えやすいものを積んで油を注ぎ火をつけて、敵船の間に放つ船や筏。 ○**巨礮**—大砲。 ○**粉齏**—こなみじんにする。 ○**焚燬**—焼きこぼつ。 ○**歳幣**—毎年贈る金品。 ○**交貿**—交易。 ○**満剌加**—マラッカ王国。香辛料貿易における重要な東西中継港。マレー半島西海岸南部。 ○**厚貺**—手厚いたまもの。 ○**榷場**—交易を許して専売税を徴収する所。 ○**才弁**—才気とたくみな弁口。 ○**妖教**—キリスト教。 ○**闔国**—国中。 ○**恇駭**—おそれおどろく。 ○**妃嬪**—天子の妻と側室。 ○**香山県**—広東省中山市の旧称。 ○**世祖**—帝王の廟号。一世の祖の義。 ○**珍貨**—珍しい品物。 ○**餽遺**—食物及び金品を贈る。 ○**麾下**—直属の家来。 ○**報礼**—礼をもって恩恵にむくいる。 ○**流溢**—流れあふれる。 ○**奇幻**—不思議な幻。 ○**倨傲**—おごり高ぶるさま。 ○**籠絡**—巧みに手なずけて、自分の思いどおりに操ること。　○**流毒**─社会の害になることをする。　○**教匪**─悪い教団。　○**大戮**─死刑に処し屍をさらす。　○**曠古**─前代未聞。　○**瀝青**─タール・ピッチなど。木造船の防水に使う。　○**嗣後**─その後。　○**貿販**─品物を交換して商いする。

※

波尓杜瓦尔、漢名葡萄牙、東南連俺大留西亜、北接加利祭亜。古属伊斯巴泥亜、歴世已久、為巴尔巴利亜所佔拠。

寛治七年（西洋千九十三年）、渠酋汾利孤斯、性雄毅、挙兵討巴尔巴利亜、大敗之、恢復旧都。伊斯把泥亜王、嘉其功、嫁以女。汾利孤斯卒。子亜児豊粛斯立、伐巴児巴利亜、逐其五部酋長、悉復旧疆、遂登王位。国人悦服。是為称王之始。有属国曰為匿亜、商販諸国、営利甚鉅。由是財用豊饒。

明応六年（西洋千四百九十七年）、有瓦嫣者、始経亜太臘海、過喜望峰、至印度貿易、国用益富。西洋通商于亜細亜洲、蓋以此為権輿云。

永正七年（西洋千五百十年）、抵臥亜、建商館、与島人相貿遷、遂拠之。此為西洋番居印度之始。先是国人有巴斯倔加麻者、乗大舶廻旋亜細亜、南洋諸島、而測量之。因得其虚実、作図説以献。王大喜、乃按図撿境、知忽魯謨斯、為諸島襟喉之地、欲図之。遣使厚幣結好、求互市。不聴。至是命水軍都督亜児薎的児倔、発大艦十二隻伐之。

忽魯謨斯在百児西亜、海浜有港、曰渓尓蔓。百貨旁午之区也。見冦猝至、大駭亟出師禦之。波児杜瓦児一戦破之、発巨熕、崩城郭。使人言於王曰、我求互市耳。非有他腸。若許之即収兵而還。王不許、発兵二万余人、連艨艟為浮橋、遏絶港口、亦以火船火筏禦之。波尓杜瓦児船、大且堅、巨礟叢発、敵船粉虀、浮橋焚燬、無遺。王大懼乞降、致歳幣、為属国。由是交貿得便、国益富。又欲取満剌加、致厚賂、置榷場於都。遣教僧有才弁者、説国人以妖教、大施恩恵、闔国悦従。是歳遽挙兵襲都城。王恇駭不知所為、率妃嬪太子逃入山中而死。竟取其国。又通於震旦、置商館於広東香山県。

天文十一年（西洋千五百十二年）、将抵震旦、飄風抵我豊後神宮浦。（千三百年間、勿搦察亜国人、入韃靼、事元世祖、従入震旦、居十七年而還、曰東洋有日本国。西洋知我邦、以此為始）以珍貨及銃砲遺国主大友宗麟、請互市。宗麟大喜許之。西番通于我、以此為始。而銃砲之製亦始此。後二年駕六大舶而来、其一隻抵薩摩種島。是歳餽遺珍宝尤夥。宗麟厚酬之、使麾下斎藤源助報礼。至其国、病卒。其墓至今尚在国都云。

従是毎歳互市不絶、蛮珍夷宝、流溢九州、九州侯伯皆争迎之。番人又誘以妖教、奇幻百出、士民益崇敬之、遺以厚幣。由是妖教盛行。

天正十五年、豊臣秀吉西征見教僧、憤其倨傲、而駆逐之、禁止其法。互市如故。而異教已蔓延于海内矣。蓋自蛮舶入我以来、貪者逐其利、愚者惑其教、波頽瀾倒、悉受籠絡。朝廷雖厳為之禁、而流毒已遍、遂有天草教匪之乱。

由是諸番之市、一切禁絶、唯所許者、清人和蘭而已。然犯禁陥大戮者、前後二十八万人、教匪之禍、曠古所未有也。

当時呼波尓杜瓦尓為南蛮、以其取道於呂宋也。呼蛮船為黒船、以其塗瀝青也。嗣後和蘭、仏蘭西、暎咭唎諸国、循其針路、貿販于亜細亜洲。波尓杜瓦尓埠頭、多被掠奪、其獲利不如昔。

払蘭西（フランス）

フランスは、漢名が仏郎機、ヨーロッパ大陸の王国である。西はイスパニアに接し、南は地中海に臨み、東はイタリア、ゲルマニアに接し、北は海をへだててイギリスに相対している。国土は広大、物産は豊かで、八十六州に分けられ、気候は温和である。

開祖のフランコスは人並み外れた武勇があって、領土をきりひらき、ガリアを滅ぼし、国を建てた。寛永年間（一六二四〜四四）、国王ロデウェイキは大変賢明で、王位に久しく在って、国内は大いに治まり、四方の隣国はおそれ従った。ロテウェキが王になると、際限なく驕奢に耽り、国は大変乱れ賊臣に弑された。

これ以前、ナポレオンが卑しい身分から起こり、手柄をかさねて高官に昇り、威名は光り輝いて、国民は服従した。ここに及んで、皇位について皇帝と称した。兵力はとりわけ強大で、諸国を攻略平定し、向うところ、くだきおとしいれないものはなく、かくしてヨーロッパ全土をことごとく領有した。降伏しなかった国は、わずかにロシアとイギリスだけである。

後にロシアを討って大敗し、属国は皆そむき、イギリスに倒された。国民はせまって、位をロテウェキに譲らせた。ロテウェキはまさにフランス国王の後裔で、前の王と同じ名である。

その首都をパリと言う。その衣服や道具はすべてオランダと同じである。ただ言語や文字だけは異なり、国民性は強くたけだけしい。オランダは、イギリスの圧迫を受けるたびに、フランスをたよって助けとした。イギリスもフランスを恐れた。だから、ゲルマニア人はフランスのことを評する、「フランスは友邦にするのはよいが、隣国にしてはならぬ」と。およそフランスの略奪を恐れているのである。

海辺にカライスという大都市があって、イギリスと相対し、要害の地である。昔、イギリスにカライスを奪われた。国民は憤って言った、

「もし、この都市を取ることができれば、三ヶ月食を絶ち、牢獄に繋がれても構わない」と。

十七年後、フランスは果してカライスを取り戻した。イギリスの女王は、非常に憤った。臨終の時に左右に侍る家臣に言った、
「もしも避けられないことが生じたならば（死んだならば）、必ず私の体をあばいて、とくと見よ。私の胸の内に、きっとカライスという文字があるはずである」と。このように、両国は昔から拮抗して相容れなかった。だから、各々武事に精強で、遠謀に力を尽し、どうしても解けゆるまず、ともに西洋の強国となった。

※

払蘭西（フランス）は、漢名仏郎機（ふつろうき）、欧羅巴（ヨーロッパ）洲の王国なり。西は伊斯巴泥亜（イスパニア）に接し、南は地中海に臨み、東は意太里亜（イタリア）、入尔馬泥亜（ゼルマニア）に接し、北は海を隔てて諳厄利亜（アンゲリア）に対す。土地広莫（こうばく）、物産富饒、分ちて八十六州と為し、気候融和なり。

始祖払蘭哥斯（フランコス）は、英武絶倫にして、疆域（きょういき）を開拓し、瓦利亜（ガリア）を滅ぼし、国を建つ。寛永中、国王羅徳（ロデ）勿乙吉（ウェイキ）は、頗る賢明にして、国を享くること久遠、境内（きょうない）大いに治まり、四隣畏服す。魯娃勿吉（ロテウェキ）に至り、驕奢度無く、国大いに乱れ、賊臣の弑（しい）する所と為る。

是より先、樸那抜尔的（ボナパルト）寒微（かんび）より起こり、功を累（かさ）ねて大官に陞（のぼ）り、威名赫奕（かくえき）として、国人服従す。是に至りて、践阼（せんそ）して皇帝と称す。兵力尤も強盛にして、諸州を略定し、向かう所、摧陥（さいかん）せざる莫く、

遂に欧羅巴全洲を奄有（えんゆう）す。其の降らざる者は、惟だ俄羅斯、暎咭唎（イギリス）のみ。
後に俄羅斯を伐ちて、大敗し、属国皆叛（そむ）き、暎咭唎の擒（とら）う所と為る。国人逼（せま）りて、位を魯娃勿吉に譲らしむ。魯娃勿吉は、乃ち払蘭西国王の裔にして、前王と同名なり。

其の都を把利斯（パリス）と曰う。其の衣服器用、並びに和蘭（オランダ）に同じくす。惟だ言語文字のみ則ち異なり、性強悍（きょうかん）たり。和蘭は、暎咭唎の欺凌（きりょう）を受くる毎に、則ち倚（よ）りて以て助と為す。暎咭唎も亦た畏るる所なり。故に入尓馬泥亜（ゼルマニア）人、之が為に語りて曰わく、「仏蘭斯は、以て朋友と為すべく、以て隣国と為すべからず」と。蓋し、其の掠奪するを懼るるなり。

海浜に一鉅城（きょじょう）有り、加刺伊斯（カライス）と曰い、暎咭唎と相対し、険要の地と為す。往年暎咭唎の奪う所と為る。国人憤恚（ふんい）して曰わく、「若し是の城を取るを得れば、三月糧を絶ち、牢獄に繋がると雖も、辞せざるなり」と。

後十七歳、果して之を復す。暎国の女主、憤ること甚し。死に臨みて左右に語りて曰わく、「若し不諱（ふき）有らば、須らく、吾が体を解きて之を視るべし。吾が心頭に必ず加刺伊斯の字有り」と。二国古より相い抗（あ）たりて相い容れざること此くの如し。故に各ゝ武事に精しく、遠略に務め、敢えて解弛（かいし）せず、並びて西洋の強国と為る。

語釈 ○**広莫**―広々として大きい。 ○**度無し**―限度がない。 ○**寒微**―身分が卑しい。 ○**赫奕**―

光り輝く。○**践阼**―皇位につく。○**摧陥**―くだきおとしいれる。○**奄有**―土地をことごとく有して之が主となる。○**器用**―役に立つ道具類。○**強悍**―強くてたけだけしいさま。○**欺凌**―おしつけだます。○**憤恚**―いきどおる。○**不諱**―死の婉曲表現。○**遠略**―遠大で奥深い策略。○**解弛**―解けゆるむ。

※

払蘭西、漢名仏郎機、欧羅巴洲王国也。西接伊斯巴泥亜、南臨地中海、東接意太里亜、入尓馬泥亜、北隔海対諳厄利亜。土地広莫、物産富饒、分為八十六州、気候融和。

始祖払蘭哥斯、英武絶倫、開拓疆域、滅瓦利亜、建国。寛永中、国王羅徳勿乙吉、頗賢明、享国久遠、境内大治、四隣畏服。至魯姪勿吉、驕奢無度、国大乱、為賊臣所弑。

先是樸那抜尓的、起自寒微、累功陞大官、威名赫奕、国人服従。至是践阼称皇帝。兵力尤強盛、略定諸州、所向莫不摧陥、遂奄有欧羅巴全洲。其不降者、惟俄羅斯、暎咭唎耳。

後伐俄羅斯、大敗、属国皆叛、為暎咭唎所擒。国人逼譲位於魯姪勿吉。魯姪勿吉乃払蘭西国王之裔、与前王同名。

其都曰把利斯。其衣服器用、並同和蘭。惟言語文字則異、性強悍。和蘭毎受暎咭唎欺凌、則倚以為助。暎咭唎亦所畏。故入尓馬泥亜人、為之語曰、仏蘭斯可以為朋友、不可以為隣国。蓋懼其掠奪也。

海浜有一鉅城、曰加剌伊斯、与暎咭唎相対、為険要之地。往年為暎咭唎所奪。国人憤恚曰、若得取是城、雖三月絶糧、繫於牢獄、弗辞也。後十七歳果復之。暎国女主憤甚。臨死語左右曰、若有不諱、須解吾体視之。吾心頭必有加剌伊斯之字矣。二国自古相抗而不相容如此。故各精武事、務遠略、不敢解弛、並為西洋之強国矣。

諳厄利亜（アンゲリア）

アンゲリアはほかでもなくイギリスのことで、ヨーロッパの西北の海にあり、スコットランドと一島を分けて領有している。長さが百五十里ばかり、幅が百三十里ばかり、経度が五十度から六十度に至る。三つの地方に分けられ、その都をロンドンという。

民は船を操ることを得意とし、海戦に長じ、古来勇猛な国と言われている。その昔、国王ヤコブスは、スコットランドを併合して一つにした。国民は反目し合い、戦争して、それで再び分立した。

女王アンナが即位するに至って、大変賢明で、宝永四年（一五〇七）にスコットランドを攻めて併呑した。その政治は厳格ながら民を慈しむもので、国民は心服し、国情は大きく変わった。後に挙兵してアイルランドを取った。これもまた近海の大きな島である。長さが百五十里ばかり、幅が六、七十里ばかり。軍の勢いはますます奮い立った。

かつてフランスと戦い、兵を集めて解除しなかったので、国力は次第に衰えた。ここに至ってフランスを討ち、大勝した。宝暦十三年（一七六三）、大艦に乗り喜望峰を通ってインド、アラビアの諸国で貿易し、イスパニア、ポルトガルの諸国を略奪し、さらにアフリカ諸国とアラビア、ペルシャの諸島を侵略した。属領も大変多かった。諸州にあった、西洋諸国のみやこや商館は、皆一様に焼かれ奪われた。ポルトガルとオランダは、イギリスにとりわけ苦しめられ、厚い礼物を納めることによって和睦した。

国王のセオルデは、生まれつきすぐれて勇ましく、武術を好み、銃砲の研究に熱心であった。およそ銃砲はフランスで使いはじめた。昔、フランス王がイスラム諸国を征した時に、イタリア人が最初にこの武器をつくって献上した。王は激賞し、さらに大砲をたくさん製造して、イスラム諸国を討ち破った。西洋で銃を用いるようになったのは、この時からである。いわゆる仏郎機砲（ふつろうきほう）というのがこれである。

後に諸国もこれに倣った。スウェーデンはさらに新たに工夫してはなはだ精巧に製造した。デンマークは、さらにその製法を変えて、大小の砲をますます精密に製造した。イギリス王がこの技術をとりわけ好むに及んで、名工を諸国から召し出してその妙技を極めさせた。この時にあたって、製造はさらに一変して、巧みな技術は世界に優越した。そのため武威はますますふるいたち、南洋のフィリピン諸島を併呑してイスパニアの守備兵を追い払い、大勢の軍隊を駐屯させてみやこを築き、諸国を侵略した。

かつてオランダはジャガタラを取って、二百余年にわたって根拠にし、万国の貿易の重要な港とした。文政二年(一八一九)、イギリスは数十隻の艦隊を編成して攻め入ったが、勝たなかった。翌年の夏から秋にかけて、またも海軍を備えて再征し、ボンベン砲を用いて囲み攻めて勝った。オランダは進んでは敵に抵抗せず、祖国に逃げ帰った。こうして通商の便を大きく失った。後に、和を講じて、ジャガタラを返還するかわりに、オランダがイギリスに毎年の税金を納めることを願ったので、これを許した。オランダは再びここを根拠にした。

イギリスは清国と非常に久しく通商している。天保六年(一八三五)、清の皇帝は、林則徐(りんそくじょ)に命じて、イギリスがアヘン輸入禁止令を犯していることを責めさせ、イギリスが持ちこんだ二万二百九十一箱のアヘンを海に棄てさせた。イギリスは大変怒り、数十の軍艦をさしむけて、舟山県を取って根拠地にし、広東を焼いて奪った。清軍は防戦したが大敗し、数千里も長く続く土地は、皆戦禍をこうむった。官吏庶民の死者はすべてを数えきれない。

イギリスは勝に乗じて南京に入ろうとした。清の皇帝は大変恐れおののいて、和を講じ、そこで銀六百万両の賠償金を支払い、また銀千五百万両を五年の期限で支払うこととした。それで、香港をイギリスの領地とした。

かつて方学流は外国人の変乱を憂慮し、『防海策』二篇を書いて、言っている、

「天地の道は変化して一定のきまりがない。知恵者が他国を謀るときは、すでに起こった事跡によって、転じてまだ起こらないことを推測すべきで、すでに起こったことに習熟するばかりで、まだ起こらないことを忘れてしまってはいけない。遠い昔のすでに起こったことに関しては、たいがい話すことができるものだ。

海外に行って、狡猾な者が他国をうかがい図り、自国の領土を広めようと思い、ともすれば言う、『古来、まだ開国の大業を成した者がいないので、論ずる者も、まったく心をとめません。どうか、海禁を開いて東洋と西洋とを行き来させてください。銅材や銅銭を国家の費用として十分にそなえ、象牙や犀の角、珠玉、嗜好品が厦門・舟山・乍浦を経て呉会に転じたならば、国家も村々も頼らないことはありません』と。

こうなってしまうと出入りが制限できず、ある日突然変乱が生じたならば、どのようにしてこれに応ずるというのか。外国船の通行を禁じ、海岸を整備して、そこに精鋭の兵士を配備し、さらに砲台を置いて、昼夜巡視して、内と外とを行き来させないことに及ぶことはない。外国が、わが国の様子

をおしはかられず、わが国に、外国の往来を絶つ手だてがあることは、あるいはよろしきことであろう。そうでなければ、知らないうちに、こぜりあいや騒乱から戦が生じたならば、二、三の軍事拠点があるだけでは、どうしてことが成就しようか。その上、江蘇省の蘇州・松江、浙江省の嘉興・紹興などの南方の弱兵を用いたならば、もともと訓練が徹底せず、枯れ木や朽ち木を吹きはらうように、遠征して一気に侵入してくることは難しくない。同時に、非常に久しく海賊に警戒しているので、あの国には防備があるが、わが国には防備がない。防備がある国が防備のない国を襲ったならば、難易のへだたりは十倍になる。

江蘇省や浙江省は財政の要地であり、国家の糧食を運ぶ道は、すべてここに依存している。にわかに切除されてしまえば、ひとり安心や繁栄を保たれようか。人は、遠い将来のことまで見通した深い考えをもたないでいると、必ず手近なところに身にさし迫った心配事が起こる。かの『燕雀堂に処る』の輩は、その位にあって責を果たすことができず、その災いが身に及ぶことが非常に速いことを知ることがない」と。

この言は非常によく当てはまっていて、その考えが深く誠実で、あらかじめ、後のイギリスの事変を予想して、策略をめぐらしたかのようである。けれども、清朝の誰もが察せず、結局この禍乱を招き寄せた。嘆かわしいことだ。

この時にあたって、イギリスは、ますますその凶悪の炎を盛んに燃やし、その欲望をほしいままにし、武威は西洋諸国のさきがけとなった。けれども、国民性が凶暴で、諸国の領地を取ることはできたが、しかしながら民はその暴虐に苦しみ、ただちに離反した。

むかし北アメリカの地を奪い、人民を移住させ、鎮台を置き、人口は日に日に増えた。イギリスは数年間戦争するに至って、人民が衰弱し、そこで兵士をアメリカで召集した。住民は、その暴挙に憤って、決して命令に従わなかった。一斉に、インドから輸送した茶三百余箱を焼却した。イギリスは大変怒り、軍艦をさしむけて討った。彼らは死力を尽して防戦した。その勇敢な勢いを阻むことができず、イギリスは敗走し、かくして独立国となった。

清国の人が和を講じたのは、もとよりその場しのぎの措置から出たものであった。清のイギリスへの恨みは骨に至るほどはなはだしく、報復の念はいまだかつて片時も忘れないという。

イギリスがわが国で貿易したのは、慶長五年（一六〇〇）が最初である。この年、カピタンのアンジンが、オランダ人とともに幕府へ貢ぎ物を献じた。十七年、平戸に来て貿易した。十八年、イギリスの国王が親書を送り、使者をつかわして、紅の毛織物や石を発射する砲、望遠鏡を献じた。元和七年（一六二一）、貿易の利益が少ないので、辞去して再びは来なかった。延宝元年（一六七三）、長崎に来て貿易を求めたが、幕府は許可しなかった。後に貿易を求めたが、聞き入れなかった。わずかのことにも注意して未然に防ぎ、きざしを消す理由は、大変深いのである。

※

諳厄利亜（アンゲリア）は即ち暎咭唎（イギリス）、欧羅巴の西北海中に在り、思可斉亜（スコッシア）と分ちて一島の地を占む。長さ百五十里ばかり、幅百三十里ばかり、経度五十度より六十度に至る。分ちて三道と為し、其の都を籠動（ロンドン）と曰う。俗、善く舟を操り、水戦に習（な）れ、古より悍鷙（かんし）の国と称す。初め国王雅谷普斯（ヤコブス）、思可斉亜を并せて一と為す。国人和せず、相い戦争し、因って復た分立す。

女主盎那（アンナ）即位するに至りて、頗る聡敏、宝永四年（西洋の千五百七年）を以て、思可斉亜を攻めて之を併す。政を為すや、厳にして慈、国人悦服し、風俗丕（おお）いに変ず。後、兵を挙げて意而蘭士（イルランド）を取る。亦た近海の大島なり。長さ百五十里ばかり、幅六七十里ばかり。兵勢愈（いよ）ゝ振う。

是れより先、仏蘭西（フランス）と戦い、兵結びて解かず、国力寖（ようや）く衰う。此（ここ）に至りて、仏蘭西を伐ち、大いに之を敗（やぶ）る。宝暦十三年（西洋の千七百六十三年）、大舶に駕し喜望峰を過ぎて印度亜（インデア）、亜剌比亜（アラビア）の諸州に経商し、伊斯巴泥亜（イスパニア）、波尔杜瓦尔（ポルトガル）の諸国を掠め、又た亜弗利加（アフリカ）の諸国及び亜剌比亜、百児斉亜（ペルシア）の諸島を侵す。属地甚だ多し。西洋諸番の府城商館にして諸州に在る者、並びに焚掠せらる。波尔杜瓦尔、和蘭（オランダ）は尤も之を苦しみ、厚幣を納めて、以て和す。

国主熱阿尔業（セオルデ）、天資英武にして、武技を好み、銃砲に刻心す。蓋し銃砲は仏蘭西より始まる。昔仏蘭西王、回回を征するや、伊太里亜人始めて此の器を製りて以て献ず。王激賞し、更に多く大礮を製り、回回を伐ちて之を敗る。西洋、銃を用うるは此れより始まる。いわゆる仏郎機砲とは是れなり。後、諸番之に倣う。雪際亜又た新意製造すること甚だ精し。弟那瑪尔加は更に其の製を変じ、大小砲を作ること益ゝ精緻たり。諳厄利亜王、尤も此の技を好むに及びて、則ち名工を諸州に徴して其の妙を究極せしむ。是に於いて、製造又た一変して、奇功、天下に甲たり。是れに由りて、威愈ゝ振い、南洋の比利比印設諸島を呑併して、伊斯巴泥亜の戍兵を駆逐し、師衆を屯して府城を築き、諸州を侵掠す。

是より先、和蘭、咬𠺕吧を取りて之に拠ること二百余年、以て万国交貿の要津と為す。文政二年、諳厄利亜は甲板舟師数十を興し、往きて攻む。克たず。年を越え、夏秋の際、仍お舟師を備えて再び往き、天砲を以て環攻して克つ。和蘭敢えて敵に与たらず、逃れて祖家に回る。是れに由りて、大いに通商の便を失う。後、和を議して、咬𠺕吧を復し歳税を致さんことを請う。之を許す。和蘭、再び之に拠る。

諳厄利亜は清と通商すること已だ久し。天保六年、清主は、林則徐に命じて、其の鴉片烟の禁を犯すを責め、其の齎す所の二万二百九十一箱を海に棄てしむ。諳厄利亜は大いに怒り、数十の兵艦を遣わして、舟山県を取りて巣窟と為し、広東を焚掠せしむ。清軍拒戦して大敗し、綿地数千里、皆禍乱に罹(かか)る。吏民死する者、勝(あ)げて数うべからず。

諳厄利亜は勝に乗じて将に南京に入らんとす。清主大いに懼(おそ)れて和を議し、乃ち償うに銀六百万両を以てし、而して銀一千五百万両を余(のこ)して、期するに五年を以てす。因って香港を以て諳厄利亜の地と為す。

是より先、方学沆(ほうがくこう)、外夷の変を慮りて防海策二篇を作り、曰う有り、「天地の道は変化して方無し。智者、人の国を謀るや、当に已然の跡に従(よ)りて、而して転じて其の未然を測るべく、当に其の已然に狃(な)れ、而して其の未然なる所を忘るべからず。千古已然の事の如きは、類(おおむ)ね能く之を言う。海外に至りて狡焉啓(こうえんひら)くを思い、動(やや)もすれば云う、『古来、いまだ大業を成す者有らずんば、論ずる者、絶えて経意せず。請うらくは、海禁を開きて、以て東西の二洋を通ぜしめよと。銅筋制銭、国用に足り、象犀(ぞうさい)珠玉珍玩の物、厦門(アモイ)・舟山・乍浦(さほ)由り呉会(ごかい)に転ずれば、廟廷閭巷(びょうていりょこう)、是れ頼らざる莫し』と。是に於いて、出入忌む無く、一旦猝(にわ)かに発すれば、何を以てか之に応ぜん。其の出入を禁じ、辺海を修整し、之に重兵(じゅうへい)を添え、加うるに砲位を以てし、昼夜巡邏(じゅんら)して、内外をして相い通ぜざらしむるに若くは莫し。彼、我の虚実を測らず、我、以て彼の往来を絶つ有るは、其の可なるに庶幾(ちか)きのみ。

然らずんば、窃(ひそ)かに危疑擾攘(じょうじょう)の間に発すれば、二三の提鎮、何ぞ能く事を済(な)さんや。加うるに蘇(そ)松(しょう)・嘉紹(かしょう)南方の弱兵を以てすれば、素より甚しくは練らず、枯を吹き朽を拉(ひ)くが如く、長駆して直(ただ)に入ること難からず。之を兼ぬるに、海寇、心を留むること已だ久しければ、彼に備有りて我に備無し。備有るを以て備無きを襲わば、難易、相い什倍するなり。江浙は財賦の重地にして、国家の餉道、全く此に藉る。一旦割去すれば、能く独り安然全盛ならんや。人、遠慮無ければ、必ず近憂有り。彼の燕雀、堂に処るの輩、尸位補うこと無く、其の災の身に及ぶこと甚だ速やかなるを知らざるのみ」と。

其の言剴切にして、其の慮深摯なること、逆め後来暎夷の変を料りて、之を籌策する者の若し。而れども挙朝察せず、竟に此の禍乱を致す。慨うべきなり。

是に於いて、諳厄利亜は益〻、其の凶焔を熾んにし、其の欲する所を肆にして、威武、西蛮の魁と為す。然れども性残暴、能く諸州の地を取ると雖も、而れども民、其の苛虐を苦しみ、旋即ち離叛す。

往年、北亜墨利加の地を奪い、民を遷し鎮を置き、生歯日に繁し。諳厄利亜、戦争すること数年に迄びて、人民凋喪し、乃ち兵を亜墨利加に召す。居民其の暴酷を憤り、敢えて命に従う莫し。并びに印度より輸する所の茶荈三百余箱を焚く。諳厄利亜大いに怒り、兵艦を遣わして之を撃たしむ。則ち死力を致して拒戦す。鋭くして当たるべからず、諳厄利亜敗走し、遂に独立不羈の邦と為る。

清人和を講ずること、固より一時の権より出ず。其の怨みの骨に次ること、報復の念いまだ嘗て須臾も忘れずと云う。

其の我に貿易するは慶長五年を以て始と為す。是の歳甲必丹盎任(カピタンアンジン)、和蘭人と偕(とも)に江府に貢す。十七年、平戸に来りて貿易す。十八年、国王書を贈り聘(へい)を通じ、猩猩緋(しょうじょうひ)・弩砲(どほう)・千里鏡を献ず。元和七年、交易の利少きを以て辞去し、復た至らず。延宝元年、長崎に抵(いた)りて互市を乞うも、朝廷許さず。後、之を乞うも亦た聴かず。其の微を防ぎ萌(きざし)を銷(け)す所以(ゆえん)の者は至って深遠なり。

語釈 ○**悍鷙**—強く荒い。○**悦服**—心からよろこび従う。○**府城**—みやこ。○**厚幣**—鄭重な礼物。○**刻心**—心にきざみつけて忘れぬ。○**回回**—中央アジアのイスラム教諸国。○**大礟**—大砲。○**仏郎機砲**—十六世紀のヨーロッパで盛んに用いられた後装式砲。○**奇巧**—珍しい技巧。○**呑併**—他国を侵略して領地とする。○**戍兵**—辺境を守る兵卒。○**師衆**—多勢の軍隊。○**咬嵧吧**—ジャガタラ。インドネシアの首都ジャカルタの古称。○**要津**—交通・商業上の重要な港。○**舟師**—海軍。○**天砲**—ボンベン砲。○**環攻**—かこみ攻める。○**林則徐**—清代の政治家。○**鴉片烟**—アヘン煙草。○**舟山県**—舟山群島。杭州湾中の舟山島付近に羅列した島嶼を言う。○**巣窟**—居住する場所。○**拒戦**—防戦。○**綿地**—長く続いた土地。○**余銀**—剰余金。○**方学沆**—桐郷(とうきょう)(浙江省)の人。一七二六年、挙人となる。官吏。『遜志斎古文』正編、続編、『茝園初、二、三刻詩集』、『制義』一巻を著す。○**天地**—世界。○**方無し**—一定のきまりがないさま。○**狡焉啓くを思う**—狡猾の人が他人の国をうかがい図り、自己の領域を広めんと思う。○**経意**—心をとめる。○**制銭**—官局で鋳造した銅銭。

○**象犀珠玉**─象牙、犀角、貝から出る玉、山に産する玉。○**珍玩**─珍重している愛玩物。○**厦門**─福建省南東部、台湾海峡に面す。古来貿易港。十七世紀頃よりポルトガル等の商人が往来した。○**乍浦**─浙江省平湖県の東南。貿易港。アヘン戦争の激戦地。○**呉会**─呉県と会稽郡との連称。今の江蘇省呉県城。○**廟廷**─みたまや。○**閭巷**─むらざと。○**重兵**─重要な兵。○**巡邏**─巡視。○**危疑**─あやぶみ疑うこと。○擾攘─騒ぎ乱れるさま。○提鎮─武官の役所。○**事を済す**─成就する。○**蘇松**─江蘇省の蘇州と松江(しょうこう)。○**嘉紹**─浙江省の嘉興(かこう)と紹興(しょうこう)。○**海冦**─海賊。○**江浙**─江蘇省と浙江省。○**財賦**─財政。○**重地**─重要な地。○**餉道**─糧食を運ぶ道。○**割去**─切除。○**安然**─安心したさま。○**燕雀堂に処る**─安居して禍を忘れる。故事に、「燕雀が人家の軒先に安居していた。火事になって屋根に火が移ろうとしても、燕雀は顔色を変えず、自分に禍が及ぼうとしていることに気がつかなかった」と言う。平時にあっても有事に対する備えを怠たるなという戒めの言葉。○**尸位**─その位に在って責を尽さないこと。○**剴切**─非常によく当てはまること。○**深摯**─深厚で誠実なこと。○**後来**─こののち。○籌策─はかりごと。○**凶焔**─凶悪な気勢。○**威武**─勢いが盛んで強く勇ましいこと。○**生歯**─人民。○**凋喪**─しぼみ衰える。○**茶荈**─茶。○**骨に次る**─骨に至る。人を恨むことの甚だしいこと。○**甲必丹**─ヨーロッパ船の船長。○**盎任**─三浦按針。イギリスの航海士。豊後に漂着したオランダ船リーフデ号の水先案内人。家康の外交顧問となる。洋式帆船の建造等に尽力。　○**猩猩緋**―極めてあざやかな紅色に染めた舶来の毛織物。　○**弩砲**―しかけを用いて石を発射する器。　○**千里鏡**―望遠鏡。　○**防微**―わずかの事にも注意して未発に防ぐ。

※

諳厄利亜、即唊咭唎、在欧羅巴西北海中、与思可斉亜、分占一島地。長可百五十里、幅可百三十里、経度自五十度至六十度。分為三道、其都曰籠動。

俗善操舟、習水戦、自古称悍鷙之国。初国王雅谷普斯、并思可斉亜、為一。国人不和、相戦争、因復分立。

至女主盎那即位、頗聡敏、以宝永四年（西洋千五百七年）、攻思可斉亜、併之。為政厳而慈、国人悦服、風俗丕変。後挙兵取意而蘭土。亦近海大島也。長可百五十里、幅可六七十里。兵勢愈振。

先是与仏蘭西戦、兵結不解、国力寖衰。至此伐仏蘭西大敗之。宝暦十三年（西洋千七百六十三年）、駕大舶過喜望峰、経商于印度亜、亜刺比亜諸州、掠伊斯巴泥亜、波尓杜瓦尓諸国、又侵亜弗利加諸国、及亜剌比亜、百児斉亜諸島。属地甚多。西洋諸番府城商館在諸州者、並被焚掠。波尓杜瓦尓、和蘭尤苦之、納厚幣、以和。

国主熱阿尓業、天資英武、好武技、刻心銃砲。蓋銃砲自仏蘭西始。昔仏蘭西王征回回、伊太里亜人、始製此器、以献。王激賞、更多製大礮、伐回回敗之。西洋用銃始此。所謂仏郎機砲是也。

後諸番倣之。雪際亜、又新意製造、甚精。弟那瑪尓加、更変其製、作大小砲、益精緻。及諳厄利亜王尤好此技、則徴名工於諸州、究極其妙。於是製造又一変、而奇功甲於天下矣。由是威愈振、呑併南洋比利比印設諸島、駆逐伊斯巴泥亜戍兵、屯師衆、築府城、侵掠諸州。

先是和蘭取咬𠺕吧拠之、二百余年、以為万国交貿之要津。文政二年、諳厄利亜、興甲板舟師数十往攻。不克。越年夏秋之際、仍備舟師再往、以天砲環攻而克。和蘭不敢与敵、逃回祖家。由是大失通商之便。後議和請復咬𠺕吧、致歳税。許之。和蘭再拠之。

諳厄利亜、与清通商已久。天保六年、清主命林則徐、責其犯鴉片烟之禁、棄其所齎二万二百九十一箱於海。諳厄利亜大怒、遣数十兵艦、取舟山県為巣窟、焚掠広東。清軍拒戦大敗、綿地数千里、皆罹禍乱。吏民死者不可勝数。

諳厄利亜、乗勝将入南京。清主大懼、議和、乃償以銀六百万両、而余銀一千五百万両、期以五年。因以香港為諳厄利亜之地。

先是方学沆慮外夷之変、作防海策二篇、有曰、天地之道変化無方。智者謀人之国、当従已然之跡、而転測其未然、不当忸其已然、而忘其所未然。如千古已然之事、類能言之。

至於海外、狡焉思啓、動云、古来未有成大業者、論者絶不経意。請開海禁以通東西二洋。銅筋制銭、足于国用、象犀珠玉珍玩之物、由厦門舟山乍浦、転于呉会、廟庭閭巷、莫不是頼。

於是出入無忌、一旦猝発、何以応之。莫若禁其出入、修整辺海、添之重兵、加以砲位、昼夜巡邏、使内外不相通。彼不測我之虚実、我有以絶彼之往来、庶幾乎其可耳。不然者、窃発于危疑擾攘之間、二三提鎮何能済事。加以蘇松嘉紹南方之弱兵、素不甚練、如吹枯拉朽、不難長駆直入。兼之海寇留心已久、彼有備而我無備。以有備襲無備、難易相什倍也。江浙財賦重地、国家餉道、全藉于此。一旦割去、能独安然全盛乎。人無遠慮必有近憂。彼燕雀処堂之輩、尸位無補、不知其災之及身甚速耳。

其言剴切、其慮深摯、若逆料後来暎夷之変、而籌策之者。而挙朝不察、竟致此禍乱。可慨也。於是諳厄利亜益熾其凶焔、肆其所欲、而威武為西蛮之魁矣。然性残暴、雖能取諸州之地、而民苦其苛虐、旋即離叛。

往年奪北亜墨利加之地、遷民置鎮、生歯日繁。迄諳厄利亜戦争数年、人民凋喪、乃召兵於亜墨利加。居民憤其暴酷、莫敢従命。并焚印度所輸茶荈三百余箱。諳厄利亜大怒、遣兵艦撃之。則致死力拒戦。鋭不可当、諳厄利亜敗走、遂為独立不羈之邦。

清人講和固出于一時之権。其怨之次骨、報復之念、未嘗須臾忘云。

其貿易於我、以慶長五年為始。是歳甲必丹盎任、偕和蘭人貢于江府。十七年、来平戸貿易。十八年、国王贈書通聘、献猩猩緋弩砲千里鏡。元和七年、以交易利少辞去不復至。延宝元年、抵長崎乞互市、朝廷不許。後乞之、亦不聴。其所以防微銷萌者、至深遠矣。

和蘭 （オランダ）

オランダは、東はゲルマニアに接し、南はフランスに連なり、西は海を隔ててイギリスに相対しており、西洋の最も小さい国である。その人民は彫りが深く、毛髪は皆赤い。よって紅毛番と称する。（『明史』『海国聞見録』『海島逸志』に言うところの「紅毛」は、イギリスのことである）

その民は、貿易を生業とする者が多い。フリンスという人がいて、けたはずれの優れた才能を持ち、兵法や航海術に精通していた。慶長十七年（一六一二）、モルッカ諸島を取って城塁を築き、四方に通商し、明に入り彭湖（ほうこ）諸島に到った。この時、明の守備兵がそろって撤退したので、無人の廃墟に登るようなもので、かくして木を切り倒して兵舎を建てた。

海辺に住む人の中に、こっそりと行って商売する者がいた。都御史（とぎょし）は上書して、滅ぼすことを願った。そこで、フリンスは帆を掛けて去り、ルソンの港の出口にいて、明の商船を迎え撃ち、思うままに略奪し尽くした。船主はこれを苦しんだ。

元和二年（一六一六）、ヤアコツフレンという人が南アメリカ大陸に達し、極南の海峡を経て一つの大きな島を発見し、その島がアメリカ大陸と地続きでないことを知った。そこでメガラニアと名づけた。よって、これを四大陸に加えて五大陸とした。

五年（一六一九）、オランダはジャガタラを取ることができると見通して、厚い礼物や甘いことばでもってジャワの土着の未開人をあしらい、牛皮で囲ってだまし取った広い土地に突然課税することで、貿易の謀略とした。ジャワは愚かで、その利をむさぼっているうちに、次第に籠絡されていった。それで、さらにアヘンを持ち込んでたぶらかし、ジャワの民衆たちに必ずアヘンを服させて快楽にひたらせ、気づかないままに、ひとりでに疲れさせ、弱らせた。この時にあたって、土やちりあくたを拾うようにたやすく、一挙にこれを滅ぼし、はかりごともまたずるがしこかった。

後、さらに台湾を取って数年間占拠したが、鄭芝龍（ていしりゅう）が軍隊を動員してこれを追い払った。九年（一六三二）、ポルトガルのアメリカにある属領を攻め、数州の領地を得た。寛永十七年（一六四〇）、マラッカを襲って奪い、ポルトガルの守備兵を追い払った。

以前、ポルトガルはジャワを根拠とした。オランダは、ジャワを奪い、今さらにマラッカを奪った。こういうわけだから、両国には亀裂があった。ポルトガルは、我が国に大変長く通商して、極めて巨大な利益を得ていた。オランダはこれを嫌って、ひそかにその行動をうかがった。

かつてポルトガルの船内で一通の手紙を見つけた。これこそ、日本に留まっているポルトガルの船長が、祖国に対して、「大挙して日本を襲われたし」と言上したものであった。そこで、急いで平戸侯に告げ、侯は上聞した。逆徒は誅伐せられた。幕府は、オランダの密告を忠義とした。今に至っても貿易を許しているのは、この理由による。

寛文五年（一六六〇）、セイロン諸国と交わり、イスパニアやポルトガルを追い払い、防塁を築き、商館を置いた。八年（一六六三）、南アメリカ大陸の北部を開き、城郭を築いた。これを西南官府とし、ジャワを東方官府として、貿易に利便性を得た。

さらにスマトラの領地を略奪した。イギリスも来て通商した。スマトラの西北の隅は赤道の北五度にあり、東南の隅は赤道の南五度にあり、その国の中心は赤道直下にあたっている。春分、秋分には、太陽がその真上を通る。日光は火のようで、極めて暑い。オランダはさらに南アメリカの諸島を侵略し、名を一つにまとめて新オランダと言った。

文化五年（一八〇八）、フランス皇帝ナポレオンは、諸国を併呑し、オランダを廃して郡県とした。十二年（一八一五）、フランス皇帝は、追放されたところから挙兵して、まっすぐパリを襲った。パリはフランスの首都である。諸国の王は大変驚き、軍隊を分けて進軍して討ち、サンブル川で大戦となった。

勝敗がいまだ決していないとき、オランダの王子は、軍隊を分けて林に沿って陣を布いた。皇帝が非常に長く攻撃し、王子は負けたふりをして逃げた。皇帝は王子を数里追撃したが、伏兵が競い起こって、皇帝をはさみ撃ちにした。王子は攻めに転じて奮闘し、大いに皇帝を討ち破った。皇帝は辛うじて落ち延びたが、結局捕らわれた。王子の手柄は第一等である。王子の名はウィレムである。以前、ウィレムは父と乱を避けてイギリスにいた。この戦いに力戦して敵を破り、東の十州を併せてかつての領地を回復した。後に、ヨーロッパ諸国の王は、盟約を結んでその功を論じ、父がようやく王位に列し、世子がまもなく王位に立った。

オランダは、はじき丸やほくろのような狭い国に過ぎない。けれども、その王は偉大であって、逆に諸島を取り、属領は四大陸中にいりまじり、イギリスやフランスに匹敵するほどであった。思うに、国土が小さく人民が少なく、四方が皆大国だったので、これを取りたくとも取ることができず、そこで遠謀深慮をめぐらし、海外での経営をはかったのであろう。わずかずつ、敵を逐いはらい土地を奪い取って、このようになるに至っても、領土を奪おうとする野心はいまだ消えないのである。

❊

和蘭(オランダ)は東は入尓馬泥亜(ゼルマニア)に接し、南は仏郎察(フランス)に連なり、西は海を隔てて暎咭唎(イギリス)に対し、西洋の最小国と為す。其の人、深目高準にして、毛髪皆赤し。故に紅毛番と称す。（明史(みんし)、海国聞見録、海島逸志に云う所の紅毛は、乃ち暎咭唎なり）

其の俗、専ら経商を以て業と為す。弗輪斯なる者有り、雄才人に過絶し、韜略に通じ、航海の術に精し。慶長十七年（西洋の千六百十二年）、馬路古諸島を取りて城塁を築き、四方に商販し、明に入りて彭湖に抵る。是の時、汛兵倶に撤すれば、無人の墟に登るが如く、遂に木を伐りて廠を架く。海浜の人に潜かに往きて市う者有り。都御史、上疏して剿ぼさんことを請う。乃ち帆を掛けて去り、呂宋の港口に在り、明人の商船を迎撃し、大いに焚掠を肆にす。船主之を苦しむ。

元和二年（西洋の千六百十六年）、耶亜乞布連なる者有り、南亜墨利加洲に至り、極南の海峡を経て一大島を得、其の亜墨利加と相い属かざるを知る。乃ち名づけて墨瓦臘泥亜と曰う。因って之を四大洲に加えて五大洲と為す。

五年（西洋の千六百十九年）、咬𠺕吧の取るべきことを知り、乃ち厚幣甜言を以て、瓜哇の土番に与し、暫く其の牛皮の曠地に税して、以て貿易の詭計と為す。瓜哇愚蠢にして、既に其の利を貪り、漸く籠絡を受く。因って又た阿片烟を設けて、以て之を誑誘し、其の衆をして必ず此の物を服食して快と為さしめ、暗に自ら疲弱を致さしむ。是に於いて、一挙にして之を滅ぼすこと地芥を拾うが如く、術も亦た狡なり。

後に又た台湾を取りて之に拠る者数年、鄭芝龍兵を起こして之を逐う。九年（西洋の千六百二十三年）、波尔杜瓦尔の属地にして亜墨利加に在る者を攻め、数州の地を得たり。寛永十七年（西洋の千六百四十年）、満剌加《マラッカ》を襲いて之を奪い、波尓杜瓦尓の戍兵《じゅへい》を逐う。

是より先、波尓杜瓦尓《ポルトガル》は瓜哇に拠る。和蘭、之を奪い、今又た満剌加を奪う。是れに由りて隙《げき》有り。波尓杜瓦尓は我邦に通商すること已だ久しく、其の利を獲ること綦《きわ》めて鉅《おお》いなり。和蘭之を忌み、陰《ひそ》かに其の為す所を窺う。

嘗て其の舶に於て書一封を得たり。乃ち其の甲必丹《カピタン》の我に留まる者、祖家に「大挙して我を襲えよ」と告ぐ。乃ち亟《すみや》かに平戸侯に告ぐ。侯上聞《じょうぶん》す。逆徒、誅《ちゅう》に伏《ふく》す。朝廷、以て忠と為す。今に至るも、互市を許す者、此れを以てなり。

寛文五年（西洋の千六百六十年）、則意蘭《セイロン》諸国に通じ、伊斯巴泥亜《イスパニア》、波尓杜瓦尓を逐《お》いて、塁を築き商館を置く。八年（西洋の千六百六十三年）、南亜墨利加の北境を開き、城郭を築く。是れを西南官府と為し、瓜哇を東方官府と為して、以て貿易に便ならしむ。

又た蘇門答剌《スマトラ》の地を掠す。諳厄利亜も亦た来りて販《あきな》う。蘇門答剌の西北の隅は赤道の北五度に在り、東南の隅は赤道の南五度に在り、其の国の中は赤道の直下に当たる。春秋二分、太陽其の上を過ぐ。日光火の如く、極めて熱し。和蘭は又た南亜墨利加の諸島を略し、名を統《す》べて新和蘭と曰う。

文化五年（西洋の千八百八年）、仏郎察帝樸那巴尓的《ボナパルト》は、諸州を呑并《どんぺい》し、和蘭を廃して郡県と為す。十二年（西洋の千八百十五年）仏郎西帝、謫《たく》さるる所より兵を挙げて、直《ただ》に把理斯《パリス》を襲う。把理斯は仏蘭西の国都なり。諸国主大いに驚き、兵を分かちて、来りて討ち、大いに沙爾河に戦う。勝敗いまだ決せざるや、和蘭の世子、兵を分ち、林に沿いて陣す。帝突戦すること良久しくして、世子佯走す。帝、之を逐うこと数里、伏兵競い起りて帝を夾撃す。世子廻戦奮撃して大いに之を敗る。帝僅かに身を以て逃れ、遂に擒えらる。世子の功第一なり。世子の名は微尓斂なり。

是より先、父と乱を避けて暎国に在り。此の役に力戦して敵を破り、東の十州を併せて旧封を恢復す。後に欧羅巴諸国主、会盟し其の功を論じて、父始めて王位に列し、世子尋いで立つ。

和蘭は弾丸黒誌の地に過ぎず。而れども其の主英偉にして、顧って能く諸島を取り、属地は四大洲の間に参錯して、殆んど暎咭唎、仏蘭西と相い匹いす。蓋し国小さく民寡なく、四隣皆大邦なれば、之を取らんと欲すと雖も得べからず、因って遠略に勤め、海外に経画せしならん。寸攘尺奪此くの如きに至りて、呑噬の意、いまだ已まざるなり。

語釈　○**深目**─くぼんだ目。　○**高準**─鼻筋が高い。　○**海国聞見録**─陳倫烱著。一七三〇年序。
○**海島逸志**─王大海著。一七九一年序。　○**韜略**─兵法。　○**経商**─貿易商。　○**馬路古諸島**─インドネシアのスラウェシ島（セレベス島）の東にある。　○**商販**─商う。　○**彭湖**─台湾の西、澎湖諸島。
○**汛兵**─清代、守備・郡司等の下に属する緑営兵。　○**廠**─軍隊の小屋。　○**都御史**─都察院の長官。
○**上疏**─事情や意見を書いた書状を主君に差し出す。　○**甜言**─甘言。　○**瓜哇**─ジャワ島。　○**土番**

—土着の未開人。　○**牛皮**—牛皮の大きさの土地の所有を請うて許され、牛皮を裂いて地を囲んで詐取したこと。　○**詭計**—人をだます計略。　○**愚戆**—愚か。　○**誑誘**—たぶらかす。　○**地芥を拾う**—土やちりあくたを拾う。事の極めてたやすいたとえ。　○**鄭芝龍**—台湾の開拓者。南明の福王、南安伯に封ず。鄭成功の父。　○**上聞**—君主の耳に入れる。　○**誅に伏す**—誅伐せられる。　○**呑幷**—他国を侵略して領地とする。　○**仏郎西帝**…—エルバ島から帰還して皇帝の座に返り咲いたナポレオンは、再起をめざしたが、イギリス・オランダ・プロイセン連合軍に敗れた。ワーテルローの戦い。　○**沙爾河**—北フランス、南ベルギーを流れるサンブル川。　○**佯走**—負けたふりをして逃げる。　○**弾丸黒誌**—はじき丸とほくろ。土地の極めて狭いたとえ。　○**参錯**—いりまじる。　○**経画**—組みたてて見つもりする。　○**寸攘尺奪**—わずかずつ敵を逐いはらい、わずかずつ土地を奪い取る。　○**呑噬**—他国を攻略してその領土を奪うこと。

※

和蘭、東接入尓馬泥亜、南連仏郎察、西隔海対暎咭唎、為西洋最小国。其人深目高準、毛髪皆赤。故称紅毛番。（明史、海国聞見録、海島逸志所云紅毛、乃暎咭唎也）其俗専以経商為業。有弗輪斯者、雄才過絶人、通韜略、精航海之術。慶長十七年（西洋千六百十二年）、取馬路古諸島、築城塁、商販四方、入明抵彭湖。是時汛兵倶撤、如登無人之墟、遂伐木架廠。

海浜人有潜往市者。都御史上疏請剿。乃掛帆去、在呂宋港口、迎撃明人商舶、大肆焚掠。舶主苦之。

元和二年（西洋千六百十六年）、有耶亜乞布連者、至南亜墨利加洲、経極南海峡、得一大島、知其与亜墨利加不相属。乃名曰墨瓦臘泥亜。因加之四大洲而為五大洲矣。

五年（西洋千六百十九年）、知咬𠺕吧之可取、乃以厚幣甜言、与瓜哇土番、暫税其牛皮之曠地、以為貿易詭計。瓜哇愚蠢、既貪其利、漸受籠絡。因又設阿片烟、以誑誘之、使其衆必服食此物為快、暗令自致疲弱。於是一挙而滅之、如拾地芥、術亦狡矣。

後又取台湾拠之者数年、鄭芝龍起兵逐之。九年（西洋千六百二十三年）、攻波尓杜瓦尓属地、在亜墨利加者、得数州之地。寛永十七年（西洋千六百四十年）、襲満剌加奪之、逐波尓杜瓦尓戍兵。

先是波尓杜瓦尓、拠瓜哇。和蘭奪之、今又奪満剌加。由是有隙。波尓杜瓦尓、通商于我邦已久、其獲利綦鉅。和蘭忌之、陰窺其所為。

嘗於其舶得書一封。乃其甲必丹留于我者、告祖家大挙襲我也。乃亟告平戸侯。侯上聞。逆徒伏誅。朝廷以為忠。至今許互市者、以此也。

寛文五年（西洋千六百六十年）、通于則意蘭諸国、逐伊斯巴泥亜、波尓杜瓦尓、築塁置商館。八年（西洋千六百六十三年）、開南亜墨利加北境、築城郭。是為西南官府、瓜哇為東方官府、以便于貿易。

又掠蘇門答剌之地。諳厄利亜亦来販。蘇門答剌西北隅在赤道北五度、東南隅在赤道南五度、其国中当赤道直下。春秋二分、太陽過其上。日光如火、極熱。和蘭又略南亜墨利加諸島、統名曰新和蘭。文化五年（西洋千八百八年）、仏郎察帝樸那巴尓的、呑并諸州、廃和蘭為郡県。十二年（西洋千八百十五年）、仏郎西帝、自謫所挙兵、直襲把理斯。把理斯仏蘭西国都也。諸国主大驚、分兵来討、大戦于沙爾河。

勝敗未決、和蘭世子、分兵沿林而陣。帝突戦良久、世子佯走。帝逐之数里、伏兵競起、夾撃帝。世子廻戦奮撃大敗之。帝僅以身逃、遂見擒。世子功第一。世子名微尓斂。

先是与父避乱在暎国。此役力戦破敵、併東十州、恢復旧封。後欧羅巴諸国主、会盟論其功、父始列王位、世子尋立。

和蘭不過弾丸黒誌之地。而其主英偉、顧能取諸島、属地参錯于四大洲之間、殆与暎咭唎仏蘭西相匹。蓋国小民寡、四隣皆大邦、雖欲取之不可得、因勤遠略、経画于海外。寸攘尺奪、至于如此、而呑噬之意未已也。

暹羅（シャム）

タイ（シャム）は東インドの一大国である。西はベンガルに到り、北はペグーに到り、東南は海に臨む。府が十四、県が七十二、周囲が九百余里である。その王は、昔から継承して、孤高を保って独立し、他国の統治を受けていない。首都は華やかで美しく、人家は四十余万戸、気候は極めて暑く、四季はいつも真夏のようである。財貨が豊富で、兵力は強く盛んである。アラカン、アヴァ、ヤンゴン、カンボジアの諸国と戦い、しばしば大勝した。四方の隣国は恐れて従い、決して張り合わなかった。西洋諸国は皆貿易し、船着き場は多くの人や物で押し合い揉み合って、多くの財貨が四方八方から集まってきた。

文禄年間、豊臣秀吉は朝鮮を征伐した。明国の人は非常に驚き、軍をさしむけて朝鮮を援けた。何年もの間、兵を集めたまま解かなかった。タイは二十万の精兵をさしむけて、手薄のところを攻撃し朝鮮を援けさせてほしいと言った。明は聞き入れなかった。

慶長年間、山田長政という人がいて仁左衛門と称した。駿河の人である。（『采覧異言』に言う「勢州山田の人」は誤りである）才気が非常に優れていて、大志を抱き、国内が平穏で才能を伸ばす手立てがないことを悟り、海外で手柄を立てようと志し、そこで商船に乗ってタイに入った。

ちょうどタイへの外国の侵攻に遭遇し、上書して奇策を献じた。王は大変喜んだ。長政は大将として兵士を治めて防戦し、洋中に盛んに戦ってうち破った。王は長政を良い人材として引き立て、国政を論議することに加わらせ、かくして執政に至った。

その数年後、我が国の商人がタイに入った。長政は呼び寄せて面会した。護衛の武官が居並び、たいそう厳粛であった。商人は恐れおののいて、仰ぎ見ることもできなかった。長政は、声をはりあげて言った、

「われは、もとは汝の国の人である。昔、この国に到って手柄を立て、はからずも抜擢されて大官となった。われは、若い時、駿河の富士浅間神社に祈った。汝よ、わがためにこの画を献じてくれ」と。そして、大きな扁額を出してこの者に預けた。長政と士卒が、わが国の軍装をして、大船に乗り外敵を破る画であった。そこで、さらに産物を幕府に献じ、手紙を書いて老中にさしあげた。商人はその言の通りに命に従った。

これ以来、タイの国王は、使いをさしむけて金葉書をもたらし、来航しては土産を献上させた。訪問が絶えなかったのは、長政の意向があったからである。王が死に、後を嗣いだ王もまた金葉書を奉じ、数年親しく交流したが、やがて来なくなったという。

後、木谷久左衛門という者がいた。和泉国の人である。生まれつき抜きん出て優れ、兵書を読むことを好んだ。寛永のはじめ、長崎に流寓し、商船につき従ってタイに到った。数年居て、国王が我が国の商人を追い払うという事態に遭遇し、商人は皆たち去った。アヴァ朝はこれを聞き、六万の兵を率いて攻めて来た。国王は大変恐れ、いそいで商人を募って防いだ。

木谷は求めに応じて、大将として八千人を治めて戦い、大砲を象が引く車に架けて、迎え撃って連発し、大いにこれを破った。王は大変喜んで、属国の小国に封じた。長生きして没した。子の久右衛門は領地を受けついだ。

また天竺徳兵衛という者がいた。播磨国高砂の人である。角倉了以の商船に乗ってインドで商った。晩年、剃髪して宗心と号した。八十九歳にしてなお健在であった。好事家がその話を記録したものが『渡天物語』である。宗心が携えて持ち帰ったものの中に、文字を木の葉に刻したものがあった。いわゆる金葉書とはこれである。

ちょうどこの頃、わが国は海外で通商していた。京都の豪商角倉与市は、そのことを取り締った。世に知られた商船は、長崎末二郎二隻、舟本源平一隻、荒木宗吉一隻、糸屋随右衛門一隻、和泉国堺の伊予屋某一隻、角倉与市、茶屋四郎五郎、伏見屋某、各々三隻である。さらに官船が九隻あって朱印船と称した。その規格は皆壮大で、それでもって勢いの盛んな風に乗ることができ、万里の波を破って航海した。船が行って商ったところは、シナ、ベトナム、カンボジア、タイ、台湾、マカオ、インドの諸国である。出航すれば、必ず一年を経て帰ってきた。彼らは巨万の利益を得ていた。

寛永十一年（一六三四）、オランダの船長が江戸へ上ってキリスト教の変事を告げた。幕府は命令を下して、海外の通商を禁じた。この時にあたって、わが国の巨船は皆廃されて、現在の舟運の規格となった。現在乗っている船は地乗船と言い、その規格が狭く小さいので、万里を航海することができない。ただ内地の山岳を見ながら、近海に往来するだけである。ゆえに名づけた。その後、我が国の人は、再びタイやインドなどの諸国に行く者がなかった。外国人も再びは来なかった。雲海がはるかに広がって、ただ世界地図の中に見るにとどまるばかりである。

※

暹羅は東印度の一大国なり。西は榜葛剌に抵り、北は琵牛に抵り、東南は海に枕む。府十四、県七十二、幅員九百余里なり。其の王、古より相い継ぎ、屹然として独立し、他邦の正朔を奉ぜず。都城華麗にして、人烟四十余万戸、地、極めて熱く、四季、盛夏の如し。貨物繁富し、兵力強盛なり。亜剌敢、亜華、楊臥、東蒲塞の諸国と戦い、屡、大捷す。四隣畏服し敢えて抗する莫し。西洋諸番、皆互市し、埠頭塡噎、百貨輻湊たり。

文禄中、豊臣秀吉、朝鮮を伐つ。明人大いに駭き師を遣わして之を援けしむ。連年、兵結びて解かず。暹羅は精兵二十万を遣わして、虚を擣きて朝鮮を援けんことを請う。明人聴かず。

慶長の間、山田長政なる者有りて仁左衛門と称す。駿河の人なり。（采覧異言に云う「勢州山田の人」は誤れり）倜儻にして大志有り、邦内無事、材力を展ぶるに縁無きを見て、将に功を海外に立てんとし、乃ち商船に乗りて暹羅に入る。

適其の国に外冦有るに会い、上書して奇策を献ず。王大いに喜ぶ。兵に将として之を禦ぎ、大いに洋中に戦いて之を敗る。王、嘉奨して国事を議するに与らしめ、遂に執政に至る。

後数年、我が商賈、暹羅に入る。山田延見す。侍衛の兵仗甚だ厳なり。商賈震懼して仰ぎ見る能わず。山田声を抗げて曰わく、「予は本汝が邦の人なり。往年此に至りて功を立て、謬りて抜擢を受け、大官と為る。予少き時、駿州の富士仙現の祠に祷る。汝其れ予が為に之を献ぜよ」と。乃ち巨匾を出して之に付す。山田及び士卒、吾邦の戎装を作し、大舶に駕り、外冦を破るの図なり。因って又た土物を幕府に献じ、書を作りて閣老に上る。商人命に従うこと其の言の如し。

是れより、国王、使を遣わして金葉書を齎らし、来りて方物を献ぜしむ。聘問絶ゆる無きは、山田の請いに由るなり。王死す。嗣王も亦た金葉書を奉じ、旧好を修むること数年、遂に復た来らずと云う。

後、木谷久左衛門なる者有り。和泉の人なり。性卓犖として、兵書を読むを好む。寛永の始、長崎に流寓し、販舶に従いて暹羅に抵る。居ること数年、国王の我が商客を逐うに会い、商客皆散去す。亜華之を聞き、兵六万を率いて来冦す。国王大いに懼れ、亟やかに商客を募りて之を拒ぐ。

木谷は募るに応じて、八千人に将とし、巨砲を象車に架け、邀え撃って連発し、大いに之を敗る。王大いに喜び、封ずるに附庸の小国を以てす。寿を以て終わる。子の久右衛門、封を襲ぐ。

又た天竺徳兵衛なる者有り。播州高砂の人なり。角倉の商船に乗りて天竺に販う。晩年、祝髪して宗心と号す。年八十九にして、猶お健なり。好事の者、其の話言を録して渡天物語と曰う。宗心の携え還る所に文字を樹葉に刻する者有り。いわゆる金葉書とは是れなり。

是の時に当たりて、吾邦は海外に通商す。京師の大賈角倉与市、其事を監司す。其の商船の世に著わるる者、長崎末次郎二隻、舟本源平一隻、荒木宗吉一隻、糸屋随右衛門一隻、泉州界の伊予屋某一隻、角倉与市、茶屋四郎五郎、伏見屋某、各〻三隻なり。又た官船九隻有りて朱璽船と称す。其の制は皆宏壮、以て長風に駕すべく、万里の浪を破れり。其の往きて商う所の者は、支那、交阯、安南、東蒲塞、暹羅、台湾、亜媽港、印度の諸国なり。往けば必ず閲歳して還る。其の利を得るも亦た鉅万なり。

寛永十一年、和蘭の甲必丹上りて耶蘇教の事を変告す。県官、令を下して海外の通商を禁ぜしむ。是に於いて、我邦の鉅船は皆廃して方今の舟楫の制と為る。方今、駕る所の者は、之を地乗船と謂い、其の制は狭小にして、以て万里を渉るべからず。僅かに内地の山岳を認めて、近洋に往来するのみ。故に焉を名づく。爾後、吾邦の人、復た暹羅、印度の諸国に往く者無し。彼れ復た来らず。雲海茫茫として、僅かに之を坤輿図の中に視るのみ。

語釈　○**琵牛**―ペグー。ミャンマー南部の王朝。　○**正朔**―天子の統治。　○**亜剌敢、亜華、楊臥**―アラカン（ミャンマー西部の王朝）、アヴァ（ミャンマー北部の王朝）、ヤンゴン（ミャンマー、エーヤワディー川のデルタ地帯に位置する)。　○**大捷**―大勝利。　○**塡噎**―多くの人や物が押し合い揉み合うこと。　○**輻湊**―車の輻が轂に集まるように、物が四方八方から多く集まり来るをいう。　○**擣虚**―すきをねらって攻める。　○**倜儻**―才気が衆人よりはるかにすぐれていること。　○**嘉奨**―よいものとしてすすめる。　○**延見**―呼び寄せて面会する。　○**侍衛**―貴人のそばに仕えて護衛する人。　○**兵仗**―武官。　○**震懼**―恐れおののく。　○**声を抗ぐ**―声をはりあげる。　○**巨扁**―大きな扁額。　○**戎装**―軍装。　○**土物**―その地方の産物。　○**金葉書**―金の薄板で作った書。　○**方物**―土産。　○**聘問**―進物をたずさえて訪問すること。　○**木谷久左衛門**―商用でタイに航し日本人町に住す。日本人が町を挙げて国都アユタヤ府に去った時、タイ兵に捕らわれた。後、ジャワの人が日本人町の空しくなったのを知り、大軍を率いてタイに来寇するや、彼は国王の依頼を受け、軍に臨み大いにこれを破った。　○**卓犖**―すぐれて他からぬきんでていること。　○流寓―さすらい歩いて他郷に住む。　○**販船**―商船。　○**象車**―象に引かせる車。　○**附庸**―天子に直属せず、大国に付属する小国。　○**天竺徳兵衛**―朱印船貿易家角倉了以の船頭、前橋清兵衛に書役(かきやく)として雇われ、タイに渡航し、さらにオランダ人ヤン・ヨーステンの朱印船に乗り組み、東南アジアからインド方面に渡航した。　○監司―監察し取りしまる。　○**大賈**―豪商。　○**角倉与市**―了以の長男。貿易商、文人。　○**祝髪**―剃髪。　○**交阯**―ベトナムのトンキン地方。　○**安南**―ベトナム中部地方。　○**閲歳**―一年を経る。　○**変告**―変事を告げる。　○**県**

官―征夷大将軍。　○舟楫―舟運。　○茫茫―広々としてはるかなさま。　○坤輿図―世界地図。

※

暹羅東印度一大国也。西抵榜葛剌、北抵琵牛、東南枕海。府十四、県七十二、幅員九百余里。其王自古相継、屹然独立、不奉他邦正朔。都城華麗、人烟四十余万戸、地極熱、四季如盛夏。貨物繁富、兵力強盛。与亜剌敢、亜華、暘臥、東蒲塞諸国戦、屢大捷。四隣畏服、莫敢抗。西洋諸番、皆互市、埠頭塡噎、百貨輻湊。

文禄中、豊臣秀吉、伐朝鮮。明人大駭、遣師援之。連年兵結不解。暹羅請遣精兵二十万、擣虚援朝鮮。明人不聴。

慶長間、有山田長政者、称仁左衛門。駿河人也。（采覧異言云、勢州山田人誤矣）倜儻有大志、見邦内無事、無縁展材力、将立功於海外、乃乗商舶、入暹羅。

適会其国有外寇、上書献奇策。王大喜。将兵禦之大戦于洋中、大敗之。王嘉奨与議国事、遂至執政。後数年、我商賈入暹羅。山田延見。侍衛兵仗甚厳。商賈震懼、不能仰見。山田抗声曰、予本汝邦人也。往年至此立功、謬受抜擢、為大官。予少時、祷于駿州富士仙現祠。汝其為予献之。乃出巨匾付之。山田及士卒、作吾邦戎装、駕大舶破外寇図也。因又献土物於幕府、作書上閣老。商人従命、如其言。自是国王遣使齎金葉書、来献方物。聘問無絶、由山田請也。王死。嗣王亦奉金葉書、修旧好数年、遂不復来云。

後有木谷久左衛門者。和泉人。性卓犖、好読兵書。寛永始、流寓長崎、従販舶抵暹羅。居数年、会国王逐我商客、商客皆散去。亜華聞之、率兵六万来寇。国王大懼、亟募商客拒之。木谷応募、将八千人、架巨砲於象車、邀撃連発、大敗之。王大喜封以附庸小国。以寿終。子久右衛門襲封。

又有天竺徳兵衛者。播州高砂人。乗角倉商船販于天竺。晩年祝髪号宗心。年八十九、猶健。好事者録其話言、曰、渡天物語。宗心所携還、有刻文字於樹葉者。所謂金葉書是也。

当是時、吾邦通商于海外。京師大賈、角倉与市、監司其事。其商舶著於世者、長崎末次郎二隻、舟本源平一隻、荒木宗吉一隻、糸屋随右衛門一隻、泉州界伊予屋某一隻、角倉与市、茶屋四郎五郎、伏見屋某、各三隻。又有官船九隻、称朱璽船。其制皆宏壮、可以駕長風、破万里浪矣。其所往商者、支那、交阯、安南、東蒲塞、暹羅、台湾、亜媽港、印度諸国。往必閲歳而還。其得利亦鉅万。

寛永十一年、和蘭甲必丹上、変告耶蘇教之事。県官下令禁海外通商。於是我邦鉅船、皆廃而為方今舟楫之制矣。方今所駕者、謂之地乗船、其制狭小、不可以渉万里。僅認内地山岳、而往来于近洋。故名焉。爾後吾邦人無復往于暹羅印度諸国者。彼復不来。雲海茫茫、僅視之坤輿図中耳。

紐由尓倔（ニューヨーク）

ニューヨークは北アメリカの一都会である。北アメリカは国土は広大で、人民が少なく荒野が多かった。万治六年（一六六三）、イギリスは最初に南の領域を開き、カロライナ州に移民させた。享保十九年（一七三四）、さらにニューヨーク州とコネチカット州に移民させた。けれども、野卑な人民がいたに過ぎなかった。

数年後、イギリスでは教化をはばむ者が多かったので、彼らを捕まえて取り調べ、数万人をここに配流した。流された者は、衣食は乏しかったが、君主がいないことを喜び、ともに田を開墾し山を開き、農業にいそしみ、また漁猟に従事した。年月が久しく経つうちに、人口も次第に多くなり、三十余万人に至った。

宝暦年間（一七五一～六四）、イギリスは数年戦争を続けて、人民が弱り衰えた。そこで、兵をアメリカで召し出した。命令は苛酷で、俸給はごくわずかであった。人民は憤って命令に従わず、インドから輸送した茶三百四十二箱を海に投げ捨てた。イギリスは大変怒り、数隻の軍艦をさしむけて船着き場を囲ませ、食糧の補給路を断った。

土着の人民は大いに追い詰められ、共和十三州の軍政の長官を集めて、このことを協議した。ワシ

ントンとフランクリンが公然と言った、

「機会を失ってはならない。イギリスと絶交するのがよい」と。

皆これに賛同し、まさに、これから大挙して戦おうとした。イギリス人はみずからその非を悟り、また勝てないことを見通し、包囲を解いて去った。

安永九年（一七八〇）、軍政の長官とイギリス人とが会議して、永久的な独立国となった。このことによって国勢はますます盛んになった。盟約を結びに来た周辺の集団の長たちは、すべてを数えきれない。近年、各州は学校を建てて道徳や学芸を講じている。ニューヨーク州やマサチューセッツ州のようなところともなると、天文台やラテン語学校を設けて生徒を教育し、文化が盛んに起こっている。

弘化元年（一八四四）、阿波国の船主徳之丞は十一人とともに、暴風によって南洋を数千里も流され、島に漂着した。無人島で、気候は大変暖かく、彼らは皆魚や鳥を捕って食いつないだ。数十日居て、外国船が通るのを見て救助を乞うた。外国人は受諾し、護送して浦賀に到った。まさにニューヨーク州の人であった。

嘉永元年（一八四八）、北アメリカのノヨワカ（ニューヨーク）の人十五名が松前に来た。松前藩主は、彼らを捕えて尋問した。彼らは言った、

「我々三十五人は、東洋で捕鯨していました。台風に船を壊されてしまい、我々はなんとか見張り

の船に乗って難を逃れることができました。ほかは皆溺死しました」と。

外国人は体格が大きく、衣服や帽子はオランダに似て、その文字もまたオランダと同じく、ただ音韻が異なるだけである。

外国人はいつも言う、

「イギリスは強暴な国です。わが国は、イギリスの船を見たときは、必ず大砲を発して砕きます。貴国もそのようにすべきです」と。

考えてみると、外国人はかつてイギリスに残虐な仕打ちを受けているので、怨みが骨の髄までしみ通っているのであろう。これもまたニューヨークの類であろうか。

私は聞いている、

「近年、メキシコと北アメリカ共和国とが数年にわたって戦争し、弘化二年（一八四五）八月、アメリカはスコットを将軍にし、兵をひきいてメキシコの城下に迫り、激しい市街戦となった。メキシコは、国土を分割して和を乞うた。この時にあたって、北アメリカは領土をひろげてオレゴン川の北緯三十二度に至った」と。

かつて一七八〇年には、共和国の人口はまだ二百万人ほどであった。近年、詳しく調べたところ、人口は二千八百七十万人いたという。それで、その人民は商売がますます進展し、およそ財貨を流通させ荒野を開いた利益は、その力を用いるにつれて、年々盛んになっている。

その場所は、西洋から見れば極西で、わが国から見れば極東である。西洋がわが国に到るのは、一万余里の針路となり、非常に遠回りである。アメリカがわが国に到ることは、西洋に比べればそれほど遠くはない。その上、なかほどはただ海が広がるだけで、他国の領土はない。帆船がまっすぐ向かって来れば、きわめてすばやく到達できよう。だから、近年、しばしばわが国の海を通り過ぎ、わが国の辺境に到る。

アメリカはもとはイギリスが移民したことに関わる。よって、イギリスの強暴さに倣って、国土を拡大しようとする。私は杞憂の念をなくすことができない。

※

紐由尓倔(ニューヨーク)は北米利幹(メリケン)の一都会なり。北米利幹は疆域遼廓(きょういきりょうかく)にして、人民少なく曠土(こうど)多かりき。万治六年、暎国始めて南疆を開き、民を加路利那(カロライナ)に徙(うつ)す。享保十九年、又た民を紐由尓倔及び坤稔矩知(コネチカット)に徙す。然れども一陋夷たるのみ。

後数年、暎国に梗化(こうか)の者多ければ、因って之を捕鞫(ほきく)し、数万口を此(ここ)に謫(たく)す。謫さるる者、衣食に乏しと雖も、亦た君長無きを楽しみ、相い与(とも)に田を墾し山を闢(ひら)き、稼穡(かしょく)を務め、又た漁猟を事とす。歳月寖(ようや)く久しく、生歯(せいし)寖く繁く、三十余万口(こう)に至る。

宝暦中、暎国戦争すること数年、人民凋喪す。乃ち兵を米利幹に徴す。号令峻酷、俸銭微薄なり。民憤恚して命に従わず、印度より解送する所の茶荈三百四十二筥を海に投ず。暎国大いに怒り、兵艦数隻を遣わして埠頭を囲ましめ、糧道を絶つ。

土番大いに窘り、共和十三州の政官を会して之を議す。和斯彬煦東及び弗蘭煦輪なる者有り、颺言して曰わく、「機会、失うべかざるなり。宜しく暎国と絶つべし」と。衆之を然りとし、乃ち将に大挙して戦わんとす。暎人自ら其の非を悟り、又た克つべからざるを知り、囲みを解きて去る。

安永九年、政官と暎人と会議し、永く独立不羈の邦と為る。是れに由りて、国勢益〻盛んなり。四隣の酋長、来りて盟約を結ぶ者、勝げて数うべからず。近世、各州は学校を建て、道芸を講習す。紐由尓倔及び麻斯佐久の若きに至っては、則ち観象台、羅甸学を設けて生徒を教督すること彬彬如たり。

弘化元年、阿波の船主徳之丞、十一人と偕に飄風もて南洋数千里を走り、一島を得たり。居人無く、気候甚だ暖かく、衆皆魚鳥を捕えて食と為す。居ること数旬、蛮船の過ぐるを見て救を乞う。蛮人許諾し、護送して浦賀に至る。乃ち紐由尓倔の人なり。

嘉永元年、北米利幹の能与和加の人十五名、松前に来る。松前侯、捕えて之に訊う。曰わく、「吾儕三十五人、鯨を東洋に捕る。颶風、船を壊すに遇い、吾儕僅かに哨船に乗りて、以て逃るるを得たり。余りは皆溺死す」と。夷人は躯幹長大にして、衣帽は和蘭に類し、其の文字も亦た和蘭と同じく、但だ音韻の異なるのみ。

夷人毎に自ら言う、「暎咭唎は強にして暴なり。吾邦、其の舶を見れば、必ず熕を発して之を砕く。貴邦も亦た当に是くの如くすべし」と。想うに夷人嘗て暎国の残虐を被れば、怨み骨髄に入る。其れ亦た紐由尓偪の類なるか。

吾聞く、「近年、墨是可と北米利幹共和国と、兵を交うること数年、弘化二年八月、米利幹は思格都を将とし、兵を率いて其の城下に逼り、大いに街上に戦う。墨是可は地を割きて和を請う。是に於て、北米利幹は疆土を拓き、阿列孔河の北緯三十二度に至る」と。

是れより先、庚子歳、共和国の人口は猶お二百万なり。近年審らかに閲して二千八百七十万口を得たりと云う。是を以て、其の民、生意益ゝ進み、凡そ貨を通じ荒を闢くの利、其の力を用うるに随いて年ごとに盛んなり。

其の境は、西洋より之を視れば極西と為し、吾邦より之を視れば極東と為す。西洋の吾邦に抵ること、針路万余里、極めて迂廻と為す。米利幹の吾邦に至ること、西洋に較ぶれば甚だしくは遠からず。且つ中間は惟だ海水のみにて、国土有ること無し。風帆直ちに指さして来れば、極めて便捷ならん。故に近年屡ゝ我洋中を過ぎ、我辺疆に抵る。

彼は本暎国の徙す所に係る。因って其の強暴に倣い、以て疆界を拓かんと欲す。予、杞憂無き能わざるなり。

語釈　○**疆域**―境界内の土地。　○**遼廓**―遠く広々している。　○**曠土**―広大で不毛の地。　○**梗化**―教化を塞ぎ阻む。　○**捕鞠**―捕えて取り調べる。　○**稼穡**―農業。　○**生歯**―人民。　○**口**―人数。　○**凋喪**―しぼみ衰える。　○**峻酷**―厳しくむごい。　○**憤恚**―憤る。　○**解送**―護送する。　○**茶荈**―茶。　○**糧道**―食糧を運ぶ道。　○**政官**―軍政を掌る官。　○**颺言**―公然と言う。　○**独立不羈**―他から制御されることなく、みずからの考えで事を行うこと。　○**酋長**―集団のかしら。　○**道芸**―道徳と学芸。　○**観象台**―天文台。　○**彬彬**―文化的な事物の盛んに起こるさま。　○**徳之丞**―藤川整斎『弘化雑記』第三冊に、「松平阿波守様御手船　幸宝丸十一人乗　沖船頭　徳之丞」とあり、無人島に漂着して異国船に助けられた経緯が載る。　○**飄風**―暴風。　○**旬**―十日。　○**能与和加**―ニューヨーク。　○**十五名**―松前に漂着したラゴダ号の乗組員。　○**颶風**―台風。　○**哨船**―見張りの船。　○**熕**―大砲。　○**思格都**―スコット将軍。米墨戦争（一八四六～四八）でチャプルテペック城（メキシコシティ）を攻め落とした。この戦争でメキシコは国土の三分の一を失った。　○**街上**―街路の上。　○**疆土**―その国の統治権の及ぶべき区域。　○**庚子歳**―一八四〇年。　○**生意**―商売。　○**通貨**―貨物のありあまると乏しいとを通ずる。　○**迂廻**―遠回り。　○**風帆**―風をうけた帆船。　○**便捷**―すばやい。　○**辺疆**―辺境。

＊

紐由尓倔、北米利幹一都会也。北米利幹疆域遼廓、少人民、多曠土。万治六年、暎国始開南疆、徙民於加路利那。享保十九年、又徙民於紐由尓倔、及坤稔矩知。然一陋夷耳。

後数年、暎国多梗化者、因捕鞫之、謫数万口於此。謫者雖乏衣食、亦楽無君長、相与墾田闢山、務稼穡、又事漁猟。歳月寖久、生歯寖繁、至三十余万口。

宝暦中、暎国戦争数年、人民凋喪。乃徴兵於米利幹。号令峻酷、俸銭微薄。民憤恚不従命、投印度所解送茶荈三百四十二笛於海。暎国大怒、遣兵艦数隻囲埠頭、絶糧道。

土番大窘、会共和十三州政官議之。有和斯彬煦東及弗蘭煦輪者、颺言曰、機会不可失也。宜与暎国絶。衆然之、乃将大挙而戦。暎人自悟其非、又知不可克、解囲去。

安永九年、政官与暎人会議、永為独立不羈之邦。由是国勢益盛。四隣酋長来結盟約者、不可勝数。近世各州建学校、講習道芸。至若紐由尓倔、及麻斯佐久、則設観象台、羅甸学、教督生徒、彬彬如也。

弘化元年、阿波船主徳之丞偕十一人飄風走南洋数千里、得一島。無居人、気候甚暖、衆皆捕魚鳥為食。居数旬、見蛮舶過、乞救。蛮人許諾護送至浦賀。乃紐由尓倔人也。

嘉永元年、北米利幹能与和加人十五名来松前。松前侯捕訊之。曰、吾儕三十五人、捕鯨東洋。遇颶風壊船、吾儕僅得乗哨船以逃。余皆溺死。夷人軀幹長大、衣帽類和蘭、其文字亦与和蘭同、但音韻異耳。夷人毎自言、暎咭唎強而暴。吾邦見其船、必発熕砕之。貴邦亦当如是。想夷人嘗被暎国残虐、怨入骨髄。其亦紐由尓倔之類歟。

吾聞近年墨是可与北米利幹共和国、交兵数年、弘化二年八月、米利幹将思格都、率兵逼其城下、大戦街上。墨是可、割地請和。於是北米利幹、拓疆土、至阿列孔河北緯三十二度。

先是庚子歳、共和国人口猶二百万。近年審閲得二千八百七十万口云。是以其民生意益進、凡通貨闢荒之利、随其用力年盛。

其境自西洋視之為極西、自吾邦視之為極東。西洋抵吾邦、針路万余里、極為迂廻。米利幹至吾邦、較西洋不甚遠。且中間惟海水、無有国土。風帆直指而来、極便捷。故近年屡過我洋中、抵我辺疆。彼本係暎国所徙。因倣其強暴、欲以拓疆界。予不能無杞憂也。

閣龍比亜（コロンビア）

コロンビアは南アメリカの一大国である。その領土は赤道の南北にまたがる。かつてはイスパニアに隷属していた。

今から二十年前、国民は会議をして言った、

「わが国は、イスパニアと比べれば、およそ国土の大きさや物産の量が、ただイスパニアに勝って

いるばかりではない。けれども、頭を伏せ尾を垂れ、イスパニアの穿鼻を受け、その残虐をこうむっているのは、単に兵力が足りないからである。今後は軍事を十分に鍛えて、ひとり突き出て高く自立し、決して命令に従わないこととする。もし、イスパニアが怒ってわが国を攻めたならば、わが国の人民は力を尽して防戦するのだ。むしろ死んだとしても、西の蛮人の下僕となるよりましではないか」と。皆、その議に従った。そこで、国名をコロンビアと改めた。（西洋人コロンブスが最初にここに到ったので、国名とした）

この時にあたって、挙兵し、郡県の長官を捕えて殺した。イスパニアは大変怒り、数十隻の軍艦を派遣し、七万の兵士に命令して、コロンビアを討った。何年も戦い、コロンビアは大敗し、死者は数えきれず、今にも山や谷に逃れようとしていた。

イスパニア領のベネズエラ総督ボリバルは、意気が盛んで胆力と知謀を備えていたので、この争乱を聞いて、数万の兵を率い、大きな山を越えてその不意を突こうとした。数里登ると、巌の峰は高く険しく、水や草が乏しく、餓死した者が互いの身を枕として横たわり、臣下たちは帰還したいと願った。

ボリバルは勇み立って言った、

「今や山頂から遠くないところまで来ているので、これを越えたならば、道は平らになって、水や草も多くなる。手をこまねいて餓死するよりも、山を越えて敵陣に攻め入り、国家のために偉勲を立てようではないか」と。

臣下たちはこれに賛同した。

そこで、馬を殺して臣下たちとともに食べ、勇気を奮い立たせて進み、かくして峰を越えた。果たして水や草があった。勇気は百倍となって、まっすぐ敵軍を襲った。コロンビア兵も来て、内と外から合わせ討って、大いにイスパニアを破り、屍は野をおおった。イスパニアは敗残兵を収めて逃げ去った。

土地の人民は喜んで大声をあげ、ボリバルを神のように敬い、大統領に推挙し、檄文を次々に回して諸州に告げ、その命令を受けさせた。この時にあたって、ボリバルは、賢才を登用し、法令を正し、学校を創立し、生徒を育て、武技を講習したので、国中平和になった。

そこで、さらに軍隊を出して四方を侵略した。イスパニアが租借して豊かになった土地を全て奪い取り、その苛政をとり除き、民をいつくしんだので、土地の人民は心一つに結集し影のように寄り添い、ついには一大強国となり、北アメリカ共和諸州を上回るほどであった。

思うに、たとえ西洋人が偽りの手段によって他国を奪ったとしても、しかしながら政令が苛酷であれば、土着の民は堪えられず、ついに反逆するに至る。豪傑の人士がきざしに応じて興って、功名を立てる。偽りの手段が恃むに足らないことを見るべきである。数年後、ボリバルは死んだ。国民は、父母が亡くなったかのように痛惜し、碑を建ててその功績を記し、季節ごとにうやうやしくお祭りした。

❊

閣龍比亜(コロンビア)は南亜墨利加(アメリカ)の一大州なり。其の疆界(きょうかい)は赤道の南北に跨(また)がる。旧(もと)、伊斯巴泥亜に隷(したが)う。今を距つること二十年、国人会議して曰わく、「吾邦は、伊斯巴泥亜(イスパニア)に比ぶれば、凡そ土壌の大、物産の奄(えん)、啻(た)だに之に過ぐるのみならず。而れども首(こうべ)を俛(ふ)し尾を帖(た)れ、其の穿鼻(せんび)を受け、其の残虐に罹る者は、特(た)だ兵力の足らざるを以てのみ。今より以後、宜しく武事を精練し、崛然(くつぜん)として自立し、敢えて命令を奉ぜざるべし。彼怒りて我を攻むれば、則ち我が州人、力を竭くして之を拒(ふせ)がん。寧(むし)ろ死すとも、猶お西番の輿台(よだい)と為るに愈(まさ)らざらんや」と。衆其の議に従う。乃ち名を更(あらた)めて、其国を閣龍比亜と曰う。(西洋の人閣龍(コロンブス)、始めて此(ここ)に至る。故に焉(これ)に名づく)

是に於いて挙兵し、守令(しゅれい)を捕えて之を殺す。伊斯巴泥亜は大いに恚(いか)り、軍艦数十を遣わして、兵七万に号し、之を討たしむ。連年戦闘して、閣龍比亜大敗し、死する者算(かぞ)うる無く、将に山谷に逃れんとす。

部内の靴稔朱羅(ベネズエラ)総督樸利把児(ボリバル)は、慷慨にして胆智有り、之を聞きて兵数万を率い、将に大山を踰えて其の不意に出でんとす。登ること数里、巌嶂(がんしょう)危峻(きしゅん)、水草(すいそう)に乏しく、餓死する者相い枕藉(ちんせき)し、衆還らんと欲す。

樸利把児奮いて曰わく、「今山嶺を去ること遠からず、之を踰ゆれば則ち路坦らかにして、水草多し。其の手を束ねて餓死せん与りは、山を踰えて敵に赴き邦家の為に偉勲を立つるに孰若れぞや」と。衆、之を然りとす。

乃ち馬を殺して衆と与に之を食らい、勇を鼓して進み、遂に嶺を踰ゆ。果して水草を得たり。勇気百倍し、直に敵軍を襲う。閣龍比亜兵も亦た来り、内外より合せ撃ちて、大いに之を敗り、僵屍野を蔽う。伊斯巴泥亜は残卒を収めて去る。

土番歓呼し、樸利把児を敬うこと神の如く、推して大総官と為し、檄を移して諸州に告げ、其の号令を受けしむ。是に於いて、樸利把児は、賢才を挙げ、法令を正し、学校を興し、生徒を育て、武技を講習し、一州寧謐たり。

因って又た師を出して四方を侵略す。伊斯巴泥亜の藉りて以て天府と為す所の者は、皆之を取り、其の苛政を除き、施すに慈恵を以てすれば、土番翕然として景従し、竟に一大強国と為り、殆ど北亜墨利加共和諸州に過ぐ。

蓋し、西夷、詭術を以て人の国を奪うと雖も、而れども政令煩苛なれば、土番堪うること能わず、卒に背叛するに至る。豪傑の士、機に応じて興り、以て功名を成す。詭術の恃むに足らざること、亦た見るべし。後数年、樸利把児卒す。国人痛惜すること父母を喪うが如く、碑を建てて勲業を紀し、歳時、奉祀して惟れ虔む。

語釈 ○穿鼻─牛の鼻に穴をあけ、ひもをつけて引く。○崛然─突き出て高いさま。○輿台─召使。○守令─郡県の長官。○ボリバル─軍人、政治家。一七八三年、ベネズエラのカラカスの名門クリオーリョ（植民地生れのスペイン人）に生まれ、自由主義的な思想を持った。南アメリカ大陸北部をスペインの植民地支配から解放した。○胆智─胆力と知謀。○巌嶂─巌から成る峰。○危峻─高く険しい。○枕藉─互いの身を枕として寝る。○手を束ぬ─手をこまねく。○合せ撃つ─力を合わせて討つ。○僵屍─倒れた屍。○寧謐─世の中が治まり、おだやかなこと。○天府─天然の要害を為し、地味が肥沃で、財物が多い土地。○苛政─厳しすぎる政治。○翕然─多くのものが一つに集まり合うさま。○景従─影の形に添うように、常につきまとっていること。○西夷─西洋人。○詭術─人を偽りだます手段。○煩苛─煩雑で苛酷なさま。○背叛─そむき、はむかう。

＊

閣龍比亜、南亜墨利加一大州也。其疆界跨赤道南北。旧隷伊斯巴泥亜。距今二十年、国人会議曰、吾邦比伊斯巴泥亜、凡土壌之大、物産之夥、不啻過之。而俛首帖尾、受其穿鼻、罹其残虐者、特以兵力不足耳。自今以後、宜精練武事、崛然自立、不敢奉命令。彼怒攻我、則我州人竭力拒之。寧死不猶愈於為西番輿台乎。衆従其議。乃更名其国曰閣龍比亜。（西洋人閣龍始至此。

故名焉）

於是挙兵、捕守令殺之。伊斯巴泥亜大恚、遣軍艦数十、号兵七万、討之。連年戦闘、閣龍比亜大敗、死者無算、将逃山谷。

部内靴稔朱羅総督樸利把児、慷慨有胆智、聞之率兵数万、将踰大山出其不意。登数里、巌嶂危峻、乏水草、餓死者相枕藉、衆欲還。

樸利把児奮曰、今去山巓不遠、踰之則路坦、多水草矣。与其束手餓死、孰若踰山赴敵為邦家立偉勲耶。衆然之。

乃殺馬与衆食之、鼓勇而進、遂踰嶺。果得水草。勇気百倍、直襲敵軍。閣龍比亜兵亦来、内外合撃、大敗之、僵屍蔽野。伊斯巴泥亜、収残卒而去。

土番歓呼、敬樸利把児如神、推為大総官、移檄告諸州、受其号令。於是樸利把児、挙賢才、正法令、興学校、育生徒、講習武技、一州寧謐。

因又出師侵略四方。伊斯巴泥亜、所藉以為天府者、皆取之、除其苛政、施以慈恵、土番翕然景従、竟為一大強国、殆過北亜墨利加共和諸州。

蓋西夷雖以詭術奪人国、而政令煩苛、土番不能堪、卒至背叛。豪傑之士応機而興、以成功名。詭術之不足恃、亦可見矣。後数年樸利把児卒。国人痛惜、如喪父母、建碑紀勲業、歳時奉祀惟虔。

洋外紀略

卷中

閣龍伝（コロンブス）

コロンブスはイタリアのジェノヴァの人である。生まれつき賢く、大志を抱き、航海術を好んで諸国を訪ねまわり、およそ大海、港、島、暗礁、波打ち際、魚や龍がいるところ、鯨やワニがひそむところなどはすべて詳しく知りつくしていた。このため当時の人々は、「コロンブスの海路は、過去にも未来にも及ぶ人がいない」と評した。コロンブスは、この程度では喜ばず、ますます航海術を精究して寝食すら忘れた。

彼は常々言っていた、

「果てしなく広がる大地は、そのはてがはかりしれない。けれども、極東の諸国は今や開拓されて、未開の地はほとんど尽きた。ただ、まだ極西に国土があることを聞かないばかりである。私はこれから西方の海に一艘の小舟を浮かべて、千古の昔から開かれていない国を探し求めたい」と。その志気はかくも豪壮であった。

けれども、四方に壁があるだけのあばらや住まいでは、大艦を装うことなどできない。かつて本国イタリアの官庁に行って、西方の航路を説いた。この頃、西洋の国主たちは、土地を開き領土を得ることを重要視していた。だから、狡猾で、うまい金もうけを求める者が、ともすれば航海の策を献じた。国主らはその荒唐な話に散々懲りて、耳を貸さなくなっていた。

コロンブスは、そこでイギリスに行って西方の航路の援助を求めたが、受諾されなかった。転じて、イスパニアに入ってこれを説いた。王妃は聡明で慈悲深かった。その純粋な志を憐れみ、一万六千金を下賜して彼を援助した。

そこで明応二年(一四九三)に出航し、針路は西方に指した。もはや三十四日間航行したが、四方ははてしなく、ただ空と海が広がるだけで、一点のほくろのような小さな島も見えない。水夫たちは、すっかり意気消沈して、皆がコロンブスを罵った。彼らは言った、

「今から三日以内に陸地を見つけられなかったならば、貴様を海に沈めてやるぞ。サメやワニの餌食にして、うらみをはらすだけだ」と。

コロンブスは、うれしそうな顔つきで、部下にマストをよじ登らせ、かつまた彼に命じて、「お前、陸地が見えたら、必ず大声を出すのだぞ」と言った。そうこうしているうちに、部下はマストの上で絶叫した。水夫たちは、喜びのあまり手を打って踊り、雷のような歓声があがり、コロンブスをとり囲んで拝礼した。急いでその陸地に到り、ついに一大国を発見した。まさに北アメリカ大陸である。

それ以後、西洋人は彼のめざましい成功を羨望し、争ってこの国へ渡る者が、年々ますます多くなった。この時にあたって、北アメリカはおおよそ西洋人に占拠された。それで、荘子の言う頭部の七

つの穴が皆穿たれた状態、すなわち人のさかしらが自然の純朴を破壊した状態にほぼなってしまった。

コロンブスは状況をすべて報告し、イスパニア王妃は非常に喜び、彼はアメリカの総督に抜擢された。コロンブスはその領域を開くことができたとはいえ、しかしながらまだ世情にうとかったので、反乱がまもなく起った。国王は別の将軍をさしむけてこれを治めさせ、コロンブスを本国へ戻し、もと通り寵遇した。その後、彼は再び北アメリカに渡り、荒野を開墾して移民の集落を作り、土地の産物を詳しく調べ上げて帰った。

時に、王妃が没した。コロンブスは、よき理解者であった王妃の恩を感じ、悲しみに堪えられず、まだいくらも経たないうちに病気に罹って死んだ。六十一歳。まさに永正十六年（一五〇二）のことである。

コロンブスはすでに非常な勲功を立てていたが、国民の多くは彼を妬んだ。ある客がコロンブスに言った、

「あなたが新大陸を発見されたのは、運がよかっただけのことです。とりたてて語るほどのことではありません」と。

コロンブスは言った、

「そうですね。君、ためしに卵を机の上に立ててみてください」と。

客は言った、

「そんなことできません」と。

コロンブスは、そこで卵を手に取り、そのとがったところをくだいて机の上に立てた。客は言った、

「そういうことであれば、私もできますよ」と。

コロンブスは笑って答えた、

「そうです。ただ世の人は心をそこに集中させないから、できないだけなのです。もし心を集中させたならば、難しいことはありません。私がアメリカ大陸を発見したことに関しては、どうしてこれと異なりましょうか」と。

※

閣龍(コロンブス)は、意太利亜(イタリア)部中、熱努亜(ゼノア)の人なり。性慧敏(けいびん)にして大志有り、航海の術を嗜みて諸州に歴遊し、凡そ瀛海(えいかい)、港澳(こういく)、島嶼(とうしょ)、暗礁、浅沙(せんさ)、魚龍の宅(お)る所、鯨鰐(げいがく)の窟(くつ)する所、諳悉(あんしつ)せざる莫し。時人(じじん)、之が為に語りて曰わく、「閣龍の海路は、前(さき)に古人無く、後に来者(らいしゃ)無し」と。閣龍、此れを以て自(みずか)ら多とせず、益ゝ其の術を精究し、寝と食とを廃す。

毎(つね)に自ら言わく、「茫茫(ぼうぼう)たる坤輿(こんよ)、其の際(きわ)、測るべからず。然れども極東の諸州、今已に開創して殆ど尽(つ)く。但だいまだ極西に国土有るを聞かざるのみ。吾(われ)将に一葦(いちい)を西溟(せいめい)に泛(うか)べて、千古いまだ闢(ひら)か

ざるの邦を尋ね索(もと)めんとす」と。其の志気の豪壮なること此くの如し。

然れども家は徒(た)だ四壁あるのみ、大舶を装う能わず。嘗て本州の官庁に詣(いた)りて之を説く。是の時、西洋の諸国主、疆(さかい)を拓き地を得るを以て要と為す。故に姦狡(かんこう)にして奇貨を邀(もと)むる者、動(やや)もすれば輒(すなわ)ち航海の策を献ず。国主深く其の荒唐に懲りて聴かず。

閣龍は乃ち英吉利(イギリス)に至りて之を請うも亦た允(ゆる)されず。転じて伊斯把泥亜(イスパニア)に入りて之を説く。王妃智(さと)くして慈あり。其の篤志を憫(あわれ)み、一万六千金を賜いて之を佽助(しじょ)す。

乃ち明応二年を以て帆を開き、針路、西に指す。已に行くこと三十四日、四顧茫茫(ぼうぼう)、惟だ天と水のみ、一点の黒痣(こくし)も見ず。舟人、意大いに沮(はば)まれ、皆閣龍を罵る。曰わく、「今より三日にして一邦土を得ずんば、当に汝を海に沈むべし。鮫鰐(こうがく)に委(ゆだ)ねて、以て憤りを漏らすのみ」と。

閣龍、神色怡然(いぜん)として、属吏をして檣竿(しょうかん)を攀(よ)じしめ、且つ之を戒めて曰わく、「汝、邦土有るを見れば、須らく大声を発すべし」と。既にして檣上(しょうじょう)にて絶叫す。衆抃舞(べんぶ)し、歓声雷(いかずち)の如く、閣龍を環(めぐ)りて拝す。亟(すみや)かに其の地に造(いた)り、果して一大国を得たり。乃ち北亜墨利加(アメリカ)洲なり。

嗣後(しご)、西洋人、其の奇功を艶(うらや)み、争いて是の邦に抵(いた)る者、歳ごとに益ゝ多し。是に於いて、北亜墨利加は、大抵西番の占拠する所と為る。而して七竅(しちきょう)皆鑿(うが)たるるに幾(ちか)し。

閣龍既に復命し、王妃喜ぶこと甚しく、擢んでられて亜墨利加総管と為る。閣龍能く其の域を闢(ひら)くと雖も、而れどもいまだ物情に通ぜず、叛乱尋いで起こる。国王、別の将を遣わして之を治めしめ、閣龍を本州に還し、寵遇すること故の如し。後、又た北亜墨利加に抵り、曠土を開墾し、民を遷して聚落を成し、其の物産を審らかにして還る。

時に王妃卒す。閣龍、知己の恩を感じ、悲しみて自ら勝えず、いまだ幾ならずして、病を発して死す。年六十一。実に永正十六年なり。（西洋の千五百二十年）

閣龍既に蓋世の勲を建つれども、国人多く之を娼む。一客有り閣龍に謂いて曰わく、「子、新邦を検出す、亦た僥倖なるのみ。何ぞ道うに足らんや」と。閣龍曰わく、「然り。子、試みに鶏卵を机に卓てんことを請う」と。客曰わく、「能くせざるなり」と。閣龍は乃ち卵を取り、其の尖を挫きて之を卓つ。客曰わく、「此くの如くんば、則ち我も亦た之を能くす」と。閣龍笑いて曰わく、「然り。但だ世人意を此に注がず、故に能くせざるのみ。儻し能く意を注がば、何の難きことか之れ有らん。吾が亜墨利加を検出せるが若きは、何を以てか此れに異ならん」と。

語釈　○**慧敏**―賢い。　○**瀛海**―大海。　○**港澳**―港。　○**浅沙**―水深の浅い波打ち際の砂地。　○**諳悉**―くわしく覚えつくす。　○**時人**―その当時の人々。　○**茫茫**―広々としてはるかなさま。　○**坤輿**―大地。　○**一葦**―一そうの小舟。　○**西溟**―西方の海。　○**姦狡**―悪賢いこと。　○**奇貨**―うまい金もうけ。　○**佽助**―たすける。　○**開帆**―船出する。　○**黒痣**―ほくろのような狭い土地。　○**神色**

—顔つき。　○**怡然**—うれしそうなさま。　○**檣竿**—マスト。　○**抃舞**—喜びのあまり、手を打って踊ること。　○**嗣後**—この後。　○**七竅**—頭部にある七つの穴。目・耳・鼻・口。『荘子』「応帝王篇」にある「渾沌、竅に死す」の寓話の語。人間的な有為のさかしらが、自然の純朴を破壊することを説く。　○**物情**—世のありさま。　○**蓋世の勲**—非常な手柄。

❊

閣龍、意太里亜部中、熱弩亜之人也。性慧敏有大志、嗜航海之術、歴遊諸州、凡瀛海、港澳、島嶼、暗礁、浅沙、魚龍所宅、鯨鰐所窟、莫不諳悉焉。時人為之語曰、閣龍海路、前無古人、後無来者。閣龍不以此自多、益精究其術、廃寝与食。

毎自言、茫茫坤輿、其際不可測。然極東諸州、今已開創殆尽。但未聞極西有国土耳。吾将泛一葦於西溟、尋索千古未闢之邦。其志気豪壮如此。

然家徒四壁、不能装大舶。嘗詣本州官庁説之。是時西洋諸国主、以拓疆得地為要。故姦狡邀奇貨者、動輒献航海之策。国主深懲其荒唐弗聴。

閣龍乃至英吉利請之、亦不允。転而入伊斯把泥亜説之。王妃智而慈。憫其篤志、賜一万六千金、佽助之。

乃以明応二年開帆、針路西指。已行三十四日、四顧茫茫、惟天与水、不見一点黒痣。舟人意大沮、皆罵閣龍。曰、自今三日、不得一邦土、当沈汝於海。委鮫鰐、以漏憤耳。閣龍神色怡然、令属吏攀檣竿、且戒之曰、汝見有邦土、須発大声矣。既而檣上絶叫。衆抃舞、歓声如雷、環閣龍而拝。亟造其地、果得一大国。乃北亜墨利加洲也。

嗣後西洋人艶其奇功、争抵是邦者、歳益多。於是北亜墨利加、大抵為西番所占拠。而幾乎七竅皆鑿矣。

閣龍既復命、王妃喜甚、擢為亜墨利加総管。閣龍雖能闢其域、而未通物情、叛乱尋起。国王遣別将治之、還閣龍於本州、寵遇如故。後又抵北亜墨利加、開墾曠土、遷民成聚落、審其物産而還。時王妃卒。閣龍感知己之恩、悲不自勝、未幾発病而死。年六十一。実永正十六年也。(西洋千五百二年)

閣龍既建蓋世之勲、国人多娼之。有一客、謂閣龍曰、子検出新邦、亦僥倖耳。何足道乎。閣龍曰、然。子請試卓鶏卵於机。客曰、不能也。閣龍乃取卵、挫其尖、卓之。客曰、如此則我亦能之。閣龍笑曰、然。但世人不注意於此、故不能爾。儻能注意、何難之有。若吾検出亜墨利加、何以異於此。

話聖東伝 (ワシントン)

北アメリカ大陸は片田舎で、民は愚直で、未開の生活をおくり、城郭は堅固でなく、戦闘の兵器を使わず、言葉がなまり、かたくなで愚かなさまは、鹿や猪と変わらなかった。そのため数百年も西洋諸国がその地域を分割して占拠し、人民を移住させて、すでに荒れ地を開墾し、租税をとりたて、土地の産物を搾取していた。

長い年月が経つうちに人民が養成されて、近い時代には、鷲や鷹のように強くたくましい人が次第に盛んに現れた。けれども、西洋諸国の政令はますます苛酷となった。人民は命令に我慢できず、はじめて挙兵して西洋の官吏を追い払い、かくして三十一の共和政治国となり、ワシントンはまさにその先ぶれであった。

ワシントンは北アメリカのバージニアの人である。祖父の出身地はイギリスで、戦乱を避けてここに移住した。父は力を尽し田畑を耕して富裕になった。ワシントンは生まれつき賢明で、学校に入学して測量を研究した。数年居り、郷里に帰って農業に勤め、暇さえあれば兵学を学習した。

宝暦三年（一七五三）、フランスは、とりでをオハイオに築いた。オハイオは、イギリスの属領に関わる所なので、イギリスは怒ってフランスを攻めた。長年、攻め取ることができず、ワシントンに命じて、とりでに到らせ和平を交渉させた。和議はととのわなかったけれども、事の真相をよくつかんで帰ったので、偵察部隊の長に抜擢された。彼は少ない兵で大勢の敵を巧みに討ち、しばしばてがらを立てた。大佐に昇進し、さらに力を尽して戦い、敵を破った。けれども、志はイギリスに仕えることを望まなかったので、妻を娶って故郷に帰り、ますます、てのひらを焼いて眠気をさますほど忍耐して兵書を読んだ。

安永五年(一七七六)、州の民は、イギリスの暴虐に苦しみ、今にも挙兵しようとしていた。ワシントンは、財産をつぎこんで兵器を整備し、自ら軍事教練にあたった。二年後、民衆を集めて会議し、大陸軍を結成した。民衆はワシントンを推して大陸軍の総司令官とした。けれども、烏合の衆であって、進んで指図に従おうとはしなかった。ワシントンは、かえって、危ぶみ疑い慌てふためく中に心を尽し、民衆に恩を与えて撫育し、威厳を示して統率した。すべて至誠から出たことなので、民衆の中に敬愛しない者はなかった。

そこで、挙兵して官吏を追い払った。イギリスの地方軍隊の長は大変怒って、攻め滅ぼそうと進軍したが、ワシントンは、一戦にしてこれを破った。さらに大軍を率いて来襲した。諸隊はみな敗れたが、ひとりワシントンだけは一兵も失わずに退いた。敵も進んでは迫ってこなかった。後、地方軍隊の長を撃破し、さらに守備兵をとらえ殺した。フランスは、以前からイギリスと仲が悪かった。従って、ワシントンらの軍のために援助したので、勢いはますます奮い立った。

天明四年(一七八四)、イギリス兵をヨークタウンの地に討ち、七千人を捕虜にした。イギリスは十年も戦争したが、戦うたびにいつも敗れた。そうしてはじめて押さえとどめることができないと悟り、講和条約をパリで交渉した。フランスの首都である。

こういうわけだから、北アメリカが独立国家となったのは、実にワシントンの功績である。けれども、決してみずからおごり高ぶらず、職を辞そうとした。民衆が強く慰留するのも聞き入れず、郷里に帰り、ただ学問や歴史ばかりを楽しみ、心静かであった。

この時、争乱はようやくおさまった。けれども、制度はまだ定まらず、人心はまだまとまらず、官吏庶民はこれを憂慮した。そこで、民衆を集めて協議し、ワシントンを推して議長とした。ワシントンはやむを得ず復帰し、職務を行い、法令を定めた。皆時宜を得ており、州の人は喜んで従った。

それで、さらに推して大統領とし、四年を任期とした。任期が満了するに及んで、さらに留められて四年務めた。ワシントンの施政は、私欲がなく公正で、まごころを及ぼし、人物を待遇した。ハミルトンという者がいて、賢明で器量見識があり、法令に習熟して、重要な事柄に通じていた。ワシントンは彼を推挙して、政治に参与させ物事を決定させた。ワシントンは八年間任にあり、法令は整い、軍備も極めていかめしかったので、州全体が大いに治まった。

けれども、ワシントンの業績をあれこれと論ずる者がいた。ワシントンは憤りを感じて、任期満了に及ぶやいなや故郷へ帰り、深く身を隠し、再び功名を得ようという心はなく、長生きして自宅で没した。遺言でもって数万金を政府に寄贈し、学校を建てて人材を育てさせた。人民がその徳を思い慕って、痛惜しない人がなかったのは、ワシントンがイギリスの暴虐を除いたからである。

イギリスは軍事力が精強で、四大陸中に横行し、土地を奪い、領地を広げ、狼のようにかみ、虎のようにうずくまっていた。世界に、そのほこさきを挫くことができた例は少ない。けれども、ワシントンは、まちまちの烏合の衆でもって悪逆をすっかり取り除き、州の民を暴虐な政から助けて、柔らかい寝床で眠られる豊かなくらしをもたらした。こういうわけだから、連州が従い応じて、力を尽くして立ちあがり、互いに合従の約を定め、政事を論議し、内には耕作や争いをとりまとめ、外には敵を防いだ。そして、唇と歯や牛の二本の角のような利害関係の密接な国となったのが三十一ヶ国である。

ああ、ワシントンは蛮族に生まれたというのに、その人格は賛美するにあたいする。昔、韋宗(いそう)が禿髪傉檀(とくはつじょくたん)を誉めて言った、

「すぐれた才知やはかりごとは、必ずしも中華にあるとは限らず、すぐれた知恵やさとい見識は、必ずしも読書の中にあるとは限らない。私はまさに今、中国の外、儒教の外に、さらにおのずと人物が存在することを知った」と。

ワシントンは、あるいは彼に近いようである。

❊

北亜墨利加洲（アメリカ）は、地僻（へき）に民戇（おろ）かにして、風気いまだ開けず、城郭の固きこと無く、戦闘兵甲の用うること無く、侏離頑蠢（しゅりがんしゅん）、鹿豕（ろくし）の若く然り。是を以て、数百年来、西洋の諸番、分ちて其の境に占め、民を徙（うつ）して既に荒を闢（ひら）き、租税を徴（もと）め、土物（どぶつ）を斂（あつ）む。

歳月既に久しくして、生歯蕃育（せいしはんいく）し、近世強悍雄鷙（ゆうし）の士、寖（ようや）く興る。而れども西番の政令益ゝ苛なり。民、命に勝（た）えず、乃ち兵を挙げて官吏を駆逐し、遂に共和政治国と為る者三十一国、而して話聖東（ワシントン）は乃ち其の嚆矢なり。

話聖東は北亜墨利加の比尔厄泥亜（バージニア）の人なり。祖父の本貫（ほんかん）は暎咭唎（イギリス）にして、乱を避けて焉（ここ）に徙（うつ）る。父は力耕（りょくこう）して富殖を致す。話聖東は性聡敏、黌舎に入りて度学を精究す。居ること数年、閭里に帰りて稼穡（かしょく）を勤め、暇（いとま）有れば輒（すなわ）ち鈴韜（れいとう）を講習す。

宝暦三年（西洋の千七百五十三年）、仏蘭西は寨（とりで）を帷幄（オハイオ）に築く。帷幄は暎咭唎の属地に係（かか）れば、暎咭唎怒りて之を攻む。連年、抜く能わず、話聖東に命じて寨に詣（いた）り和を議らしむ。事諧（かな）わずと雖も、頗る其の虚実を得て還れば、擢でられて巡哨（じゅんしょう）の長官と為る。善く寡を以て衆を撃ち、屢ゝ功有り。部将に陞（のぼ）り又た力戦（りょくせん）して敵を破る。而れども志は暎虜に事（つか）えんことを欲せず、婦を娶りて田里に返り、益ゝ掌（てのひら）を焠（や）きて兵書を読む。

安永五年（西洋の千七百七十六年）、州民、暎国の苛虐に苦しみ、将に兵を挙げんとす。話聖東は、財を傾けて兵甲を繕(つくろ)い、躬親(みずか)ら訓練す。二年を越えて、衆を聚(あつ)めて会議し、義団を結ぶ。衆推して都統と為す。然れども烏合の徒にして、肯えて約束に従わず。話聖東顧(かえ)って能く心を危疑劻勷(きょうじょう)の間に尽し、之を撫するに恩を以てし、之を馭(ぎょ)するに威を以てす。皆至誠より出ずれば、衆、敬愛せざる莫し。

乃ち挙兵して官吏を逐(お)う。暎国の鎮将、大いに怒りて進勦(しんそう)するも、話聖東、一戦にして之を破る。又た大衆を率いて、来り討つ。諸隊皆敗るるも、独り話聖東のみ軍を全(まった)くして退く。敵敢えて逼(せま)る莫し。後、鎮将を撃ちて之を破り、又た戍兵(じゅへい)を擒殺(きんさつ)す。払蘭西は素(もと)より暎国と協(やわ)らげず。因って之が為に声援すれば、勢い益〻振う。

天明四年（西洋の千七百八十四年）暎兵を余尓偪東(ヨークタウン)の地に伐ち、七千人を擒(とりこ)にす。暎国、兵を交うること殆んど十年、戦う毎に輒(すなわ)ち敗る。乃ち制すべからざるを知り、和盟を巴里斯(パリ)に議す。払蘭西の国都なり。

是れに由りて、北亜墨利加、独立不羈(ふき)の邦と為るは実に話聖東の功なり。而れども敢えて自ら(みずか)矜伐(きょうばつ)せず、将に職を解かんとす。衆苦(はなは)だ留むるも聴かずして、田里に帰り、惟だ文史のみ自ら(みずか)娯しみ、澹(たん)如(じょ)たり。

是の時、禍乱始めて定まる。而れども制度いまだ立たず、人心いまだ輯(やすらかな)らず、吏民之を憂う。乃ち衆を聚めて胥い議り、話聖東を推して上官と為す。話聖東は已むを得ず起ちて事を視、法令を画定す。咸時宜に合い、州人悦服す。

因って又た推して最上官と為し、期するに四年を以てす。任満つるに及びて、又た之を留むること四年なり。話聖東の政を為すや、廉にして公、誠を推して物を待つ。巴尔東なる者有り、明敏にして器識有り、辞令に嫻い、大体に通ず。話聖東之を挙げて、政事を参決せしむ。任に在ること八年、法令整粛、武備森厳たれば、闔州大いに治まる。

然れども人或いは其の為す所を議する者有り。話聖東、憤りを感じ、任満つるに及びて、乃ち旧閭に還り、深く自ら韜晦し、復た功名の意無く、寿を以て家に終る。遺命もて金数万を官に献じ、学校を建てて人材を育てしむ。民其の徳を懐い、痛惜せざる莫きは、其の能く暎咭唎の暴を蠲くを以てなり。

暎咭唎は兵力精強にして、四大洲の間に衡行し、地を奪い彊を拓げ、狼噬虎踞す。宇内に能く其の鋒を摧くこと鮮し。而れども話聖東は区区たる烏合の衆を以て、兇逆を廓清し、州民を焚溺より援け、而して諸を袵席の上に措く。是れに由りて連州響応し、臂を攘いて起ち、相い与に従約を定め、政事を議し、内に耕戦を修め、外に寇讐を禦ぐ。而して唇歯犄角の国と為る者三十一国なり。

嗚呼、話聖東は、戎羯に生まると雖も、其の人と為りや、多とするに足る者有り。昔韋宗、禿髪僇檀(じょくたん)を称して曰わく、「奇才英略必ずしも華夏にあらず、明智敏識必ずしも読書にあらず。吾乃ち今九州の外、五経の外に、復た自(おのずか)ら人有るを知るなり」と。話聖東は庶幾(ほとんど)之に近し。

語釈 ○**兵甲**─兵器。○**侏離**─異民族の言葉を卑しめていう語。○**頑蠢**─かたくなで愚かなこと。○**鹿豕**─鹿と猪。○**土物**─土地の産物。○**生歯**─人民。○**蕃育**─やしないそだてる。○**近世**─近い時代。○**強悍**─強くて荒々しい。○**雄鷙**─オスの鷲や鷹。○**本貫**─出身地。○**力耕**─力を尽して田畑を耕す。○**富殖**─富んで財貨が多い。○**度学**─測量。○**鈐韜**─兵学。○**諧う**─うまく調和する。○**虚実**─事の真相。○**巡哨**─偵察部隊の長。○**部将**─バージニア市民軍の大佐。○**力戦**─力を尽して戦う。○**掌を焠く**─困苦忍耐して勉強するたとえ。孔子の門人の有若が勉強中睡気をさますために掌を焼いた故事（『荀子』「解蔽」）から。○**都統**─軍事をつかさどった武官。○**劻勷**─慌てふためくさま。○**鎮将**─地方軍隊の長。○**進勦**─進んで攻め滅ぼす。○**軍を全くす**─戦場で一兵さえも失わない。○**戍兵**─辺境を守る兵卒。○**擒殺**─とらえ殺す。○**余尓佤東**─イギリス、バージニア植民地のヨーク郡の郡庁所在地。ヨークタウンでのイギリス軍の敗北が事実上の独立戦争（一七七五〜八三）の終戦となった。○**和盟**─パリ条約。独立戦争の結果、イギリスがアメリカの独立を承認した。○**矜伐**─才能があると、おごり高ぶること。○**澹如**─しずかで安らかなさま。○**禍乱**─わざわいとなる世の中の乱れ。○**最上官**─大統領。○**誠を推す**─まごころを人に移し及ぼす。　○**物を待つ**—人物を待遇する。　○**ハミルトン**—合衆国の憲法や政治制度をはじめ、財政、通商、産業政策等の基礎を整備した。　○**明敏**—賢明でさとい。　○**器識**—器量と見識。　○**辞令**—巧みに連ねたことば。　○**嫻う**—習熟する。　○**大体**—重要な事柄。　○**参決**—相談にあずかって、その事を決定する。　○**闔州**—州の中すべて。　○**旧閭**—故郷。　○**韜晦**—身を隠す。　○**衡行**—道に逆らい気ままに行なう。　○**狼噬**—狼のようにかむ。　○**虎踞**—虎のようにうずくまる。　○**宇内**—世界。　○**区区**—まちまちで、まとまりがないさま。　○**廓清**—悪いものをすっかり取り除く。　○**兇逆**—よこしまで上に逆らうもの。　○**焚溺**—百姓が水火の苦しみに陥って憔悴すること。暴虐な政をいう。　○**衽席**—柔らかい寝床。　○**響応**—響きが声に応じるように、人の言動に応じる。　○**臂を攘う**—尽力する。○**従約**—合従の約。　○**耕戦**—耕作と戦争。　○**寇讐**—敵。　○**唇歯**—唇と歯のように利害関係が密接なこと。　○**犄角**—牛の、二本の長い角。　○**戎羯**—蛮族。　○**韋宗**—後秦の皇帝姚興は、尚書郎の韋宗を南涼の偵察に派遣した。『資治通鑑』「晋紀」巻一一四より。南涼は五胡十六国の一で、三九七年鮮卑の禿髪烏孤が、廉川（青海）に拠って建国した。　○**禿髪傉檀**—南涼の王。晋の元興の初、位を襲いで涼王と称す。　○**九州**—中国全土。

※

北亜墨利加洲、地僻民戇、風気未開、無城郭之固、無戦闘兵甲之用、侏離頑蠢、若鹿豕然。是以数百年来、西洋諸番、分占其境、徙民既闢荒、徴租税、斂土物。

歳月既久、生歯蕃育、近世強悍雄鷙之士、寖興。而西番政令益苛。民不勝命、乃挙兵駆逐官吏、遂為共和政治国者三十一国、而話聖東乃其嚆矢也。

話聖東北亜墨利加、比尓厄泥亜之人。祖父本貫暎咭唎、避乱徙焉。父力耕致富殖。話聖東性聡敏、入黌舎、精究度学。居数年、帰閭里、勤稼穡、有暇輒講習鈐韜。

宝暦三年（西洋千七百五十三年）、仏蘭西築寨於帷幄。帷幄係暎咭唎属地、暎咭唎怒攻之。連年不能抜、命話聖東、詣寨議和。事雖不諧、頗得其虚実而還、擢為巡哨長官。善以寡撃衆、屡有功。陞部将、又力戦破敵。而志不欲事暎虜、娶婦返田里、益焠掌読兵書。

安永五年（西洋千七百七十六年）、州民苦暎国苛虐、将挙兵。話聖東傾財繕兵甲、躬親訓練。越二年、聚衆会議、結義団。衆推為都統。然烏合之徒、不肯従約束。話聖東顧能尽心於危疑劻勷之間、撫之以恩、馭之以威。皆出於至誠、衆莫不敬愛。

乃挙兵逐官吏。暎国鎮将大怒進勦、話聖東一戦破之。又率大衆来討。諸隊皆敗、独話聖東全軍而退。敵莫敢逼。後撃鎮将破之、又擒殺戍兵。払蘭西素与暎国不協。因為之声援、勢益振。

天明四年（西洋千七百八十四年）、伐暎兵於余尓偪東之地、擒七千人。暎国交兵殆十年、毎戦輒敗。乃知不可制、議和盟于巴里斯。払蘭西国都也。

由是北亜墨利加為独立不羈之邦、実話聖東之功。而不敢自矜伐、将解職。衆苦留不聴、帰田里、惟文史自娯、澹如也。

是時禍乱始定。而制度未立、人心未輯、吏民憂之。乃聚衆胥議、推話聖東為上官。話聖東不得已、起視事、画定法令。咸合時宜、州人悦服。

因又推為最上官、期以四年。及任満又留之四年。話聖東為政廉而公、推誠待物。有巴尓東者、明敏有器識、嫺辞令、通大体。話聖東挙之、参決政事。在任八年、法令整粛、武備森厳、闔州大治。

然人或有議其所為者。話聖東感憤、及任満乃還旧閭、深自韜晦、無復功名意、以寿終于家。遺命献金数万於官、建学校、育人材。民懐其徳、莫不痛惜、以其能鐲暎咭唎之暴也。

暎咭唎兵力精強、衡行四大洲之間、奪地拓疆、狼噬虎踞。宇内鮮能摧其鋒。而話聖東以区区烏合之衆、廓清兇逆、援州民於焚溺、而措諸衽席之上。由是連州響応、攘臂而起、相与定従約、議政事、内修耕戦、外禦冦讐。而為唇歯犄角之国者、三十一国。

嗚呼話聖東、雖生於戎羯、其為人有足多者。昔韋宗称禿髪傉檀曰、奇才英略不必華夏、明智敏識不必読書。吾乃今知九州之外、五経之外、復自有人也。話聖東庶幾近之。

反金数別児倹伝　（ファン・キンスベルゲン）

ファン・キンスベルゲンはオランダ人である。歯髪がわずかに乾いたような幼い頃から学を嗜み、群書を広く読み、古今の治乱の跡や天文、地理、暦数の法について熟知しないものはなかった。国王は非凡な才能を認め、将校に抜擢し、次いで一軍の指揮官とした。明和四年（一七六七）、任務を奉じてロシアに到り、大将軍陸満束乎に拝謁した。語り合って大いに激賞され、彼を皇帝に推薦して海軍司令官に任命した。

この時トルコが侵攻した。三十隻の軍艦で、兵は皆強く猛々しい。ロシア軍は、これを望み見て戦意を喪失した。ファン・キンスベルゲンは、急いで部下をさしまねき、太鼓を鳴らし、ときの声をあげて進んだ。敵軍はしりごみして、思い切って迫ることができなかった。突然つむじ風がおこって、敵の船の帆柱は皆壊れ、舞い上がってくつがえりそうになった。ただちに機に乗じて突撃し、砲声は雷のように轟き、大いに敵を破り、屍は海をおおった。

皇帝は彼を大いに褒めた。彼は一貫して人に語っていた、

「ますらおたるもの、力を祖国のために尽すべきである。遠く他郷にいて富貴に甘んじるのは、私の志ではない」と。そして職を辞した。皇帝は、兵隊をさしむけて彼を安全に送り届けた。長老が集

まって見送り、みな口々にほめそやした。

天明元年（一七八一）、イギリスが攻め入った（第四次英蘭戦争）。ファン・キンスベルゲンは海軍を率いてこれを撃退した。海軍の司令官に昇進して、城郭を那廬港に築き、守備はますます堅固になった。ロシアは、彼を招いて、軍の指揮権を委ねようとした。デンマーク王もまた手厚く招いたが、いずれも辞退した。

寛政五年（一七九三）、オランダはフランスと戦い、大いにうち破った。ファン・キンスベルゲンの武功が第一である。彼は三条の策を献じ、一、貧乏な人を恵み救うこと、二、階級を正すこと、三、学校を建てることとした。皆まことに時宜を得ていた。まだいくらもたたないうちに、讒言をする者に陥れられ禁固された。翌年、免れることができた。

デンマーク王が手厚く贈り物をして彼を招いた。そこで行って仕えた。けれども、ただ読書をして自ら楽しむばかりで、進んで軍事に参与しようとはしなかった。おそらく母国と戦いたくなかったのであろう。王はますます篤く礼遇したが、群臣の多くは彼をねたんだ。そこで、禍が及ぶことを恐れて辞去し、フランスに入って大将軍（ナポレオン）に拝謁した。国王（オラニエ公ウィレム五世）が廃せられるに及んで、ルイ・ボナパルトに仕えて大官に至った。文化五年（一八一九）、病没した。八十四歳。

ファン・キンスベルゲンは戦いに長けて、策に手落ちがなく、軍律に非常に厳しく、犯した者は決して許さなかった。そして、士卒を愛し、苦楽をともにした。ぶんどった珍宝財貨は皆分け与え、少しも惜しむ色がなかった。こういうわけで、士卒が死力を尽したので、向う所、くだき破らないものはなかった。兵書数十巻を著した。兵法を講ずる者は皆、標準とした。オランダ人は彼を慕い、像を彫ってお祀りし、今に至っても崇敬が途絶えることがない。

❊

反金数別児倹は和蘭の人なり。歯髪甫めて燥くや、即ち学を嗜み、群籍を博渉し、古今治乱の迹、天文地理暦数の法、精暁せざる莫し。国王之を奇とし、擢んでて侍郎と為し、尋いで軍将と為す。明和四年（西洋の千七百六十七年）、使命を奉じて俄羅斯に至り、大将軍陸満束乎に見ゆ。与に語りて大いに激賞を加え、諸を帝に薦めて海軍都督を授けしむ。

是の時、都尓格入冠す。艨艟三十隻、兵皆強悍たり。俄羅斯の軍之れを望みて気を奪わる。反金数別児倹急ぎ部卒を麾き、鼓譟して進む。敵逡巡して敢えて逼らず。会颶風驟かに起こり、敵船の帆檣皆壊れ、掀舞して覆らんと欲す。即ち機に乗じて突撃し、礮声、万雷の如く、大いに之を敗り、浮屍海を蔽う。

帝大いに之を賞す。既に人に語りて曰わく、「大丈夫は、当に力を父母の邦に竭くすべし。遠く他郷に在りて富貴を豢養するは、吾志にあらざるなり」と。職を辞す。帝、兵を遣わして護送せしむ。父老聚まり観て、嗟賞せざる莫し。

天明元年（西洋の千七百八十一年）、暎咭唎入寇す。反金数別児倹、水軍を率いて之を撃退す。海軍都督に陞り、城を那盧港に築き、守備益ゝ厳なり。俄羅斯、之を招き、委ぬるに兵権を以てせんと欲す。第那瑪尓加王も亦た厚く聘くも、皆辞して就かず。

寛政五年（西洋の千七百九十三年）、和蘭は払蘭西と戦い、大いに之を敗る。反金数別児倹の功は第一なり。献策すること三条、一に貧乏を衈むと曰い、二に班位を正すと曰い、三に学校を建つと曰う。皆切に時務に中たる。いまだ幾くならずして、讒者の陥る所と為りて禁錮せらる。年を踰えて、免るるを得たり。

第那瑪尓加王、幣を厚くして之を聘く。乃ち往きて仕う。然れども惟だ読書を以て自ら楽しみ、肯えて軍事に参ぜず。蓋し梓郷と戦わんことを欲せざるなり。王、礼遇すること益ゝ厚けれども、群臣多くは之を忌む。乃ち禍を懼れて辞去し、払蘭察に入りて大将軍に拝す。国王廃せらるるに及びて、撲那把児的に仕えて大官に至る。文化五年（西洋の千八百十九年）病みて卒す。年八十四。

反金数別児倹善く兵を用い、策に遺筭無く、法令甚だ厳にして、犯す者敢えて赦すこと莫し。而して士卒を愛し、与に苦楽を同じくす。獲る所の珍宝貨財は皆頒与し、毫も靳しむ色無し。是れに由りて、士卒死力を致せば、向う所摧陥（さいかん）せざる莫し。兵書数十巻を著す。韜略（とうりゃく）を講ずる者、挙げて以て圭臬（けいげつ）と為す。蘭人歆慕（きんぼ）し、像を彫りて奉祀し、今に至るも絶えず。

語釈　○**反金数別児倹**―ファン・キンスベルゲン。一七三五～一八一九。オランダの海軍将校。一七七三年、ロシア海軍を指揮してトルコ艦隊を二度うち破った。七五年、オランダに帰り、海軍の英雄と称えられ、その後もフランス戦などで武功を立てた。○**群籍**―多くの書籍。○**博渉**―ひろく物事を見聞する。○**精暁**―くわしくさとる。○**侍郎**―秦漢代には宮門の守衛をつかさどる職。○**軍将**―一軍の指揮官。○**陸満束平**―未詳。○**都督**―軍司令官。○**艨艟**―軍艦。○**強悍**―強くてたけだけしいさま。○**鼓譟**―戦場で士気を高めるために、太鼓を鳴らし、ときの声をあげる。○**逡巡**―しりごみする。○**颶風**―四方から吹きまわしてくる風。○**帆檣**―帆柱。○**掀舞**―舞い上がる。○**礮声**―銃砲を打ち出す音。○**豢養**―養う。○**嗟賞**―ほめたたえる。○**那盧港**―未詳。○**兵権**―軍を指揮する権力。○**班位**―階級。○**時務**―その時その時に応じた重要な仕事。○**讒者**―讒言をする者。○**梓郷**―ふるさと。○**大将軍**―ナポレオン。共和政フランスの統領政府の第一統領。○**撲那把児的**―ルイ・ボナパルト。ナポレオンの弟。一八〇六年、ホラント（オランダ）王となる。○**遺筭**―手落ち。○**摧陥**―くだき破る。○**韜略**―兵法。○**圭臬**―標準。○**歆慕**―慕う。

※

反金数別児倹、和蘭人也。歯髪甫燥、即嗜学、博渉群籍、古今治乱之迹、天文地理暦数之法、莫不精暁。国王奇之、擢為侍郎、尋為軍将。明和四年（西洋千七百六十七年）、奉使命至俄羅斯、見大将軍陸満束乎。与語大加激賞、薦諸帝、授海軍都督。

是時都尓格入冦。艨艟三十隻、兵皆強悍。俄羅斯軍望之奪気。反金数別児倹急麾部卒、鼓譟而進。敵逡巡不敢逼。会颶風驟起、敵船帆檣皆壊、掀舞欲覆。即乗機突撃、礮声如万雷、大敗之、浮屍蔽海。帝大賞之。既語人曰、大丈夫当竭力父母之邦。遠在他郷、豢養富貴、非吾志也。辞職。帝遣兵護送。父老聚観、莫不嗟賞。

天明元年（西洋千七百八十一年）、暎咭唎入冦。反金数別児倹率水軍、撃退之。陞海軍都督、築城於那廬港、守備益厳。俄羅斯招之、欲委以兵権。第那瑪尓加王亦厚聘、皆辞不就。

寛政五年（西洋千七百九十三年）、和蘭与払蘭西戦、大敗之。反金数別児倹功第一。献策三条、一曰卹貧乏、二曰正班位、三曰建学校。皆切中時務。未幾為讒者所陥、禁錮。踰年得免。第那瑪尓加王厚幣聘之。乃往仕。然惟以読書自楽、不肯参軍事。蓋不欲与梓郷戦也。王礼遇益厚、群臣多忌之。乃懼禍辞去、入払蘭察拝大将軍。及国王見廃、仕撲那把児的、至大官。文化五年（西洋千八百十九年）、病卒。年八十四。

反金数別児倹善用兵、策無遺筭、法令甚厳、犯者莫敢赦。而愛士卒、与同苦楽。所獲珍宝貨財皆頒与、毫無靳色。由是士卒致死力、所向莫不摧陥。著兵書数十巻。講韜略者、挙以為圭臬。蘭人歆慕、彫像奉祀、至今不絶。

互市（ごし）

海外の諸国は、貿易を事業とみなし、船を屋敷とみなし、万里の大波をわたり、四大陸を転々とまわっている。その主張は、余ったものを減らして足りないものを補うことが天の道にかなうとするものである。けれども、実体はただ利益を手に入れようと謀るだけである。さらに、他国の情勢をうかがい、もしもすきがあったならば、それにつけこんで国を取って、領土を拡張する。もとより聖人が交易した意図に反し、また暴君を誅して人民を救うという道にも反する。

そもそも自分の利益を追求する者は、必ず人に災禍を及ぼす。このため、貿易はあらそいの発端を開きやすい。わが国の辺境の民が明で貿易したときも、結局争乱がおこり、福建省や浙江省の沿海数千里はことごとく破壊された。明朝はこのために衰退して、南北の異民族が名を上げることになった。そのわざわいは、貿易によって始まったのである。

唐荊川（とうけいせん）は上書して言った、

「国のはじめ、浙江・福建・広東の三省の船の役所で、浙江省にあるものは、もっぱら日本の入貢のために貨物が運びこまれるので、その交易を許した。広東省にあるものは、西洋の船が集まる所なので、その交易を許し商品を抜き取って上納させた。福建省に関しては、依然として入貢を通じず、また船を通じなかった。国のはじめ、貿易を掌る官を設置した意味を、おろそかに考えてはならない。船が利益になることは、あらがねにたとえられる。坑道を封鎖し、あらがねを採る人を追い払う。これを上策とする。坑道を閉鎖できないと見当をつけたならば、国がその利権を収めてみずから操る。これを中策とする。坑道を閉鎖せず、利権を収めず、利益が漏洩してしまうことで、悪の徴候を助長し、悪人を呼び集める。これは無策である」と。荊川のこの主張は、まことに永遠に変わらぬ精確な論と言える。近年、イギリスが清を乱したのもまた貿易から起った。そうであるならば、国を閉ざして決して貿易をしないのは、策の上のものである。

わが国は、天文年間以来、諸国と交易し、我国の商船もまた諸国に往来していた。慶長・元和の頃に至っても、ならわしに従って行なわれていた。角倉与一は、その事を監察し取り締まった。わが国の商船が到ったところは、シナ、台湾、マカオ、ルソン、ジャワ、ベンガル、カンボジア、シャム、インドの諸国で、往復しない年はなかった。

また、諸国の中でわが国に通商したのは、シナ、ルソン、マカオと西洋のイスパニア、ポルトガル、イギリス、オランダの諸国である。各国の船が四方から集まってきた盛りには八十余隻にいたり、象牙や犀角、珠玉、錦や毛氈、珍しい愛玩物が国内にあふれかえった。けれども、海外に輸送したわが国の金銀銅鉄やあらゆる財貨は、幾億万金かわからない。その害はすべてを言い尽くせない。

幕府はこれを見抜いていた。寛永年間、命令を下して、満州・清・オランダを除いた他は、一切貿易を禁じ、法令として固定した。見識が高く、思慮が深いと言うべきである。近年、諸国が来て貿易を請い求めるが、幕府は祖宗の法を守り、毅然として許さない。まことに国家人民の幸いであって、百世遵守し、変えてはいけないものである。

⁂

海外の諸番は、互市を以て業と為し、舟楫を以て宅と為し、万里の鯨波を渉り、四大洲の間に廻旋す。其の言以為えらく、余り有るを損じて足らざるを補うは、天道に合うと。而れども其の実は惟だ利を之れ図るのみ。又た他邦の虚実を窺い、苟しくも釁有らば、則ち乗じて之を取りて、以て疆界を拓く。固より聖人の懋遷するの意にあらず、又た暴を誅して民を弔むの義にあらざるなり。

夫れ己に利する者は、必ず人に害あり。是を以て、互市は争端を開き易し。我辺民の明に於けるが若きは、遂に禍乱生じ、閩浙の沿海数千里、悉く残破せらる。明室、之が為に衰弊し、南夷北虜の称有るに至る。其の禍は互市由り始まるなり。

唐荊川(とうけいせん)上書して曰わく、「国の初、浙福広の三省の舶司(はくし)、浙江に在る者は、専ら日本の入貢の為に、貨物を帯有すれば、其の交易を許す。広東に在る者は、則ち西洋番船の輳(そう)なれば、其の交易を許して之を抽分(ちゅうぶん)す。福建の若きは、既に貢を通ぜず、又た船を通ぜず。而して国の初、市舶(しはく)を設立せるの意、漫(みだ)りに考うべからず。

船の利を為すや、之を礦(あらがね)に譬(たと)う。然して礦洞(こうどう)を封閉(ふうへい)し礦徒を駆斥(くせき)す。是れを上策と為す。閉ずる能わざるを度(はか)れば、則ち国其の利権を収め、而して自(みずか)ら之を操る。是れを中策と為す。閉じず収めず、利孔(りこう)より洩漏して、以て其の奸萌(かんぼう)を資(たす)け、其の人を嘯聚(しょうしゅ)す。斯れ無策なり」と。荊川の此の言、洵(まこと)に千古の確論と為す。近年暎夷の清を擾(みだ)すも亦た互市より起こる。然らば則ち、国を鎖(とざ)して敢えて互市を通ぜざるは、是れ策の上なる者なり。

我邦、天文より以来(このかた)、諸番と交易し、我商船も亦た諸番に往来す。慶長元和の間に至ると雖も、沿習風を成す。角倉(すみのくら)与市、其の事を監司(かんし)す。我商船の至る所、支那、台湾、阿瑪港(あまこう)、呂宋(ルソン)、瓜哇(ジャワ)、榜葛剌(ベンガル)、東蒲寨(カンボジア)、暹羅(シャム)、印度の諸国、往返(おうへん)して虚歳(きょさい)無し。

而して諸番の我邦に通商するは、則ち支那、呂宋、阿瑪港及び西洋の伊斯把泥亜、波尓杜瓦尓、暎咭唎、和蘭の諸番なり。其の輻輳(ふくそう)の盛んなるや、八十余艘に至り、象犀(ぞうさい)、珠玉、錦罽(きんけい)、珍玩の物、海内に流溢す。而れども我邦の金銀銅鉄百貨の海外に輸送する者、幾億万なるかを知らず。其の害、勝(あ)

げて言うべからず。
朝廷、斯に見ること有り。寛永中、令を下して、満清和蘭を除くの外、一切に禁絶し、著きて甲令と為す。識卓くして慮遠しと謂うべし。近世、諸番来りて互市を乞うも、朝廷、祖宗の法度を守り、毅然として許さず。実に社稷生民の福いにして、百世宜しく遵奉して易えざるべき所なり。

語釈　○**互市**—貿易。　○**舟楫**—船。　○**鯨波**—大波。　○**余り有る……**—『老子』第七十七章に、「天の道は、余り有るを損じて足らざるを補う」とある。　○**懋遷**—交易につとめはげむ。『書経』「益稷」に「有無（ありあまると乏しいと）の化居（貨物のたくわえ）を懋遷（交易）す」とある。　○**民を弔む**—暴虐の君を討伐して人民を救う。　○**己に利する……**—『論語集註』に「程子曰わく、己を利せんと欲せば、必ず人に害あり。故に怨多しと」とある。　○**残破**—そこなわれやぶられる。　○**衰弊**—勢いがおとろえ弱る。　○**閩浙**—福建省と浙江省。　○**唐荊川**—明、武進の人。官は右僉都御史・巡撫鳳陽。碩学の名高く、明の中葉の大宗である。　○**輳**—多くのものが一ヶ所に集まる。　○**抽分**—商品に対する税。商品を抜き取って上納するもの。　○**市舶**—官名。市舶使。蓄貨海船征権貿易の事を掌る。　○**礦**—掘り出したままの、金銀銅鉄などの鉱石。　○**封閉**—封ずる。　○**駆斥**—追い払い斥ける。　○**利孔**—利益を得る道。　○**奸萌**—悪の徴候。　○**嘯聚**—人々を呼び集める。　○**沿習**—古くからのならわし。　○**監司**—監察し取り締る。　○**往返**—往復。　○**虚歳**—何事もせずむなしく送る年。　○**輻輳**—

物が四方八方から多くあつまりいたる。　○象犀―象牙と犀角。　○錦罽―錦と毛氈類。　○甲令―法令。　○社稷―国家。

※

海外諸番、以互市為業、以舟楫為宅、渉万里之鯨波、廻旋四大洲之間。其言以為損有余、補不足、合于天道。而其実惟利之図。又窺他邦之虚実、苟有釁、則乗而取之、以拓疆界。固非聖人懋遷之意、又非誅暴吊民之義也。

夫利於己者、必害於人。是以互市易開争端。若我辺民之於明、遂生禍乱、閩浙沿海数千里、悉被残破。明室為之衰弊、至有南夷北虜之称。其禍由互市始也。

唐荊川上書曰、国初浙福広三省舶司、在浙江者、専為日本入貢、帯有貨物、許其交易。在広東者、則西洋番船之輳、許其交易、而抽分之。若福建、既不通貢、又不通船。而国初設立市舶之意、漫不可考矣。

舶之為利也、譬之礦。然封閉礦洞、駆斥礦徒。是為上策。度不能閉、則国収其利権、而自操之。是為中策。不閉不収、利孔洩漏、以資其奸萠、嘯聚其人。斯無策矣。荊川此言、洵為千古確論。近年暎夷之擾清、亦自互市起。然則鎖国而不敢通互市、是策之上者矣。

我邦天文以来、与諸番交易、我商船亦往来于諸番。雖至慶長元和之間、沿習成風。角倉与一、監司其事。我商船所至、支那、台湾、阿瑪港、呂宋、瓜哇、榜葛剌、東蒲寨、暹羅、印度諸国、往返無虚歳。

而諸番通商于我邦、則支那、呂宋、阿瑪港、及西洋伊斯把泥亜、波尓杜瓦尓、暎咭唎、和蘭諸番。其輻輳之盛、至八十余艘、象犀、珠玉、錦罽、珍玩之物、流溢于海内。而我邦金銀銅鉄百貨之輸送于海外者、不知幾億万。其害不可勝言。

朝廷有見於斯。寛永中、下令除満清和蘭之外、一切禁絶、著為甲令。可謂識卓、而慮遠矣。近世諸番来乞互市、朝廷守祖宗法度、毅然不許。実社稷生民之福、百世所宜遵奉而不易也。

⁂

西洋の諸国は、他国を取ろうとする時、必ずまずその心を取る。その心を取るためには術があって、厚い利益を与えて人を味方につけ、あやしい宗教で惑わし、さらにアヘンを用いて人をそこない、その作用で精髄が枯渇し、報復する念を無くさせる。その術は、巧妙なはかりごとを用い尽くしている。だから、他国の人にだまされて、結局、属国となった国は数えきれないほど多い。

ある友人がかつて私に語った、

「昔ポルトガルがジャワを取った時、一隻の商船が湾に入ってきて、土地の人を見て泣きつき、かつ懇願しました、『わが船の船長が病没しました。時はまさに酷暑ですから、帰って葬ることもできません。また亡骸を海に沈めるわけにもまいりません。もし、あなたの国に埋葬することができたならば、幸せのきわみでございます』と。土地の人はあわれに思って官吏に言上し、その許可を得ました。すでに埋葬し、謝礼として珍しい宝物をもらい、土地の人は大変喜びました。一年を経て、再び来訪して墓参し、土地の人に厚く物を贈りました。土地の人はますます喜び、ただ彼が来訪しないのではないかと心配するばかりでありました。

数年を経て、ある老僧を連れて来訪して言いました、

『この人は死者の弟です。もしも墓のそばに小屋を掛けて墓守をすることをお許しくださり、香火を供えましたならば、これより大きな幸せはありません』と。土地の人はまた官吏に頼んで、草庵を建てました。そうしたら、千金の財貨でもって謝意を示しました。土地の人は、非常に喜びました。

老僧は朝に夕に経典を誦読し、品行方正だったので、土地の人は彼を崇拝しました。農作物を持ってきて献上すると、そのたびごとに鄭重な礼物でもって報いました。土地の人は、彼の教えを聴くことを願いました。そこで人々を集めて教えを説きました。声がほがらかでのびのびしていて、その場にいた人々はこのために慎みかしこまり、遠い人も近い人も、草木がなびくように信じて従いました。やがて数十艘の軍艦を率い、老僧に土地の人を煽動させて、共にみやこを焼いて略奪しました。島の主は防ぐことができず、とうとう併合されました。彼らはこんなにも悪賢いのです」と。

イスパニアがルソンを取った時は、計略によって牛の皮の広さの土地をだまし取り、城郭を築造し、一挙にこれを奪った。その他、西洋諸国が土地を取り領土を拡げるやり方は、だいたいこれに似ている。

昔キリスト教がわが国に入った時は、一寺を建てて南蛮寺と称した。香を供える者が蟻がさわぐようにして集まった。織田信長は人に言った、「わしは、蛮僧の行為に、恐ろしい所があることを見て取った。およそ僧侶は、人から財貨を受けて自分のことを養っている。蛮僧はそうではない。香を供える人から贈り物があると、必ず大金でもって報いる。蛮僧が災いを加えようとする心を包みかくしているかどうか、予測することができないのだ」と。そこで、その寺を破壊して蛮僧を追放した。豊臣秀吉は九州を征伐した時、蛮僧の傲慢なさまを見て、彼らを追放しその教えを禁じた。二公の炯眼は、松明のように邪悪を照らし、物事を見抜いた。すぐれた君主と言われよう。

けれども、その教えは、もはや諸国にほしいままに広がり、高山右近、小西行長、明石全登などの輩に至っては、皆その教えを崇拝した。そして、士民は波のようにくずれ雲のように馳せつけ、ついに天草の乱を招いた。この時にあたって、追放刑や死刑に処された者は二十八万人にいたった。そうしたあとで、よこしまな種はことごとく絶え、燃え狂う炎はようやく消えた。今でも天下の大禁としているのは、これもまた末長く人民の幸いである。もし二公の排斥と天草の乱の誅戮（ちゅうりく）が無かったならば、わが国で、赤ひげで青い目の人の奴隷とならない者は、ほとんど稀だっただろう。

✻

西洋の諸番は、人の国を取らんと欲するや、必ず先ず其の心を取る。其の心を取るに術有り、厚利以て之に啗(くら)わしめ、妖教以て之を蠱(まどわ)し、而して又た阿片烟(アヘンえん)を以て之を毒し、其れをして精竭(つ)き髄枯れ、報復するの念無からしむ。其の術、機巧を極む。故に異邦の人の誑誘(きょうゆう)する所と為り、遂に属国と為る者、勝(あ)げて数うべからず。

一友人嘗て予が為に語りて曰わく、「昔、波尓杜瓦尓の爪哇(ジャワ)を取るや、商船一隻、海湾に至り、土人を見て泣き且つ請いて曰わく、『吾が甲必丹(カピタン)病みて没す。時方(まさ)に酷暑なれば、帰り葬るべからず。又た諸(これ)を海に沈むべからず。若し貴邦に瘞(うず)むることを得れば、則ち幸い甚し』と。土人惻然(そくぜん)として、以て有司に白(もう)す。允(ゆる)すを得たり。已に窆(うず)め、謝するに珍貨を以てし、土人大いに喜ぶ。明年を越え、復た至りて墓を展し、厚く之に賂(まいな)う。土人滋(ますます)喜び、惟だ其の来らざるを恐るるのみなり。

数年を踰えて一老僧を挟(さしはさ)みて至る。曰わく、『是れ、死者の弟なり。儻(も)し墓の側らに廬(いおり)するを許し、而して香火を薦(すす)むれば、幸い、焉(これ)より大いなること莫し』と。土人又た有司に請い、団蕉(だんしょう)を営みて之を置く。因って謝するに千金の貨を以てす。土人歓ぶこと甚し。

僧、朝夕梵誦(ちょうせきぼんしょう)し、操行清厳なれば、土人之を崇敬す。土宜(とぎ)を齎(もたら)して之を餽(おく)れば、輒(すなわ)ち厚幣を以て之に報ゆ。土人其の教を聴かんことを請う。乃ち吏民を会して之を説く。音吐朗暢、合坐之が為に竦動し、遠近、靡然として信従す。既にして兵艦数十艘を率い、僧をして土人を煽動せしめ、相い与に城邑を焚掠す。嶋主禦ぐ能わず、遂に并する所と為る。其の桀黠たること此くの如し」と。

伊斯把泥亜の呂宋を取るや、詭計もて牛皮の大いさの地を得、城郭を営築し、一挙にして之を奪う。其の他、西番の地を取り疆を拓くは、率ね是れに類す。

昔耶蘇教の我邦に入るや、一寺を建てて南蛮寺と曰う。香を進むる者蟻集す。織田信長人に謂いて曰わく、「吾れ蛮僧の為す所に、畏るべき者有るを観る。凡そ浮屠は人の財貨を受けて自ら養う者なり。彼は則ち然らず。香を進むる者に餽遺有れば、必ず酬ゆるに重貨を以てす。其の禍心を包蔵すること、いまだ量るべからざるなり」と。乃ち其の寺を壊して之を逐う。豊臣秀吉九州を征するや、蛮僧の倨傲なるを見て、之を逐い其の法を禁止す。二公の炯眼、炬の如く、姦慝を洞燭す。英主と謂うべし。

然れども其の教已に諸州に潭漫し、高山右近、小西摂津守、明石掃部の徒の若きは、皆焉を崇奉す。而して士民波のごとく頽れ雲のごとく赴き、卒に天草の乱を致す。是に於いて、流放竄殛、二十八万人に至る。然る後に邪種悉く絶え、狂焰始めて熸ゆ。今に至るも天下の大禁と為すは、此れも亦た万世生霊の幸いなり。嚮に二公の駆斥、天草の誅戮微かりせば、則ち吾邦、紅鬚緑眼の虜と為らざる者は、幾んど希なりしならん。

語釈 ○**甲必丹**―ヨーロッパ船の船長。 ○**機巧**―巧妙なはかりごと。 ○**誑誘**―だましてさそう。 ○**惻然**―あわれに思って心をいためるさま。 ○**珍貨**―珍しい宝物。 ○**展墓**―墓参。 ○**団蕉**―草庵。 ○**梵誦**―梵字の経典を誦読する。 ○**土宜**―その土地に適した農作物。 ○**厚幣**―鄭重な礼物。 ○**音吐朗暢**―声がほがらかでのびのびしていること。 ○**竦動**―つつしみかしこまる。 ○**靡然**―草木が風になびくように、ある勢力になびき従うさま。 ○**城邑**―みやこ。 ○**焚掠**―家を焼いて財をかすめとる。 ○**桀黠**―悪がしこいこと。 ○**詭計**―人をだまし、おとしいれようとする計略。 ○**螘集**―蟻がさわぐようにして集まる。 ○**浮屠**―僧侶。 ○**餽遺**―食物及び金品を贈る。 ○**重貨**―尊いお金。 ○**禍心**―他人に災いを加えようとする心。 ○**炬**―松明。 ○**姦慝**―邪悪。 ○**洞燭**―明るい灯火で照らすように、物事を見抜く。 ○**澶漫**―ほしいままなこと。 ○**流放竄殛**―追放刑や死刑のこと。 ○**狂焰**―燃え狂う炎。 ○**生霊**―民。 ○**駆斥**―追い立ててしりぞける。 ○**誅戮**―罪にあてて殺す。

※

西洋諸番欲取人之国、必先取其心。取其心有術、厚利以啗之、妖教以蠱之、而又以阿片烟毒之、使其精竭髄枯、無報復之念。其術極機巧。故異邦人為所誑誘、遂為属国者、不可勝数。

一友人嘗為予語曰、昔波尓杜瓦尓之取爪哇也、商船一隻至海湾、見土人泣且請曰、吾甲必丹病没。時方酷暑、不可帰葬。又不可沈諸海。若得瘞貴邦、則幸甚。土人惻然以白於有司。得允。已窆、謝以珍貨、土人大喜。越明年、復至展墓、厚賂之。土人滋喜、惟恐其不来也。

踰数年、挟一老僧而至。曰是死者弟也。儻許廬于墓側、而薦香火、幸莫大焉。土人又請于有司、営団蕉置之。因謝以千金之貨。土人歓甚。

僧朝夕梵誦、操行清厳、土人崇敬之。齎土宜餽之、輒以厚幣報之。土人請聴其教。乃会吏民説之。音吐朗暢、合坐為之竦動、遠近靡然信従。既而率兵艦数十艘、使僧煽動土人、相与焚掠城邑。嶋主不能禦、遂為所并。其桀黠如此。

伊斯把泥亜之取呂宋也、詭計得牛皮大之地、営築城郭、一挙奪之。其他西番之取地拓疆、率類是。

昔耶蘇教之入我邦、建一寺曰南蛮寺。進香者蝟集。織田信長謂人曰、吾観蛮僧所為、有可畏者。凡浮屠受人之財貨而自養者也。彼則不然。進香者有餽遺、必酬以重貨。其包蔵禍心、未可量也。乃壊其寺、逐之。豊臣秀吉征九州、見蛮僧倨傲、逐之禁止其法。二公炯眼如炬洞燭姦慝。可謂英主矣。

然其教已澶漫于諸州、若高山右近、小西摂津守、明石掃部之徒、皆崇奉焉。而士民波頽雲赴、卒致天草之乱。於是流放竄殛、至二十八万人。然後邪種悉絶、狂焔始熸。至今為天下大禁、此亦万世生霊之幸也。嚮微二公之駆斥、天草之誅戮、則吾邦不為紅鬚緑眼之虜者幾希矣。

❊

西洋諸国は通商を最も重要な務めとしている。その考えは、おおよそ、

「我々がうごめいて一つの地球にいながら、区域を分け、境を閉じ、危急の場合に救い合わず、あるものとないものとを融通し合わないのは、どうして公平・至正の道と言えようか。天が人を生み出した時に、誰が同類でないというのか。同類が親しみ合い、その余剰を用いて、その不足を補うことは、それこそ人の本性であり、そもそも天の道である。

国はいろいろに異なっているけれども、しかしながらその戴いているものはひとしく天である。風習は同じでないけれども、しかしながらその踏んでいるものはひとしく地である。言語が通じ合わないけれども、しかしながら仰ぎ見ているものはひとしく太陽や月である。以上のようだとすると、人が天と地との間に生長したということは、たとえ国が異なって風習が同じでなかったとしても、ちょうど兄弟や親戚が離れられないようなことなのである。

もしも自分の余剰を誇って、他人の不足を憐れまず、自分が楽しむことに満足して、人が苦しむことをかえりみなければ、他国と自国、外物と自己の中に私心をかくし持って、天地の公平・至仁の道に通じないことである。さて、一人の私心をかくし持って、天地の公道に通じなければ、天地はいったいこれにどう対処したらよかろうか。これが西洋の貿易の考え方である」と言う。

にわかにこれを聞くと、いかにも道理があるようである。けれども、私が見たところ、いわゆるその一面だけがわかっていても両面を知らないものなのである。そのあつものをすすっても肉を食らわないものなのである。聖賢が天下を治めた時、誰が天地万物を一体のものとしないのか。そのようであっても、勢いには達しないところがあり、恩には及ばないところがある。

こういうわけで、遠近親疎にはおのずと等級の違いがあって、乱すことができない。もしもその等級のけじめをつけず、皆平等に愛したならば、それは無差別の博愛主義者の墨子が自分の親も他人の親も全く平等に愛した結果、父をないがしろにしたことと同じである。だから、聖賢が天下を治めた時は、ある区域の中にいても、やはり親族に親しんで民に仁政を施し、民に仁政を施して天地の間に存在するものを愛した。その親疎・遠近・厚薄の間は、まさに天の理のありのままのもので、人の知恵の働きによってその等級をつけたりはしないのである。

ゆえに、中国の外では、たとえ堯舜や文帝・武帝ら聖賢であったとしても、依然として力の及ばないところがある。まして、西洋人が貿易を名目にして、その内実はわざわいを加えようとする心を包み隠し、他の国の実状を窺っているのならばなおさらである。その上異民族は性質が異なり、好悪も同じではなく、言語も通じない。我々の同類ではないので、きっと反逆する心を持っている。だから、聖賢は中華としての区別を厳しくし、決して中国の道を用いて異民族を治めなかったのである。

もしも辺境のとりでを開いて貿易を通じたならば、きっと戦端を開き、戦争し、両国の人々は、むごたらしい死に方をすることになる。貿易をして、あるものとないものとを移し、人民を愛し物を生育させる手段は、まさに殺戮・不仁のたすけとなる手段なのである。天が開け、地が開け、人と物が生じる。たとえ遠い外国や果ての島の中にいたとしても、必ず生長し養う道はあり、衣服や豆類、穀類、魚や肉のはたらきはある。ただ盛衰、肥瘦、貧富の違いがあるだけだ。もしもその分に満足せず、その地が生み出したものを楽しまず、また他の国の豊かさをうらやましがるのならば、それは天地が人を生み出した本意ではないのだ。

わが大日本に至っては、東海に独立して、外国と領土を接せず、別に一天地を形作り、その地勢は西洋諸国とはかけ離れている。だから、わが国が持っているものに満足して、異国の珍しいものをうらやまず、鎖国して関所を閉じ、清とオランダを除いた他は、二百余年間決して貿易をしなかった。もしも祖宗の法を廃し、関所を開き、客をひきいれ、外国と交易したならば、外国とわが国との感情はきっと食い違って、争乱の発端がきっと開かれる。わが国の商船が明で争ったことのようになるかもしれないのである。貿易を通じてしまえば、あの国はきっとまた妖しい教えを唱えて国内の人民を散らし乱し、測りしれないわざわいを生み出す。天草の悪い教団のことのようになるかもしれないのである。そのほか、社会の病弊が次から次と出て来て、取り除くこともできなくなり、ただ国家を壊して、戦乱がおこってしまうだけである。

さて、万物が一体の仁を行なおうとして、他国と自国の民情や体制が異なることをかえりみず、一つの方式に固執して融通がきかず、均衡の適度なところを失えば、そのあげく天下の騒乱を招くことになる。鎖国し、関所を閉じ、海外の遠くの国といききせず、他国も自国もともに満足できて、まさっていると思うのとどちらがよいか。

だから私は言う、「西洋諸国の貿易の説は、その一面だけがわかっていても両面を知らないものなのである。そのあつものをすすっても肉を食らわないものなのである」と。

※

西番は通商を以て要務と為す。其の意、蓋し謂う、「我儕蠢々(わがせいしゅんしゅん)として一地毬(ちきゅう)の内に在り、而れども区を分ち境を閉じ、緩急相い救わず、有無(ゆうむ)相い通ぜざるは、豈に大公至正(たいこうしせい)の道ならんや。天の人を生むや、孰(たれ)か同類にあらざる。同類相い親しみ、其の余り有るを以て、其の足らざるを補うは、乃ち人の情にして抑(そもそ)も天の道なり。

国、万殊(ばんしゅ)有りと雖も、而れども其の戴く所の者は、均しく是れ天なり。俗、同じからざること有りと雖も、而れども其の履(ふ)む所の者は、均しく是れ地なり。言語、相い通ぜずと雖も、而れども瞻仰(せんぎょう)する所の者は、均しく是れ日月(じつげつ)なり。然らば則ち、人の両間(りょうかん)に生ずるは、国殊(こと)なりて俗同じからずと雖も、猶お兄弟(けいてい)親戚の相い離るべからざるがごときなり。

今乃ち、己の余り有るを恃(たの)み、而して人の足らざるを恤(あわれ)まず、己の楽しむ所に安んじ、而して人の苦しむ所を顧みざれば、是れ、彼此物我の私を挟み、而して天地大公至仁の道に通ぜざる者なり。夫れ一己の私を挟み、而して天地の公道に通ぜざれば、天地其れ之を謂何せん。此れ西洋互市の意なり」と。

邇かに之を聞けば、亦た理有るに似たり。然れども予を以て之を観れば、いわゆる其の一を知り、而して其の二を知らざる者なり。其の羹を啜り、而して其の胾を食らわざる者なり。聖人の天下を治むるや、孰か天地万物を以て一体と為さざる。然り而して、勢いに能くせざる所有り、恩に及ばざる所有り。

是に於いて、遠近親疎に自ら差等有り、而して紊すべからず。苟しくも其の差等を弁ぜず、而して之を兼愛すれば、是れ墨子の父を無みするなり。故に聖人の天下を治むるや、一区域の内に在りと雖も、亦た親に親しみて民に仁にし、民に仁にして物を愛す。其の親疎遠近厚薄の間は、乃ち天理の自然にして、人の智力を以て、而して之が差等を為すにはあらざるなり。

故に九州の外、尭舜文武の聖と雖も、猶お及ぶ能わざる所有り。矧や西番の互市を以て名と為し、而して其の実は禍心を包蔵し、他邦の虚実を窺う者に於いてをや。且つ五方、性を殊にし、好悪同じからず、言語通ぜず。我が族類にあらずんば、必ず異志有り。故に聖人、華夏の弁ずるを厳にし、敢えて中国の道を以て之を治めざるなり。

今乃ち辺徼(へんきょう)を開き、互市を通ずれば、必ず争端を開き、干戈(かんか)を尋(もち)い、両国の士民、肝脳、地に塗るに至る。其の互市を通じ、有無を遷し、民を愛し物を利する所以の者、適(まさ)に殺戮不仁の資と為る所以なり。天開け地闢け、人物化生す。絶域窮島の中と雖も、必ず相い生じ相い養うの道有り、布帛菽(しゅく)粟(ぞく)魚肉の用有り。但だ豊悴肥瘠饒乏(ほうすいひせきじょうぼう)の異なる有るのみ。今乃ち其の分に安んぜず、其の地の生む所を楽しまず、而して涎(ぜん)を殊邦の豊厚に垂るれば、此れ豈に天地、人を生むの意ならんや。

吾が大日本の若(ごと)きは、東海に独立して、外邦と壌(つち)を接せず、別に一乾坤を作(な)し、其の体勢は西番と相い懸絶す。故に我の有する所に安んじ、而して殊邦の珍異を羨まず、国を鎖(とざ)し関を閉じ、満清和蘭を除くの外、敢えて貿易を通ぜざる者(こと)二百余年なり。若し祖宗の法を廃し、関を開き客を延(ひ)き、外邦と相い交易すれば、彼此(ひし)の情必ず相い牴牾(ていご)し、而して争闘の端必ず開く。吾が商船の前明(みん)に於けるが若きは、いまだ知るべからざるなり。互市既に通ずれば、彼必ず復た妖教(ようきょう)を倡(とな)えて、以て海内の民を爚乱(やくらん)し、不測の患(うれ)いを生む。天草教匪(きょうひ)の事の若きは、亦たいまだ知るべからざるなり。其の他、病痛百出して救薬(きゅうやく)すべからず、適(た)だ以て国家を壊し、而して禍乱生ずるに足るのみ。

夫れ万物一体の仁を行わんと欲し、而して彼此の人情事勢の殊なるを顧みず、柱に膠(にかわ)して瑟(しつ)を鼓し、権衡(けんこう)の宜しきを失わば、竟に天下の騒擾を致さん。国を鎖し関を閉じ、海外の絶国と相い通ぜず、彼此倶に其の之に安んずるを得て愈(まさ)れりと為すに孰若(いずれ)ぞや。

予故に曰う、「西番互市の説は、其の一を知り、而して其の二を知らざる者なり。其の羹を啜り、而して其の胾を食らわざる者なり」と。

語釈 ○**蠢々**―とるに足らないもののうごめくさま。 ○**地毬**―地球。 ○**大公**―利己的な心がなく、公平で正しいこと。 ○**至仁**―非常に恵み深い。 ○**万殊**―いろいろに異なっていること。 ○**瞻仰**―あおぎ見る。 ○**両間**―天と地との間。 ○**物我**―外物と自己。 ○**一己**―自分一人。 ○**胾**―大きく截った肉片。 ○**孰か天地万物を……**―王陽明『伝習録』中巻に、「天地万物を以て一体と為す」とある。 ○**親疎**―親しいことと疎遠なこと。 ○**差等**―等級の違い。 ○**兼愛**―自他・親疎の区別なく、平等に人を愛する。墨子が唱えた。『孟子』「滕文公章句下」に、「墨氏は兼愛す、是れ父を無みするなり」とある。 ○**九州**―中国全土。 ○**五方**―五つの方角。中央と東・西・南・北。中国及び周囲の異民族。 ○**族類**―同類の者。 ○**異志**―反逆する心。 ○**華夏**―中国人が自国を誇って言う言葉。 ○**辺徼**―辺境のとりで。 ○**肝脳地に塗る**―顔や腹が断ち割られ、脳や肝が泥まみれになる。非常にむごたらしい死に方をすることのたとえ。『史記』「劉敬伝」から。 ○**物を利す**―万物を利する。物の生育を遂げさせ、宜しきを得させる。 ○**化生**―忽然として生まれる。 ○**絶域**―遠く離れた土地。 ○**窮島**―遠い果ての島。 ○**菽粟**―豆類と穀類。 ○**豊悴**―盛んなことと衰えること。 ○**肥瘠**―肥えていることと瘠せていること。 ○**饒乏**―豊かなことと乏しいこと。 ○**涎を垂る**―ある物を手に入れたいと熱望する。○懸絶―かけ離れている。○牴牾―くいちがう。○爚乱―散らし乱す。○教匪―悪い教団。○病痛―病や痛み。○救薬―社会の病弊をとりのぞく。○柱に膠して瑟を鼓す―『史記』「藺相如伝」による。琴柱を膠で固定して瑟を弾く。一つの方式に固執して、まったく融通がきかない。○権衡―はかりのおもりとさお。

❊

西番以通商為要務。其意蓋謂、我儕蠢々在一地毬内、而分区閉境緩急不相救、有無不相通、豈大公至正之道也哉。天之生人、孰非同類。同類相親、以其有余、補其不足、乃人之情、抑天之道也。国雖有万殊、而其所戴者、均是天也。俗雖有不同、而其所履者、均是地也。言語雖不相通、而所瞻仰者、均是日月也。然則人之生于両間、雖国殊俗不同、猶兄弟親戚之不可相離也。今乃恃己之有余、而不恤人之不足、安己之所楽、而不顧人之所苦、是挟彼此物我之私、而不通于天地大公至仁之道者也。夫挟一己之私、而不通于天地之公道、天地其謂之何。此西洋互市之意也。

遽聞之、似亦有理。然以予観之、所謂知其一、而不知其二者也。啜其羹、而不食其胾者也。聖人之治天下、孰不以天地万物為一体。然而勢有所不能、恩有所不及。

於是遠近親疎、自有差等、而不可紊。苟不弁其差等、而兼愛之、是墨子之無父也。故聖人治天下、雖在一区域之内、亦親親而仁民、仁民而愛物。其親疎遠近厚薄之間、乃天理之自然、非以人之智力而為之差等也。

故九州之外、雖尭舜文武之聖、猶有所不能及。矧於西番以互市為名、而其実包蔵禍心、窺他邦之虚実者乎。且五方殊性、好悪不同、言語不通。非我族類、必有異志。故聖人厳華夏之弁、不敢以中国之道治之也。

今乃開辺徼、通互市、必至開争端、尋干戈、両国士民肝脳塗地。其所以通互市、遷有無、愛民利物者、適所以為殺戮不仁之資也。天開地闢、人物化生。雖絶域窮島之中、必有相生相養之道焉、有布帛菽粟魚肉之用焉。但有豊悴肥瘠饒乏之異耳。今乃不安其分、不楽其地之所生、而垂涎於殊邦之豊厚、此豈天地生人之意也哉。

若吾大日本、独立東海、不与外邦接壌、別作一乾坤、其体勢与西番相懸絶。故安於我之所有、而不羨殊邦之珍異、鎖国閉関、除満清和蘭之外、不敢通貿易者二百余年矣。若廃祖宗之法、開関延客、与外邦相交易、彼此之情必相牴牾、而争闘之端必開。若吾商船之於前明、未可知也。互市既通、彼必復倡妖教、以惀乱海内之民、生不測之患。若天草教匪之事、亦未可知也。其他病痛百出、不可救薬、適足以壊国家而生禍乱矣。

夫欲行万物一体之仁、而不顧彼此人情事勢之殊、膠柱鼓瑟、権衡失宜、竟致天下之騒擾。孰若鎖国閉関、与海外絶国不相通、彼此倶得其安之為愈乎哉。

予故曰、西番互市之説、知其一、而不知其二者也。啜其羹、而不食其胾者也。

※

天地は人に対しては、天が人を愛することこの上なく、天が人をあわれむことも深い。だから、天が開け地が開け、草木やさまざまな穀物が生じ、鳥やけものや魚が殖えた。およそ親に孝養を尽くすためのしたくがすべて備わったあとで、人がようやく生じた。邵雍(しょうよう)が言うところの「天は子(ね)に開け、地は丑(うし)に開け、人は寅(とら)に生じた」は、つまりこの道理である。

だから、温帯の肥沃豊饒の地は、人を生み出したのがもっとも早く、もっとも多く、その他はこれに次ぐ。それが久しく続いて、遠い国やさいはての島、灼熱寒冷の地にもまた次第に人が生じた。生じたときには、日用のあらゆる物品が必ず備わっている。その物産に貧富や美醜の違いはあるけれども、はじめから親に孝養を尽くすためのしたくがないことはないのである。極寒極熱の、五穀やさまざまな財物が生じない地について言えば、人もまた生じない。天地の本性もまた見るべきである。

以上のようだとすると、人が各国に生まれ、みな安らかに暮らすことができ、己の分限を守り、遠くのものを宝としなければ、たとえ遠く離れた地域やさいはての島にいたとしても、またおのずと親に孝養を尽くすことになる。どうして、必ずしも、あるものとないものとを万里の外に行き来させることによって、暮らさねばならないのか。およそあるものとないものとを行き来させることは、一つの区域の中では、もとより無くすべきではない。万里の雲や大波を隔てて、参星(しんせい)と商星を空のはてで分けへだてるような遠い所ともなると、国柄や常識が異なり、言語が通じず、人情や気風が同じでない。たとえ貿易の利益があったとしても、また騒乱をまねきよせる。各々その土地が生み出すものに満足するには及ばないのである。

　このことから察するに、世の海外で貿易する者は、己の分限に満足せず、利を求めるばかりである。天が与えたものを楽しまず、あつものを貪るばかりである。そのために、聖人が礼を定めるにあたり、山に住む者は、魚を用いることを礼とせず、川辺に住む者は、鹿を用いることを礼としなかった。各々その土地に満足し、そのなりわいを楽しみ、得にくい財貨を貴ばず、無用のものによって有用のものをさまたげなかった。だから、気風が重厚になり、政治や文教が治まった。

　今、西洋諸国は、珍しい宝物や玩弄物などの無用のもとでで、銅や鉄やさまざまな貨、有用の財に換えている。これは、自分の毛髪を抜いて、他人の骨髄をとりだすことである。それは自らが行う手段としては良い。それは他人のためにする手段としては、私は理解できない。けれども、まったく通商をしなければ、あの国はきっと言うだろう、「あるものとないものとを融通し合わないことは、天の道にそむくことである」と。ああ、天道はいったいこのようなものなのか。

❊

天地の人に於けるや、其の之を愛するや至れり、其の之を憂うるや深し。故に天開け地闢け、草木百穀生じ、禽獣魚鼈殖ゆ。凡そ生を養い死を送るの具悉く備わりて、而る後に人始めて生ず。邵子の謂う所の「天は子に開け、地は丑に闢け、人は寅に生ず」は、即ち此の理なり。

故に正帯膏腴豊饒の地は、其の人を生むこと最も先にして最も稠く、其の余は則ち之に次ぐ。其の久しきに及ぶや、絶国窮島炎熱冱寒の地も亦た寖く生ず。生ずれば、則ち日用百需の物必ず備わる。其の物産に饒乏美悪の殊なる有り、而れどもいまだ始めより生を養い死を送るの具無くんばあらざるなり。若し夫れ極寒極熱、五穀百貨の生ぜざる所の地は、則ち人も亦た生ぜず。天地の情も亦た見るべし。

然らば則ち、人、各国に産し、皆能く其の生を安んじ、其の分を守り、遠物を以て宝と為さずんば、則ち絶域窮島と雖も、亦た自ら以て生を養い死を送る。何ぞ必ずしも有無を万里の外に通ずるを以て為さんや。凡そ有無を通ずるは、一区域の中に固より無かるべからざるなり。万里の雲濤を隔て、参商を天末に分つに至っては、則ち国殊なり俗異なり、言語通ぜず、人情風俗同じからず。貿易の利有りと雖も、亦た騒乱を致す。各ゝ其の土の生む所に安んずるに如かざるなり。

是れに由りて之を観れば、世の海外に互市する者は、己の分に安んぜず、利を求むるのみ。天の賦する所を楽しまず、羹を貪るのみ。是の故に、聖人の礼を制するや、山に居る者は、魚鼈を以て礼と為さず、川沢に居る者は、麋鹿を以て礼と為さず。各、其の土に安んじ、其の業を楽しみ、得難きの貨を貴ばず、無用を以て有用を害せず。故に風俗醇として政教治まる。
今西番は奇貨珍翫無用の資を以て、銅鉄百貨有用の財に易う。是れ己の毛髪を抜き、而して人の骨髄を掐るなり。其の自ら為す所以は、則ち善なり。其の人の為にする所以は、則ち吾知らざるなり。然れども絶えて市わざれば、彼将に曰わんとす、「有無相い通ぜざるは、天道と悖戻す」と。嗚呼、天道は果して是くの如きか。

語釈 ○**生を養い死を送る**―生前よく親を養い、亡くなった後は手厚く葬る。○**邵子**―邵雍。北宋時代の哲学者、詩人。○**天、子に開け…**―『朱子語類』「論語」「衛霊公篇」「顔淵問為邦章」に、「康節説く、『天、子に開け、地、丑に闢け、人、寅に生ず』と」とある。○**正帯**―温帯。○**膏腴**―地味が肥えていること。○**絶国**―遠く離れた国。○**窮島**―遠いはての島。○**冱寒**―寒くて物がちぢこまる。○**饒乏**―豊かなことと乏しいこと。○**美悪**―美醜。○**参商**―参星（オリオン座の三つ星）と商星（アンタレスを含む三つ星）。二星は東西に相背いて出て、同時に相見ることがない。別後久しく相会わぬことにたとえる。○**天末**―空のはて。○**山に居る者は…**―『礼記』「礼器」に、「山に居りて魚鼈を以て礼と為し、沢に居りて鹿豕を以て礼と為さば、君子は之を礼を知らずと謂う」とある。
○**麋鹿**―大鹿と鹿。○**奇貨**―珍しい品物。○**珍翫**―珍しい玩弄物。○**悖戻**―そむく。

天地之於人、其愛之也至、其憂之也深。故天開地闢、草木百穀生焉、禽獣魚鼈殖焉。凡養生送死之具悉備、而後人始生焉。邵子所謂、天開於子、地闢於丑、人生於寅、即此理也。

※

故正帯膏腴豊饒之地、其生人最先最稠、其余則次之。及其久也、絶国窮島炎熱沍寒之地、亦寖生焉。生則日用百需之物必備焉。其物産有饒乏美悪之殊、而未始無養生送死之具也。若夫極寒極熱五穀百貨所不生之地、則人亦不生焉。天地之情亦可見矣。

然則人産于各国、皆能安其生守其分、不以遠物為宝、則雖絶域窮島、亦自以養生送死。何必以通有無於万里之外為乎哉。凡通有無、一区域之中固不可無也。至于隔万里之雲濤、分参商於天末、則国殊俗異、言語不通、人情風俗不同。雖有貿易之利、亦致騒乱。不如各安其土之所生也。

由是観之、世之互市於海外者、不安己之分也、求利焉爾矣。不楽天之所賦也、貪羨焉爾矣。是故聖人之制礼也、居山者、不以魚鼈為礼、居川沢者、不以麋鹿為礼。各安其土、楽其業、不貴難得之貨、不以無用害有用。故風俗醇、而政教治矣。

今西番以奇貨珍翫無用之資、易銅鉄百貨有用之財。是抜己之毛髪、而掐人之骨髄。其所以自為、則善矣。其所以為人、則吾不知也。然絶而不市、彼将曰、有無不相通、与天道悖戻。嗚呼天道果如是乎哉。

交易の利益はおよそ大きいのである。だから、ヨーロッパ人はこれを最も重要な務めとしている。そして世界の国々は、巧みに手なずけられ操られることを免れることができないのである。

＊

『東西洋考』に言う、

「穆宗（ぼくそう）（明）の時に、海外貿易の禁令を除いた。それで中国や周辺の国の商人たちは、活気あふれる水郷で美しく飾った船を造り、市を東洋と西洋とにわけた。珍奇な物をそろえて載せたので、珍しい物は述べるまでもなく、また交易する金銭は、毎年およそ数十万金にのぼった。官民ともに頼りにしたのは、わずかに天子の蔵だけであった。

万暦三年（一五七五）、東洋と西洋の船の水上輸送に課す税金等の規則、船の深さが一丈六尺以上のものは、一尺ごとに銀三両を課税し、一船みな八十五両とする。陸上輸送の貨物の税金の規則、胡椒百斤（約六〇kg）ごとに銀二銭五分を課税する」と。

『明史』に言う、

「フランスで内乱が起こった。それで交易が絶たれたので、財貨の到るものが少なくなり、フランスが交易することの是非を評論する者が出た。給事中の王希文があくまで論陣をはり、そこで法令を制定し、諸国の朝貢は、いつでも勘合の割符が合わなかった者は、すべて禁止とした。このため外国船はほとんど来なくなった。

地方長官の林富(りんぷ)が言上した、『広東・広西地方の官民のもろもろの費用は、通商の税を大きく助けています。もし、外国船が来ないならば、官民は皆苦しみます。今、フランスの貿易を許可することには、四つの利があります。

祖宗の時代、諸国の常の朝貢の他に、もと「抽分の法」がありました。少しばかり財貨の余りを抜き取って、防御の費用に供することができるというのが、利の一です。

広東・広西は毎年戦争をしたので、倉庫の蓄えがなくなりました。貿易に課税して兵糧にあてることで、不慮の事態に備えるというのが、利の二です。

広西はまえまえから広東に補給を仰いでおり、わずかにでも財貨の徴発があれば、すぐに行き詰まります。もしも外国船が通行するならば、上も下も誰もが救われるというのが、利の三です。

庶民は交易によって生計を立てます。一銭のもとでを持てば、回転して売りさばくことができて、その中で生活するというのが、利の四です。

国を助け民を豊かにするため、両方ともに頼るところがあるのは、民の利益にもとづいて、民を利用するということであり、利益を得る道を開いて、民にわざわいをひきこむものではありません』と。

官の議論もこの意見に従った。この時から、フランスはマカオに入って商うことができるようになり、その連中はさらに境を越えて福建省で商売し、往来が絶えなかった。マカオで商う者は、とうとう居館を造り城を建て、海辺に拠って威力を張るに至り、一国のようなさまであった」と。

また言う、「和寇の変があった時から、海禁が非常に厳しくなり、官も民も利益を失い、金銭や資材が欠乏した。この時にあたって、もろもろの家臣たちは、再び海禁を緩和して、交易することを求めた」と。

これに拠れば、明の人は交易の利益に課税して国家の費用に給し、官民ともに救われたことがあったのだ。その利がどうして大きくないであろうか。

けれども、東は福建省と浙江省の数千里で、わが国の辺境の民に踏みにじられ、すべて荒れ果てた。南は広東省中山県が西洋人に占拠された。マテオ・リッチ、パントーハ、アレトニーのような連中が国内にみだりに入り、妖しい教えを唱え、士民をまどわした。得るものによって失うものを償わず、害もまた大きいのである。

清の人は、明の陋習に従って、東洋と西洋とを行き来し、銅材や銅銭は国家の費用に充て、象牙・犀角・珠玉・翡翠・美しい玉・珍玩の物に、上の者も下の者も頼った。その貿易で得た利益は少なくなかった。

乍浦（さほ）はもとは海辺の小集落であった。海禁を緩和して貿易するようになってから、波止場が置かれ、商館が建ち並び、西洋の船が集まってきてこみあい、にわかに繁華の区域となった。朱彝尊の詩に言う、「乍浦は海岸にせまり／ぽつんと遠く離れたまちは甕よりも小さい／住民は八、九戸／わずかに飢えと寒さをしのぐばかり／ちかごろ海禁を緩和したら／僻地に、かまびすしい声が満ちている」と。また、その一端を見ることができる。

けれども、ついにアヘン戦争を招き、広東・浙江はすべて暴虐を受けた。交易の利益は大きいけれども、しかしながら、その害はかくも深くかつ大きい。前の人の失敗はまだ遠い昔のことではなく、恐れないわけにはいかない。

※

交易の利は、蓋し亦た鉅いなり。故に欧羅巴人は、此れを以て要務と為す。而して万国は其の籠絡を免るること能わざるなり。

『東西洋考』に云う、「穆宗の時、夷に販ぐの律を除く。是に于いて、五方の賈、熙熙たる水国にて艅艎を刳り、市を東西の路に分つ。其れ珍奇なるを梱載し、故に異物は述ぶるに足らず、而して貿う所の金銭、歳ごとに無慮数十万なり。公私並びに頼るは其れ殆ど天子の南庫なり。

万暦三年、東西洋船の水餉等規則、船の深さ一丈六尺以上は尺毎に銀三両を抽税し、一船該く八十五両なり。陸餉貨物の抽税則、胡椒、百斤毎に銀二銭五分を抽税す」と。

『明史』に云う、「仏郎機、内地を擾乱す。因って交易を絶てば、貨至る者寡く、仏郎機の市を通ずるを議する者有り。給事中王希文力争し、乃ち令を定め、諸番の貢、時を以てせず勘合差失に及ぶ者は、悉く禁止を行う。是れに由りて番船幾んど絶ゆ。

巡撫林富上言す、『粤中の公私諸費、多く商税を資く。番舶至らざれば、則ち公私皆窘しむ。今、仏郎機の互市を許すに四利有り。

祖宗の時、諸番常貢の外、原と抽分の法有り。稍其の餘りを取りて禦用に供するに足るは、利の一なり。

両粤比歳兵を用うれば庫蔵耗竭す。籍して軍餉に充つるを以て、不虞に備うるは、利の二なり。

粤西素より給を粤東に仰ぎ、小しく徴発有れば、即ち措弁前まず。若し番舶流通すれば、則ち上下交済わるるは、利の三なり。

小民、懋遷を以て生と為す。一銭の資を持たば、即ち展転販易するを得て、其の中に衣食するは、利の四なり。

国を助け民を裕かにするに、両つながら頼る所有るは、此れ民の利に因りて之を利とするも、利孔を開きて、民の為に禍を梯するにあらざるなり』と。

部議又た之に従う。是れより、仏郎機、香山澳に入りて市を為すことを得、而して其の徒又た境を越えて福建に商い、往来すること絶えず。其の香山澳に市う者、遂に室を築き城を建て、海畔に雄踞するに至ること一国の若く然り」と。

又た云う、「倭寇の変有りしより、海禁甚だ厳しく、公私、利を失い、財用困竭す。是に於いて諸臣復た海禁を弛め市易を通ぜんことを乞う」と。

此れに拠れば、則ち明人交易の利に籍して、以て国用に給し、公私倶に済わるる有り。其の利、豈に鉅いならざらんや。

然れども東は則ち閩浙数千里、我辺民の躪藉する所と為り、悉く墟莽と為る。南は則ち香山、西番の占拠する所と為る。李瑪竇、龐迪我、艾儒略の徒、内地に闌入し、妖教を倡え、士民を熒惑す。獲る所、喪う所を償わず、害も亦た鉅いなり。

清人は前明の陋習に沿い、東西の二洋に通じ、銅筋制銭、国用に足り、象犀・珠玉・翡翠・琳瑯・珍玩の物、上下是れ頼る。其の交易の利を得ること浅きにあらざるなり。

乍浦旧と海浜の小聚落と為す。海禁を弛めて貿易を通ぜしより以来、馬頭を置き、商館を列ね、洋船輻湊し、頓かに繁麗の区と成る。

朱彝尊に詩有りて云う、「乍浦瀛壖に逼り／孤城甕よりも小さし／居民八九家／僅かに飢凍を逭るるに足る／迩来海禁を弛め／僻地乃ち喧闐たり」と。亦た其の一斑を見るべし。

然れども終に㖡夷の変を致し、広東・浙江悉く荼毒(とどく)に罹る。交易の利鉅いなりと雖も、而れども其の害の深くして且つ大いなること此くの如し。前轍(ぜんてつ)いまだ遠からず、懼(おそ)れざるべけんや。

語釈 ○**東西洋考**―明代の文人張燮(ちょうしょう)の著作、一六一七年刊。○**穆宗**―明の隆慶帝。疲弊する国庫を建て直すため、海外貿易を開放した。○**五方**―中国と異民族の国。○**賈**―商人。○**煕煕**―隆盛。○**水国**―湖または河などの多い土地。○**艅艎**―美しく飾った船。○**梱載**―そろえて載せる。○**異物**―珍しい物。○**天子の南庫**―南方にある天子の庫。○**水餉**―水上輸送に課す税金。○**抽税**―税金を取る。○**陸餉**―陸上輸送に課す税金。○**明史**―『明史』「列伝」「外国六」。○**擾乱**―ユグノー戦争。一五六二年より九八年にかけて、フランスに起こったカトリック派とプロテスタント派の武力抗争。○**給事中**―明・清代は天子をいさめる官。○**王希文**―未詳。○**力争**―あくまで論陣をはる。○**勘合**―明代、正式の使船の証として外国に与えた割符。○**差失**―まちがい。○**巡撫**―明・清の地方長官。○林富―明の人。南京大理事評事、後、広東広西右布政(ゆうふせい)となり、兵を両広に督してしばしば冦賊を平らげた。後、兵部右侍郎(へいぶゆうじろう)・右僉都御史(ゆうせんとぎょし)。○**上言**―上に申し上げる。○**粤**―広東・広西等の地。○**祖宗**―始祖と中興の主。○**抽分**―商品に対する一種の税。商品を抜き取って上納するもの。○**両粤**―広東・広西。○**比歳**―毎年。○**庫蔵**―倉庫。○**籍す**―課税する。○**耗竭**―減り尽きる。○**軍餉**―軍隊の糧食。○**不虞**―思いがけないこと。○**粤西**―広西。○**粤東**―広東。○**措弁**―物事をうまく取りはからい、処置すること。○小民—庶民。○懋遷—交易を勉め励む。○展転—ころがる。○販易—商う。○利孔—利益を得る道。○雄踞—その処に拠って威力を張る。○倭冦—元末明初、中国朝鮮沿海で略奪した日本の海賊。○海禁—中国政府が自国沿岸の航海、船舶製造の制限、港湾出入の取締、及び積載の荷物に対する制限を規定したもの。○困竭—貧しいさま。○市易—交易。○国用—国家の費用。○閩浙—福建省と浙江省。○躪藉—踏みにじる。○墟莽—叢中の古い城跡。○香山—広東省中山県。○李瑪竇—マテオ・リッチ。イタリアのイエズス会宣教師。明末、布教し、徐光啓ら多くの知識人を改宗させた。○龐迪我—パントーハ。スペインのイエズス会宣教師。○艾儒略—アレトニー。イタリアのイエズス会宣教師。○闌入—妄りに入る。○熒惑—人心を眩惑する。○銅筋—銅材。○制銭—官局で鋳造した銅銭。○琳瑯—美しい玉。○馬頭—波止場。○輻湊—方々からいろいろな物が一か所に集まること。○朱彝尊—清初の学者、詩人。『明史』編纂。○乍浦—浙江省平湖県の東南。貿易港。アヘン戦争の激戦地。同地の沈筠編『乍浦集詠』(一八四六)は刊行の年に日本にもたらされ戦禍を伝えた。『艮斎詩鈔』に「乍浦集詠云、劉心葭女殉節」とあるので、艮斎も読んでいた。○孤城—遠く離れてただ一つ存在する町。○瀛壖—海岸。○迩来—近来。○喧闐—かまびすしい声が満ちる。○一斑—物の一部分。○荼毒—暴虐。○前轍—前の人の失敗。

交易之利、蓋亦鉅矣。故欧羅巴人以此為要務。而万国不能免其籠絡也。

※

東西洋考云、穆宗時除販夷之律。于是五方之賈、熙熙水国、刳艅艎、分市東西路。其捆載珍奇、故異物不足述、而所貿金銭、歳無慮数十万。公私並頼、其殆天子之南庫也。

万暦三年、東西洋船水餉等規則、船深一丈六尺以上、毎尺抽税銀三両、一船該八十五両。陸餉貨物抽税則、胡椒毎百斤抽税銀二銭五分。

明史云、仏郎機擾乱内地。因絶交易、貨至者寡、有議仏郎機通市者。給事中王希文力争、乃定令、諸番貢不以時及勘合差失者、悉行禁止。由是番船幾絶。

巡撫林富上言、粤中公私諸費、多資商税。番舶不至、則公私皆窘。今許仏郎機互市有四利焉。

祖宗時諸番常貢外、原有抽分之法。稍取其餘、足供禦用、利一。

両粤比歳用兵、庫蔵耗竭。籍以充軍餉、備不虞、利二。

粤西素仰給粤東、小有徴発、即措弁不前。若番舶流通、則上下交済、利三。

小民以懋遷為生。持一銭之資、即得展転販易、衣食其中、利四。

助国裕民、両有所頼、此因民之利而利之、非開利孔為民梯禍也。

部議又従之。自是仏郎機得入香山澳為市、而其徒又越境商於福建、往来不絶。其市香山澳者、遂至築室建城、雄踞海畔、若一国然。

又云、自有倭寇之変、海禁甚厳、公私失利、財用困竭。於是諸臣乞復弛海禁通市易。

拠此則明人籍交易之利、以給国用、公私倶有済。其利豈不鉅乎。

然東則閩浙数千里、為我辺民所躪藉、悉為墟莽。南則香山為西番所占拠。李瑪竇龐迪我艾儒略之徒、闌入内地、倡妖教、熒惑士民。所獲不償所喪、害亦鉅矣。

清人沿前明之陋習、通東西二洋、銅筋制銭足于国用、象犀珠玉翡翠琳瑯珍玩之物、上下是頼。其得交易之利匪浅也。

乍浦旧為海浜小聚落。自弛海禁通貿易以来、置馬頭、列商館、洋船輻湊、頓成繁麗之区。

朱彝尊有詩云、乍浦逼瀛壖、孤城小於甕、居民八九家、僅足逭飢凍、迩来弛海禁、僻地乃喧闐。亦可見其一斑矣。

然終致嘆夷之変、広東浙江悉罹荼毒。交易之利雖鉅、而其害之深且大如此。前轍未遠、可不懼邪。

※

中国船は古くからわが国に来て通商している。周防国の大内氏が代々その利に課税して富強になったのは、そのとりわけ顕著な例である。明末に及んで、戦乱を避けて帰化する者が実に多く、九州の港はおおかた貿易の場となった。

元和二年（一六一六）、長崎を売買の監督所とすることを定め、その他の港は貿易を禁じた。寛永十二年（一六三五）、貿易は一律に禁止し、許した国はわずかに清とオランダだけであった。

長崎は、もとは大村氏の領地であった。元亀二年（一五七一）、大村純忠は長崎で六つの町を設け、異国船が貿易するところとした。天正十五年（一五八七）、豊臣秀吉が西国へ征し、長崎を検分して、外国人が妖しい教えを行なっていることを憤り、宣教師や教徒たちを追い払った。依然として貿易を許可し、藤堂高虎に法制を定めさせた。こうして長崎は豊臣氏の直轄領となった。文禄元年（一五九二）、はじめて長崎奉行所を設置し、寺沢志摩守広高を奉行に任じた。その後、再び大村氏の領地となった。

慶長十五年（一六一〇）、幕府は長崎を収公し、大村氏には、それとは別に海辺の領地を与えた。徳川家康は、かつて本多正純と長谷川藤広に命じて、手紙を福建省総督陳子貞に送り、商船に勘合符を持って行かせて親交を結ばせた。その手紙こそ、かの林羅山先生が書いたのである。子貞が返答しなかったのは、おそらくわが国を恐れたのである。

清の藍鼎元「南洋の事情を論ずる文」に、「世界の国々をひっくるめてはかるに、ただ紅毛・西洋・日本の三者を考えればよいのである」と言う。

姜宸英「日本貢使入寇始末」に言う、「もし朝貢が絶えたならば、日本の商船は来なくなる。日本の商船が来なくなれば、わが国内で徒党を組んで悪事を働く連中が、日本をたのみにして重きをなすことができなくなる。そうなれば、たとえ高大な船が群がり集まって続々と行ったとしても、その絹・書画・宝物の類をもちいて、往復して利をあさるにすぎない。わが国ではもとより損をしない。まして、貿易の取引所を設けて、その税を徴収し、国家の費用に補塡するならば、さらに大変利があることではないか」と。

これらの言によれば、清は明のわざわいに懲りて、わが国と親交しようとせず、わずかに商船を往復、貿易させて、国家の費用を補っただけだったのだ。

※

唐船（とうはく）の我に通商するは旧（ふる）し。周防の大内氏、奕世（えきせい）其の利に籍して、以て富強を致すは、此れ其の尤も彰著（しょうちょ）なる者なり。前明（ぜんみん）の季（すえ）に迄（およ）びて、乱を避けて帰化する者寔（まこと）に繁（しげ）く、九州の港嶴（こうおう）、大抵互市の場なり。

元和二年、長崎を以て搉場（かくじょう）と為すを定め、其の他の港、互市を禁ず。寛永十二年、互市一切禁止し、許す所の者は、惟だ清と和蘭（オランダ）のみ。

長崎は本（も）と大村氏の封境（ほうきょう）と為す。元亀二年、民部少輔純忠（みんぶのしょうすみただ）は長崎に於いて六街（りくがい）を設け、蛮船貿販の所と為す。天正十五年、豊臣秀吉西征し、長崎を検査して、蛮人の妖教を行うを憤り、教僧・伴天連（バテレン）

等を逐う。猶お互市を許し、藤堂高虎をして法制を定めしむ。是れに由りて長崎は豊臣氏の下邑と為る。文禄元年、始めて鎮台を置き、寺沢志摩守広高を以て之に任ず。其の後、復た大村氏の封内と為る。

慶長十五年、幕廷之を収め、別に地を海浜に賜う。烈祖嘗て本多正純・長谷川藤広に命じて、書を福建総督陳子貞に遣り、商船をして勘合符を齎らして、好を修めしむ。其の書は乃ち林羅山先生の作る所なり。子貞の報ぜざるは、蓋し我を畏るるなり。

清の藍鼎元の「南洋の事宜を論ずるの書」に曰わく、「天下の海島諸番を統計するに、惟だ紅毛・西洋・日本の三者、慮るべきのみ」と。

姜宸英の「日本貢使入寇始末」に曰わく、「貢端絶ゆれば、則ち日本の販舶至らず。日本の販舶至らざれば、則ち我が内地に勾引接済するの姦、倭を挟みて以て重きを為すこと能わず。此くの如ければ、高檣大桅、群聚して輩往する者有りと雖も、其の糸素・書画・什物の類を将いて、以て往返して利を漁るに過ぎざるのみ。我国に於いて固より損ずる無きなり。況んや、之が市評を設けて、以て其の税を収取し、其れ国用に裨う有れば、又た甚だ利有る者ならんをや」と。

此れに拠れば、則ち清は前明の禍に懲り、而して我邦と相い親しまんと欲せず、惟だ商船をして往返互市せしめて、以て国用を裨うのみ。

語釈 ○**大内氏**―中世の西中国地方の雄族。 ○**奕世**―世を重ねること。 ○**彰著**―顕著。 ○**港嶴**―港。 ○**搉場**―売買を監督するところ。 ○**封境**―領地のうち。 ○**民部少輔純忠**―大村純忠。戦国時代の武将、最初のキリシタン大名。天正二年（一五七四）、イエズス会司祭コエリョの要請で領民を強制的にキリシタンに改宗させ、社寺を破壊した。同八年、長崎と茂木の両港をイエズス会に寄進し、長崎は教会領となって布教の中心地となった。 ○**貿販**―品物を交換して商いする。 ○**藤堂高虎**―津藩初代藩主。 ○**下邑**―辺地にある県。 ○**鎮台**―一地方を鎮め守る奉行所。 ○**寺沢志摩守広高**―唐津藩初代藩主。 ○**烈祖**―徳川家康。 ○**本多正純**―家康の側近。 ○**長谷川藤広**―長崎奉行。幕府の対外政策やキリシタン禁制に関与し、辣腕を振るった。 ○**陳子貞**―福建の地方長官。 ○**藍鼎元**―清の人。地方官。詩文に長じ、政治に通達す。藍廷珍（らんていちん）（従兄）をたすけて朱一貴（しゅいっき）（台湾の独立を達成）を台湾に討ち、『平台紀略』を著す。 ○**姜宸英**―清の人。詩文に長じ、書法に通じて、朱彝尊・厳縄孫（げんじょうそん）と共に江南の三布衣と称せられた。 ○**貢使**―貢ぎ物を持って訪れる使節。 ○**販船**―商船。 ○**勾引**―仲間にひっぱりこむ。 ○**接済**―なれ合い、助ける。 ○**高檣**―高い帆柱。 ○**大桅**―大きな帆柱。 ○**糸素**―絹。 ○**什物**―秘蔵の宝物。 ○**往返**―往復。 ○**市評**―取引所。 ○**収取**―徴収する。

※

唐船之通商于我旧矣。周防大内氏、奕世籍其利、以致富強、此其尤彰著者。迄前明之季、避乱帰化者寔繁、九州港大抵互市場。

元和二年、定以長崎為搉場、其他港禁互市。寛永十二年、互市一切禁止、所許者、惟清与和蘭耳。長崎本為大村氏封境。元亀二年、民部少輔純忠於長崎設六街、為蛮船貿販之所。天正十五年、豊臣秀吉西征、検査長崎、憤蛮人行妖教、逐教僧伴天連等。猶許互市、令藤堂高虎定法制。由是長崎為豊臣氏下邑。文禄元年、始置鎮台、以寺沢志摩守広高任之。其後復為大村氏封内。

慶長十五年、幕廷収之、別賜地於海浜。烈祖嘗命本多正純、長谷川藤広、遣書福建総督陳子貞、使商船齎勘合符修好。其書乃林羅山先生所作。子貞不報、蓋畏我也。

清藍鼎元論南洋事宜書曰、統計天下海島諸番、惟紅毛西洋日本三者可慮耳。姜宸英日本貢使入寇始末曰、貢端絶、則日本之販船不至。日本之販船不至、則我内地勾引接済之姦、不能挾倭以為重。如此、雖有高檣大桅群聚而輩往者、不過将其糸素書画什物之類、以往返漁利而已。於我国固無損也。況設之市評、以収取其税、其有裨於国用、又有甚利者哉。

拠此則清懲前明之禍、而不欲与我邦相親、惟使商船往返互市以裨国用耳。

❊

オランダがわが国に行き来するのは、およそ元亀元年（一五七〇）に始まった。オランダが江戸に朝貢するのは、慶長五年（一六〇〇）に始まった。もはや二百数十年も昔のことである。

貿易は銅を主としている。そして、銅の用途がとりわけ船を装うことに使われているのは、世間によく知られている。彼らが銅を大砲に用いていることは、ことによると察していない。

たまたまある本を読んでいたら、こう言っていた、

「マカオは日本・シナと交易し、それで得た銅で、千門の大砲を造るに足る。また彼らは皆貨幣を鋳造し、インド諸国と貿易し、その利益ははかりしれない」と。

また言う、

「銃は銅製が良いとされるのだから、西洋諸国がわが国の銅を用いて銃砲を造っていることを知るべきである。さて、五つの金属は、みな地の骨髄である。そして、その用途の広さは、銅に及ぶものはない。銅の用途は、船を装い、銃砲を鋳造するのにとりわけ適している。西洋諸国は、世界の国々で貿易をするため、船を屋敷としている。だから、諸国は、船を何よりも重んじている。国内にあっては国を守り、国外にあっては領土を拡げる。戦闘の兵器のなかで、大砲よりもすぐれたものはない。だから、今すぐ必要のない珠玉や珍しいものを、わが国の有用の銅に換えるのは、西洋諸国にとっては実に遠大なはかりごとである。けれども、わが国にとってはしくじりである」と。

これは昔の学者が論じたことだが、それでも勢いを制止できないのはどうしてか。海外の動静を知ることができなくては、外国の国境侵害のしらせを予測することもできないのである。

さて、オランダの国土は小さいけれども、兵力は大変強く、すでにマラッカ・ジャカルタ・バンテン・コーチンの諸島を取り、さらに新しい領地を南アメリカに開き、イギリスにも譲らないほどである。またしばしば江戸に朝貢し、わが国の情勢を知っている。今、急に国交を絶つのは、ただ海外の情勢を知ることができなくなるだけでなく、それでは侵犯の害を開いてしまう。

かつまたオランダとわが国とは久しく親交してきた。もし、わが国を狙う他国があれば、かならずその情報を知らせ、わが国が不測の害を受けるのを傍観することはないのである。オランダは、かつてポルトガルの変乱を告げた。オランダはわが国に少なからず功がある。また、外国の情勢も、たよりにして通知を受けている。

だから、貿易が完全な策ではないことをわかっているけれども、しかしながら禁止しないのは、およそこのような理由からである。以上のようだとすると、わが国はオランダに対しては、深くこれを信じてもいけないし、深くこれを疑ってもいけない。要するに、信義を守り、オランダには、忠誠をわが国に尽くさせるのである。

※

和蘭(オランダ)の我に通ずるは、蓋し元亀元年に始まる。其の江府(こうふ)に朝(ちょう)するは、則ち慶長五年に始まる。今已に二百数十年なり。

其れ互市は銅を以て主と為す。而して銅の用、尤も船を装うに在るは、世皆之を知る。其の諸を大砲に用うるは、人或いは察せざるなり。

偶ま一書を読むに、云わく、「阿媽港は日本・支那と交易して、得る所の銅、大砲千門を造るべし。而して彼れ皆銭を鋳、印度諸国と貿易し、利を得ること算うる無し」と。

又た云わく、「銃は銅鋳を以て佳と為せば、則ち西番の我が銅を以て銃砲と為すこと、知るべきなり。夫れ五金は皆地の骨髄なり。而して其の用の広きこと銅に如くは莫し。銅の用、尤も船を装い銃砲を鋳るに宜し。西番、万国に互市するや、舟楫を以て宅と為す。故に其の重んずる所、船に過ぐるは莫し。内は以て国を守り、外は以て疆を拓く。戦闘の器、砲よりも神なるは莫し。故に不急の珠玉珍玩を以て、我が有用の銅に易うるは、彼れ誠に長策と為す。而れども我は則ち失計なり」と。

此れ先哲の論ずる所なり、而れども勢い禁ずる能わざる者は何ぞや。海外の動静、知るべからずして、辺警も亦た測るべからざるなり。

夫れ和蘭の国と為すは小さしと雖も、兵力頗る強く、既に満剌加、咬𠺕吧、番達、各正の諸島を取り、又た新境を南亜墨利加に開き、殆んど暎国に譲らず。而して屡江府に朝し、我が国情を識る。今遽かに之を絶つは、直だに海外の形勢を知ること能わざるのみにあらず、抑も侵犯の害を啓く。

且つ和蘭と我と、久しく相い親睦す。設し外夷の我を狙う者有らば、必ず其の情実を報じ、我れ不測の害を受くるを坐視せざるなり。彼れ嘗て波尓杜瓦尓（ポルトガル）の変を告ぐ。其の我に功有ること小（すく）なからず。而して外夷の形勢も亦た、因りて、以て通知することを得たり。

故に互市の全策（ぜんさく）にあらざるを知ると雖も、而れども禁止せざる者は、蓋し此れを以てなり。然らば則ち、我の和蘭に於けるや、深く之を信ずるは不可、深く之を疑うも亦た不可なり。要は、信義を守り、彼をして忠悃（ちゅうこん）を我に致さしむるに在るのみ。

語釈 ○**江府**―江戸。　○**朝する**―朝廷に貢物をする。　○**銅鋳**―銅製。　○**五金**―金・銀・銅・鉄・錫の五つの金属。　○**舟楫**―船。　○**神**―ずばぬけて、すぐれたさま。　○**長策**―遠大なはかりごと。　○**失計**―計画や処置を誤ること。　○**辺警**―外寇の国境侵害のしらせ。　○**番達**―バンテン王国。十六世紀から十九世紀にかけてジャワ島西部バンテン地方に栄えたイスラム国家。　○**各正**―コーチン。インドの港市。十四世紀からアラビア海に面する重要な港として香料貿易で栄えた。　○**全策**―完全な策略。　○**忠悃**―まめやかで誠があること。

※

和蘭之通于我、蓋始于元亀元年。其朝于江府、則始于慶長五年。今已二百数十年矣。其互市以銅為主。而銅之用、尤在装船、世皆知之。其用諸大砲、人或不察也。偶読一書、云、阿媽港与日本支那交易、所得銅可造大砲千門。而彼皆鋳銭、与印度諸国貿易、得利無算。

又云、銃以銅鋳為佳、則西番以我銅為銃砲可知也。夫五金皆地之骨髄。而其用之広、莫如銅。銅之用尤宜装舶鋳銃砲。西番互市於万国、以舟楫為宅。故其所重、莫過于舶。内以守国、外以拓疆。戦闘之器、莫神於砲。故以不急之珠玉珍玩、易我有用之銅、彼誠為長策。而我則失計矣。

此先哲之所論、而勢不能禁者何。海外之動静不可知、而辺警亦不可測也。

夫和蘭之為国雖小矣、兵力頗強、既取満剌加、咬嚁吧、番達、各正諸島、又開新境於南亜墨利加、殆不譲暎国。而屡朝於江府、識我国情。今遽絶之、非直不能知海外之形勢、抑啓侵犯之害矣。

且和蘭与我、久相親睦。設有外夷狙我者、必報其情実、不坐視我受不測之害也。彼嘗告波尔杜瓦尔之変。其有功於我不小。而外夷之形勢、亦得因以通知焉。

故雖知互市之非全策、而不禁止者、蓋以此也。然則我之於和蘭、深信之不可、深疑之亦不可。要在守信義、使彼致忠悃於我耳。

妖　教（ようきょう）

天下を治めるための、二つの重要なことは、「教」であり「養」である。「教」は、人として守るべき道を明らかにするための手段である。「養」は、人民の富を増やすための手段である。だから、「教」が明らかにならないならば、人民は礼義をわきまえない。「養」がゆきわたらないならば、人民は困窮する。「養」が欠けてはならないことは、世間は皆知っている。けれども「教」となると、ほとんど、至急のつとめと思っていないのである。

およそ「教」と「養」は二つのみちすじであるけれども、しかしながらその実体は補い合う関係にある。「教」が明らかな場合は、それゆえに忠信の心をおのずと持ち、父兄を敬愛し、決して怠慢に流れない。そうすれば力を農事に尽すことができる。「養」がいきわたっている場合は、それゆえに農耕に勤しみ、穀物を収穫し、資用が乏しくならない。そうすれば孝悌礼義の道を尽くすことができる。二者は分けて見るべきではない。

政治や刑罰が公正なときは、それでもって人民が過ちをおかすことを禁ずることができる。けれども、それでもって人民の心を正し、気風を立派にしてゆくことはできない。もし、人民の心を正し、気風を立派にしてゆきたいのであれば、「教」に人民が基づかずに、どんなことに基づくのだろうか。そうではあるけれども、「教」の道に正邪があって、とりわけ慎重にならずにこれを見分けることはできないのである。

天下に四つの大きな教えがある。一は儒教、二は仏教、三は天主教、四は回教と言う。儒教こそ周公・孔子が伝えた道である。仏教こそ釈迦氏が伝えた道である。

いわゆる天主教というものは、その教えはイエスを始祖とする。イエスは漢の哀帝・元寿二年（前一）にユダヤ国に生まれた。国はアジア大陸の中にある。すでに長じて、その宗教をヨーロッパ大陸の中に行った。今にして諸国にはびこっている。

いわゆる回教というものは、マホメットを始祖とする。彼は陳の宣帝・太建二年（五七〇）にアラビア国のメッカに生まれた。（マホメットの家は代々貿易商で、大変富裕であった。老学者に従って道理を学び、そのうえ常と異なる珍しい才能を発揮し、書物三十部を著し、マホメット教と称した。メッカからメディナの地に移った。メディナはつまり回回国で、そのためこれを回回教とも言う）その教えは、アジア・インドの中に行われている。

この二つの教えは、およそ鬼神を説き、輪廻を説き、因果を説く。皆ブッダ氏の低級なものであり、人を偽りたぶらかし、あやしくみだりで、奇異なものが入りまじっている。それが信ずるに足りないことは明らかである。西洋の人は、それなのにこれをおおげさに言って、至極の理、最上の道とする。その狭い見識は、ともに比べるに値しないのである。ただ恐るべきことに、その説は怪しくとりとめのない、常法に違うものなのだが、愚かな人々が深くおぼれ、新奇を嗜好する上流階級の人が崇めたっとび、ほんの少し味見をすれば、すぐさま五里霧中に堕ち、その毒は骨髄にしずみとおり、再び洗いはらうことはできない。何とひどいものか。

邪説が人を害したことでは、昔、天文十八年（一五四九）、大和の人了西が亡命してゴアに入り、天主教に入信した。当時、ポルトガルはすでにゴアを根拠地としていた。それで、了西は宣教師たちに告げ、その教えを日本で行なおうとした。宣教師は大変喜び、彼の弟子若干名を連れ、了西を案内者とし、わが国の九州に入った。

豊後の大友氏はとりわけ彼を崇敬し、その他の大名や士民も皆信従した。そして、彼はさらに人々を惑わすために、貿易の利益を用い、美しく光りきらめく珍宝・奇貨・珠翠・鼈甲をことごとくマカオから輸送した。見る者は心酔し目がくらみ、その教えに帰依しない者はなかった。

彼は、数年いるうちに言葉もだんだんと通じるようになり、情誼もますます厚くなった。信従する者は数えきれない。この時にあたって、領土を奪う心が起こり、士民に勧めて仏寺を壊させた。そのたくらみは、国中の人を残らずその教えに帰依させ、そうしたあとで、まさに悪逆をほしいままにしようとするものである。

豊臣秀吉は命令を下して、その教えを禁止し、宣教師を海外へ追放した。けれども、信従する者はもはや多く、とうとう天草の乱を招いた。死者三万余人、その他、禁を犯してはりつけにされた者がおおよそ二十五万余人、邪説が人を害することは、ここに至った。恐ろしいことである。

そういうわけで、あの国は、わが国がその宗教を禁じたことを聞き、くるいたけった炎を、すでに消えたところから、あらためて上げようとした。シチリア島の人が、寛永十七年（一六四〇）にわが国に到り、天主教を行うことを懇願し、三巻の書物を著した。幕府はしりぞけて聞かず、わずかに衣食を給しただけであった。幕府は彼の氏名を改めて岡本三右衛門と名づけた。七十余歳にして、延宝年間に病死した。小石川の無量院に葬り、その碑に唐人の墓と刻した。碑は今もなお残る。

元禄年間、イタリアの首都ローマの人が薩摩に到った。新井白石は幕府に言上し、彼を江戸に召還して訊問した。彼は、「天主教を行うことを願っています」と言った。幕府は許さず、それで憤って死んだ。

（この時、白石はローマの人に接見し、世界地図を示して質問した。その受け答えは、立て板に水のようであった。そこで、その言を記して、『采覧異言』『西洋紀聞』の二書を著した。この時にあたって、わが国がはじめて万国の風土のあらましを知ることができたのは、白石の力である。

白石は言った、「あの国の人は賢明で、大胆で知略があり、学識も極めて広く、およそ天文・地理・幾何の学は物事の深奥を見きわめて追随する者がなく、我々がくわだてて及ぶものではないのである。ただ、いわゆる天主教を談ずるとなると、浅薄で田舎びており、ブッダ氏のとりわけ低級のものではあるけれども、彼は意外にも目を張ってにらみ、誉めあげて、最上の道とする。はっきりと二人の人間が現れたようで、笑い、

また憐れむしかない」と）

およそ西洋人は、その教えを海外に行おうとし、奮然として死をも顧みず、単身で旅し、万里の不測の地域に身を投じて、やめることはない。その確固たる志気は、常人とかけ離れている。近年、諸国は貿易を求める。その意図はここにある。国家を治める者は、周公・孔子の道を明らかにし、わざわいのきざしが見えた段階で防ぐのがよい。そして、わが儒道を守る者は、とりわけ聖賢の経典を掲げて、彼らを排斥すべきである。

＊

天下を治むるの要に二有り、教と曰い、養と曰う。教は人倫を明らかにする所以（ゆえん）なり。養は民産（みんさん）を殖やす所以なり。是の故に教明らかならざれば、則ち民、礼義を知らず。養至らざれば、則ち民窮困す。養の闕（か）くべからざるや、世皆之を知る。而れども教に至っては、則ち或いは以て至急の務めと為さず。

蓋し教養、二途（にと）と雖も、而れども其の実は相い済（すく）う。惟（こ）れ教の明らかなるは、故に忠信自（おのずか）ら持し、父兄を愛敬して、敢えて怠肆（たいし）に流れず。而して以て力を稼穡（かしょく）に竭（つ）くすことを得。惟れ養の至れるは、故に耕に力（つと）め穀を収め、資用乏しからず。而して以て孝悌礼義の道を尽くすことを得。二者、岐（わ）けて之を視るべけんや。

政刑の正しきは、以て民の非を為すを禁ずべし。而れども以て民心を格し、風俗を淑くすべからず。苟しくも民心を格し風俗を淑くせんと欲すれば、教に之れ由るにあらずして、将た何の由る所かあらんや。然りと雖も、教の道に邪有り正有り、尤も慎重ならずして之を明弁すべからざるなり。天下に四大教有り。一に儒と曰い、二に仏と曰い、三に天主と曰い、四に回回と曰う。儒は則ち周公孔子の伝うる所の道是れなり。仏は則ち瞿曇氏の伝うる所の道是れなり。

いわゆる天主なる者は、其の教、耶蘇を以て鼻祖と為す。耶蘇は漢の哀帝元寿二年を以て、如徳亜国に生まる。国は亜細亜洲の中に在り。既に長じて教法を欧羅巴洲の中に行う。而今、則ち諸番に蔓延す。

いわゆる回回なる者は、馬哈黙を以て鼻祖と為す。陳の宣帝太建二年を以て、亜剌比亜国の黙加に生まる。（馬哈黙家は世貿易を以て業と為し、頗る富厚なり。耆碩に従いて道を学び、加うるに奇異の事を以てし、書三十部を著し、名づけて馬哈黙教と曰う。黙加より黙徳那の地に徙る。黙徳那は即ち回回国、故に又た之を回回教と謂う）其の教、亜細亜・印度の間に行わる。

此の二教は、蓋し鬼神を説き、輪廻を説き、因果を説く。皆浮図氏の卑下なる者にして、雑うるに弔詭妖濫詭異の事を以てす。其の信ずるに足らざるや、昭昭たり。西番の人乃ち之を誇張して、以て至理妙道と為す。其の拘墟の見、与に較ぶるに足らざるなり。第だ懼るべき所の者は、其の説怪誕不経にして、愚夫愚婦の沈迷する所、士大夫奇なるを好み新しきを嗜む者の崇尚する所、一たび指を染むれば、即ち五里霧中に堕ち、其の毒骨髄に淪浹し、復た洗刷すべからず。甚しきかな。

邪説の人を害するや、昔天文十八年、大和の人了西、亡命して臥亜に入り、天主教を受く。時に波尔杜瓦尔已に之に拠る。因って教僧伴天連に告げ、其の法を日本に行わんとす。伴天連大いに喜び、其の弟子若干人を挟み、了西を以て導と為し、我が九州に入る。

豊後の大友氏尤も之を崇敬し、其の他の侯伯士庶、皆信従す。而して彼又た之を蠱するに、貿易の利を以てし、珍宝奇貨珠翠玳瑁の光彩陸離たる、悉く阿瑪港より輸送す。観る者心酔い目眩み、其の法に帰せざる莫し。

居ること数年、言語漸く通じ、情好益〻厚し。信従する者、枚数すべからず。是に於いて呑噬の心生じ、士民に勧めて仏寺を壊たしむ。其の意、全国の人をして、悉く其の教に帰せしめて、然る後に凶逆を逞くせんと欲するなり。

豊臣秀吉令を下して、其の教を禁絶し、教僧を海外に駆斥す。然れども信従する者已に多く、遂に天草の変を致す。死者三万餘人、其の餘、禁を犯して磔刑に罹る者、凡そ二十五万餘人、邪説の人を害すること此に至る。懼れざるべけんや。

然り而して彼れ我れ其の法を禁ずるを聞き、更めて、狂焔を既に滅するより騰げんと欲す。

西斉里亜国の人、寛永十七年を以て吾邦に抵り、天主教を行わんことを乞い、書三巻を著す。官斥けて聴かず、僅かに衣食を給するのみ。官改めて其の名氏を命づけて岡本三右衛門と曰う。年七十餘、延宝年間、病みて卒す。小石川の無量院に葬り、其の碑に題して唐人の墓と曰う。今に至るも猶お存す。

元禄中、伊太里亜の国都羅馬の人、薩摩に抵る。新井白石、官に白し、之を江戸に召して鞠問す。曰わく、「天主教を行わんことを願うなり」と。官許さず、乃ち憤恚して死す。

（是の時、白石、羅馬の人に接し、万国全図を示して之を叩く。応対流るるが如し。乃ち其の言を録して、采覧異言、西洋紀聞の二書を著す。是に於いて吾邦始めて万国風土の概を知る者は、白石の力なり。

白石云わく、「彼の人明敏にして胆略有り、学極めて博く、凡そ天文地理度数の学、精詣独り絶し、吾曹の企てて及ぶ所にあらざるなり。独りいわゆる天主教を談ずるに至っては、則ち浅薄卑俚、浮図氏の尤も下なる者なれども、彼れ乃ち盱衡揄揚して、以て妙道と為す。判然として二人に出ずるが如く、笑うべく、亦た憫れむべきなり」と）

蓋し西番の人、其の教を海外に行わんと欲し、奮いて死を顧みず、単身羈孤、万里不測の域に投じて辞せず。其の志気堅確、人に過絶する者有り。近世、諸番、互市を求む。其の意此に在り。国家を治むる者、宜しく周公孔子の道を明らかにし、禍を将に萌さんとするに於いて防ぐべし。而して吾が道を守る者、尤も当に聖賢の大経(たいけい)を掲げて、以て之を排斥すべし。

語釈 ○**民産**―人民の富。 ○**怠肆**―怠ってほしいままなこと。 ○**稼穡**―農業。 ○**明弁**―はっきり見分ける。 ○**周公**―周の文王の子、武王の弟。周代の礼楽制度を定む。 ○**瞿曇**―釈迦。 ○**耶蘇**―イエス。 ○**鼻祖**―始祖。 ○**耆碩**―老いて徳望高いもの。 ○**奇異**―常と異なって珍しいこと。 ○**浮図**―ブッダ。 ○**弔詭**―人を偽りたぶらかすこと。 ○**妖濫**―あやしくみだりなこと。 ○**詭異**―あやしく不思議。 ○**昭昭**―明らかなさま。 ○**至理**―至極の道理。 ○**妙道**―最上のやり方。 ○**拘墟**―見聞の狭いたとえ。 ○**怪誕**―あやしくとりとめのない話。 ○**不経**―常法に違うこと。 ○**沈迷**―深くおぼれる。 ○**崇尚**―崇めたっとぶ。 ○**指を染む**―味見をする。 ○**淪浹**―しずみとおる。 ○**洗刷**―洗いはらう。 ○**了西**―ロレンソ了斎。一五二六～九二。日本人イエズス会員。名説教家。日本のキリスト教の拡大に寄与した。 ○**ゴア**―インド西岸にある州。十六世紀以来ポルトガルの植民地となり、アジア進出の根拠地として栄えた。 ○**珠翠**―たまと翡翠(ひすい)。 ○**玳瑁**―鼈甲。 ○**陸離**―美しく光りきらめくさま。 ○**呑噬**―他国を攻略してその領土を奪うこと。 ○**凶逆**―心がねじけていて理にさからう。 ○**駆斥**―おいはらい斥ける。 ○**磔刑**―はりつけの刑。 ○**狂焔**―くるいたけった炎。 ○**岡本三右衛門**―シチリア島生れのイタリア人でイエズス会士。布教を目的として日本入国を企てたが、捕らえられて江戸で棄教した。奉行の諮問に答えて宗門の書物等を述作した。 ○**鞫問**―罪を調べて問いただす。○憤恚—憤る。○胆略—大胆で知略のあること。○度数—幾何学。○精詣—物事の深奥を見極める。○吾曹—われわれ。○卑俚—田舎びている。○盱衡—目を張ってにらむ。○揄揚—誉め揚げる。○羈孤—一人旅。○堅確—しっかりしていて動じないこと。

※

治天下之要有二焉、曰教、曰養。教者所以明人倫也。養者所以殖民産也。是故教不明、則民不知礼義矣。養不至、則民窮困矣。養之不可闕、世皆知之。而至於教、則或不以為至急之務。蓋教養雖二途、而其実相済。惟教之明、故忠信自持、愛敬父兄、不敢流于怠肆。而得以竭力於稼穡。惟養之至、故力耕収穀、資用不乏。而得以尽孝悌礼義之道。二者可岐而視之乎。政刑之正、可以禁民之為非。而不可以格民心淑風俗。苟欲格民心淑風俗、非教之由、而将何所由哉。雖然、教之道有邪有正、尤不可不慎重而明弁之也。

天下有四大教焉。一曰儒、二曰仏、三曰天主、四曰回回。儒則周公孔子所伝之道是也。仏則瞿曇氏所伝之道是也。

所謂天主者、其教以耶蘇為鼻祖。耶蘇以漢哀帝元寿二年、生於如徳亜国。国在亜細亜洲中。既長行教法於欧羅巴洲中。而今則蔓延于諸番矣。

所謂回回者、以馬哈黙為鼻祖。以陳宣帝太建二年、生于亜剌比亜国黙加。（馬哈黙家世以貿易為業、頗

富厚。従耆碩学道、加以奇異事、著書三十部、名曰馬哈默教。自默加徙默徳那之地。默徳那即回回国、故又謂之回回教）
其教行於亜細亜印度之間。

此二教、蓋説鬼神、説輪廻、説因果。皆浮図氏之卑下者、而雑以吊詭妖濫詭異之事。其不足信也、昭昭矣。西番人乃誇張之、以為至理妙道。其拘墟之見、不足与較也。第所可懼者、其説怪誕不経、愚夫愚婦之所沈迷、士大夫好奇嗜新者之所崇尚、一染指、即堕五里霧中、其毒淪浹于骨髄、不可復洗刷。甚矣。

邪説之害人也、昔天文十八年、大和人了西、亡命入臥亜、受天主教。時波尓杜瓦尓已拠之。因告教僧伴天連、行其法於日本。伴天連大喜、挟其弟子若干人、以了西為導、入我九州。

豊後大友氏尤崇敬之、其他侯伯士庶、皆信従。而彼又蠱之、以貿易之利、珍宝奇貨珠翠玳瑁、光彩陸離、悉自阿瑪港輸送。観者心酔目眩、莫不帰其法。

居数年、言語漸通、情好益厚。信従者不可枚数。於是生呑噬之心、勧士民壊仏寺。其意欲使全国之人、悉帰其教、然後逞凶逆也。

豊臣秀吉下令、禁絶其教、駆斥教僧於海外。然信従者已多、遂致天草之変。死者三万餘人、其餘犯禁罹磔刑者、凡二十五万餘人、邪説之害人至此。可不懼哉。

然而彼聞我禁其法、更欲騰狂焔於既滅。西斉里亜国人、以寛永十七年、抵吾邦、乞行天主教、著書三巻。官斥而不聴、僅給衣食耳。官改命其名氏、曰岡本三右衛門。年七十餘、延宝年間病卒。葬小石川無量院、題其碑曰唐人之墓。至今猶存。

元禄中、伊太里亜国都羅馬人抵薩摩。新井白石白於官、召之江戸、鞠問。曰、願行天主教也。官不許、乃憤恚而死。

（是時白石接羅馬人、示万国全図叩之。応対如流。乃録其言、著采覧異言、西洋紀聞二書。於是吾邦始知万国風土之概者、白石力也。

白石云、彼人明敏有胆略、学極博、凡天文地理度数之学、精詣独絶、非吾曹所企及也。独至于談所謂天主教、則浅薄卑俚、浮図氏之尤下者、而彼乃盱衡揄揚、以為妙道。判然如出于二人、可笑、亦可憫也）

蓋西番人、欲行其教於海外、奮不顧死、単身羈孤、投万里不測之域、而不辞。其志気堅確、有過絶人者。近世諸番求互市。其意在于此。治国家者、宜明周公孔子之道、防禍於将萌。而守吾道者、尤当掲聖賢之大経、以排斥之矣。

※

西洋人ケンペルや、新井白石が接見した人は、そろって言っている、「清朝がキリスト教を行っているのは、黎丘（れいきゅう）のもののけが昼間に現れたようなものである」と。

『明史』に言う、「キリスト教は万暦年間に入った。その教徒の中に王豊粛（おうほうしゅく）と龐迪我（ほうてきが）がいて、一時信仰する人が多く、州や郡に堂を建ててこれを奉じた。礼部郎中徐如珂、侍郎沈漼、給事中晏文輝らは合同で上奏して、その邪説が大衆を惑わしていることを非難した。皇帝はその言を納れて、王豊粛と龐迪我とをともに広東に追放して本国へ帰らせた。命令が下って、楽しげに去っていったが、王豊粛は氏名を変えて再び南京に入り、もとのように教えを行い、官吏は察することができなかった」と。つまり、明朝はすでにキリスト教を禁じていた。けれども、民間では依然として行われていた。『東華録』に言う、「一七一七年、陳昂がキリスト教を禁ずるよう上書し、これに従った」と。つまり、清朝もこれを禁じていたのである。

沈大成『学福斎雑著』に言う、「私は『杜氏通典』を読んだ。そして、洋学が根拠がないものであることをはっきりさとった。洋学が中国に入ったのは、唐の高祖の時、すでに起こったことである。明の末期からではないのである。徐光啓などは書物をあまり読んでいないので、今まで聞いたこともない新しい意見であると見なした。したがって、洋学を非常に尊んだ。彼は惑ったのである」と。ところで、職官の視流内の視正五品 薩宝、視従七品 薩宝府祆正を調べると、『杜氏通典』の註に言う、「祆は呼の声母と煙の韻母を組み合わせた音である。祆は西域の国の天神、仏典に言うところの摩醯首羅である。六二一年、祆祠と官署とを置き、常に番人がいて奉仕し、火を取って呪詛した。六二八年、波斯寺を置いた。七四五年七月に至って詔勅が下った、『波斯経教（景教）はローマ帝国から出て、伝来して、久しく中国に行われている。ここにはじめて寺を建て、波斯（ペルシア）に基づいて寺の名とした。人に示そうと思うならば、必ずその本を正せ。その両京の波斯寺は、大秦寺と改めるのがよい。天下の州や郡にある波斯寺もまたこれに準ずるのがよい』と。七三二年七月、詔勅が下った、『マニ教はもともと邪教だが、勝手に仏教と名乗り、人民を惑わすので、厳格に禁じて弾圧を加えるのがよい。西方の異民族たちは、すでにマニ教が村の宗教であるので、自身が自ら行うことには、罪を科する必要はない』と」と。

仏教の経典の摩醯首羅は、つまり、あれの教えに言うところの天主である。祆祠は、『説文』に陜西省で天を祆と呼ぶというから、今の天主堂である。マニ教はキリスト教である。西の異民族は西洋人である。西洋人が唐にいた時、すでに人々を誘って入信させていたので、厳しく弾圧を加えたのである。

ところで、その説に、「イエスが刑死して天の主となった」と言う。さらにマテオ・リッチがその説に好き勝手な名称をつけて、大変不可思議なこととした。ただその祖先のことを捏造したのを知らないだけである。けれども、除光啓は従って、これを奉じた。彼の惑いははなはだしい。

紀暁嵐（きぎょうらん）『槐西雑志（かいせいざっし）』に言う、「明朝の天啓年間、西洋人の艾儒略（がいじゅりゃく）が『西学凡（せいがくはん）』一巻を著し、その国が、学校を建てて人材を育てるための方法を言う。その方法では、おおよそ六科目に分ける。その力を尽すことも、物事の道理を窮めただすことを要とし、道徳と経世済民とを成果とする。儒学の次第とだいたい似ている。格別に突きつめているものはみな物象や計算の細かいすえのことで、窮めている理もまた支離奇怪で、問い正すまでもない。よって、この教えは異学とすべきである」と。

張甄陶（ちょうけんとう）「澳門（マカオ）の形勢を論ずるの状」に言う、「キリスト教の教えはいやしいもので、老子や釈迦の皮相的な部分にも比べるまでもない。ただ利益によってさそうので、キリスト教に従う人は日に日に多くなっている。およそいったん貧民が入信したならば、毎年十余金を与える。さらに書物を読み文字を知る人が入信したならば、毎年すぐさま数十金を与え、さらに別に代表者を選び、ひそかに結託し、つなぎとめて不正の財物を分配して私腹を肥やし、とりわけ厚利を得る。近年、おおせごとを戴いて厳しく禁じた。けれども、貪欲な者は、穴から首を出して様子をうかがう鼠のように、どうすべきか心を決めかねている。教えに服するために帰依しているのではなく、ただ利益を得ようとする気持ちが頭から離れないからである」と。

これによれば、キリスト教は、ただ明清が禁じただけではなく、唐の時代からすでに禁止していたことになる。ケンペルのたぐいは、ひそかに信仰しており、清朝がこれを行っていると言ったのは、でっちあげである。

おおむね洋学は、天体の現象や地理、器物の製造において、きわめて精密である。性命の理のようなことになると、まわり遠い大言を吐いて偽り、大道に達しない。まことに紀暁嵐が反駁した通りである。およそ小事に明るい者は大事に暗い。道が至るということは、二ついっぺんにできるものではない。それが勢いというものである。

洋学者はまさに西洋の説を主張し、周公や孔子を凌駕してその上に突き出ようとする。ただその怪しくみだりなさまに自らが気づいていないだけである。けれども、儒学者はことによると洋学を崇拝して、千古の聖賢がまだ明らかにしていないものと見なす。嘆き尽くせないことよ。

＊

西洋の人検夫尔(ケンペル)及び白石(はくせき)の接する所の者並びに云う、「清朝の天主教を行うは、是れ黎丘(れいきゅう)の鬼(き)の昼見(あらわ)るる者なり」と。

明史に云う、「天主教は万暦の間より入る。其の徒に王豊粛(おうほうしゅく)・龐迪我(ほうてきが)有り、一時、信従する者多く、州郡に堂を建てて之を奉ず。礼部郎中徐如珂(じょじょか)・侍郎沈㴶(しんかく)・給事中晏文輝(あんぶんき)等、疏(そ)を合せて、其の邪説の衆を惑わすを斥(しりぞ)く。帝、其の言を納(い)れ、豊粛及び廸我等をして、倶(とも)に広東(かんとん)に遣(や)りて本国に還らしむ。命下り、怏怏(かいかい)として去るも、豊粛、姓名を変じ、復た南京に入り、教を行うこと故(もと)の如く、朝士(ちょうし)能く察する莫し」と。則ち明朝已に之を禁ず。而れども民間に猶お之を行うのみ。

東華録(とうかろく)に云う、「康熙五十六年、陳昂(ちんこう)、天主教を禁ぜんことを上疏(じょうそ)し、之に従う」と。則ち清朝も亦た之を禁ず。

沈大成、学福斎雑著に云う、「予、杜氏通典を読む。而して西学の誕妄なるに於いて暁然たり。其の中国に入るや、唐の高祖の時、已に然り。明の末造自りにあらざるなり。徐光啓の徒、いまだ嘗て書を読まず、以て創見寡聞と為す。従りて之を尊奉すること甚し。其の惑えるなり」と。

今、職官の視流内、視正五品 薩宝、視従七品 薩宝府祆正を攷うるに、杜氏の註に曰う、「祆、呼煙の反なり。祆は西域国の天神、仏経に謂う所の摩醯首羅なり。武徳四年、祆祠及び官を置き、常に番人有りて奉事し、火を取りて呪詛す。貞観二年、波斯寺を置く。天宝四年七月に至り、勅す、『波斯経教は大秦より出で、伝習して来り、久しく中国に行わる。爰に初めて寺を建て、因りて以て名と為す。将に人に示さんと欲すれば、必ず其の本を修めよ。其の両京の波斯寺は宜しく改めて大秦寺と為すべし。天下の諸州郡に有る者も亦た宜しく此れに準ずべし』と。開元二十年七月、勅す、『末摩尼法は本と是れ邪見、妄りに仏教と称え、黎元を誑惑すれば、宜しく厳に禁断を加うべし。其れ西胡等は既に是れ郷法なるを以て、当身自ら行うは、罪を科するを須いざる者なり』と」と。

仏経の摩醯首羅は即ち彼の教に謂う所の天主なり。祆祠は、説文に、関中、天を祆と呼べば、今の天主堂なり。末摩尼法は天主教なり。西胡は西洋人なり。其の唐に在りし時、已に人を誘い教に入らしむるの事有り、故に厳に禁断を加うるなり。

今、其の説に曰う、「耶蘇刑死して天の主と為る」と。則ち又た李瑪竇私に名字を立てて、以て神奇と為す。適だ其の先を誣いるを知らざるのみ。而れども徐光啓従いて之を奉ず。其の惑えること甚し。

紀暁嵐、槐西雑志に云う、「明の天啓中、西洋の人艾儒略、西学凡一巻を作り、其の国の学を建て才を育つるの法を言う。其の法、凡そ六科に分つ。其の力を致すも亦た格物窮理を以て要と為し、明体適用を以て功と為す。儒学の次第と略似たり。特に格る所の物は皆器数の末、窮むる所の理又た支離怪誕にして詰うべからず。是れ以て異学と為すべきのみ」と。

張甄陶、澳門の形勢を論ずるの状に云う、「天主教、其の説下俚、二氏の皮毛に比するに足らず。惟だ利を以て人に啗しむれば、之に従うこと日に衆し。凡そ一たび貧民、教に入らば、歳毎に与うるに十餘金を以てす。又た書を読み字を識るの人、教に入らば、歳毎に輒ち数十金、又た別に頭人を択び、暗に相い邀結し、牢絡分肥し、利を為すこと尤も厚し。近年、旨を奉じて厳禁す。而れども貪昧の者、首鼠両端に仍る。教に服するが為に帰依するにあらず、只、利心の割き難きを以てなり」と。

此れに拠れば、則ち天主教は、惟だに明清之を禁ずるのみにあらず、而して唐の時、已に禁断す。検夫尓の輩、私に其の崇信する所、清朝之を行うと謂うは、是れ誣妄なり。

大抵西学は天象地理器物の製に於いて極めて精密と為す。性命の理の若きに至っては、則ち迂誕にして大道に達せず。誠に紀暁嵐の駁する所の如し。蓋し小に明かなる者は大に昧し。道の至る者、両つながら能くせず。其の勢い然るなり。

西学の者、乃ちその説を主張して、以て周公孔子に駕して其の上に軼せんと欲す。秖其の怪妄、自ら量らざるを見るのみ。而れども儒者或いは之を崇信して、以て千古の聖賢いまだ発かざる所と為す。勝げて歎ずべけんや。

語釈 ○**検夫尓**―ケンペル。江戸前期に来日したドイツ人旅行家、博物学者。○**黎丘の鬼**―故事に、黎丘（河南省虞城県の北）に住んでいた老人がもののけに惑わされ、己の子をもののけが化けたのだと思って刺し殺したという。○**王豊粛**―ヴァニョニ。イタリア生まれの宣教師。一六〇五年南京に来て、捕われ送還されたが、再来して山西省で布教した。漢文の伝道書を多数著した。○**龐迪我**―パントーハ。スペインのイエズス会宣教師。万暦中、天算に深きによって、欽天監に在って測験をなす。○**徐如珂**―明、呉県の人。万暦の進士。官は左通政。○**沈漼**―明の人。万暦の進士。官は文淵閣大学士・太子少保。○**晏文輝**―未詳。○**疏**―一条ずつわけて意見を述べた上奏文。○**怏怏**―心地よいさま。○**朝士**―朝廷の官吏。○**東華録**―清朝に関する編年体の歴史書。○**陳昂**―広東省碣石鎮総兵（総兵…鎮を管轄）。○**上疏**―事情や意見を書いた書状を主君・上官などに差し出すこと。○**沈大成**―清、江蘇省華亭の人。号、学福斎。詩古文を以て知られ、『学福斎詩文集』を著した。○**杜氏通典**―唐、杜佑撰『通典』。二百巻。唐の天宝までの政典を記す。○**西学**―西洋の学問。○**誕妄**―言うことに根拠のないこと。○**暁然**―明らかにさとるさま。○**末造**―すえの世。○**徐光啓**―明末の政治家、科学者。上海徐家匯（じょかわい）の人。イエズス会士カッタネオ（郭居静）次いでリッチ（利瑪竇）に会い、洗礼を受け、西洋の学問を学ぶ。○**創見**―従来にない新しい意見。○**職官**―唐の官職。「職官」から「罪を科するを須いざる者なり」までは、『通典』巻四十・職官二十二の記載を引用。「薩宝」は官名、祆祠（けんし）祭祀の事を掌らさせた。属官に「祆正」（唐代、薩宝府に置く）等がある。○**祆**―胡人の神の名。○**摩醯首羅**―大自在天。色界の天主で、大千世界を統御する神。○**波斯寺**―唐代、景教（キリスト教ネストリウス派）寺院の称。景教ははじめペルシア人の宗教と思われていた。後、大秦（ローマ帝国）に発生したものと知り、大秦寺と改めた。○**末摩尼法**―マニ教。サーサーン朝ペルシャのマニ（二一六～七七年）を開祖とし、ユダヤ教・ゾロアスター教・キリスト教・グノーシス主義などの流れを汲む。○**邪見**―よこしまな考え方。○**黎元**―人民。○**誑惑**―人をだまし惑わすこと。○**西胡**―西方のえびす。○**当身**―自身。○**関中**―陝西省。○**私に名字を立つ**―書物に好き勝手な名称を与える。○**神奇**―神妙不可思議なこと。○**紀暁嵐**―清の人。侍読学士、編修、協弁大学士。四庫全書を校訂。○**天啓**―一六二一～二七年。○**艾儒略**―アレトニー。イタリアのイエズス会宣教師。○**格物窮理**―物事の道理を窮めただす意。○**明体適用**―道徳と経世済民。○**器**―現実の物象。○**数**―天文や暦の計算。　○**支離**―分かれ離れること。　○**怪誕**―奇怪で、つかみどころのないこと。　○**張甄陶**―福建福清の人。乾隆の進士。編修。清朝香山県知県等を歴任。　○**下俚**―いやしい。　○**二氏**―老子と釈迦。　○**皮毛**―うわべ。　○**邀結**―結託する。　○**牢絡**―つなぎとめる。　○**分肥**―不正行為で獲た財物を分配して私腹を肥やす。　○**貪昧**―むさぼる。　○**首鼠両端**―穴から首を出して辺りのようすをうかがっている鼠の意から、どうすべきか心を決めかねていること。　○**誣妄**―無いことを誣い偽る。　○**性命**―生まれながら天から授かった性質と運命。　○**迂誕**―まわりどおい大言を吐いて偽る。　○**怪妄**―あやしくみだりなこと。

＊

西洋人検夫尔、及白石所接者並云、清朝行天主教、是黎丘之鬼昼見者也。明史云、天主教自万暦間入。其徒有王豊粛、龐迪我、一時多信従者、州郡建堂奉之。礼部郎中徐如珂、侍郎沈漼、給事中晏文輝等合疏、斥其邪説惑衆。帝納其言、令豊粛及廸我等、倶遣広東還本国。命下、怏怏而去、豊粛変姓名、復入南京、行教如故、朝士莫能察也。則明朝已禁之。而民間猶行之耳。東華録云、康熙五十六年、陳昂上疏禁天主教、従之。則清朝亦禁之矣。沈大成学福斎雑著云、予読杜氏通典。而暁然於西学之誕妄矣。其入中国也、唐高祖時已然。不自明之末造也。徐光啓之徒、未嘗読書、以為創見寡聞。従而尊奉之甚矣。其惑也。

今攷職官之視流内、視正五品薩宝、視従七品薩宝府祆正、杜氏之註曰、祆、呼煙反。祆者西域国天神、仏経所謂摩醯首羅也。武徳四年、置祆祠及官、常有番人奉事、取火呪詛。貞観二年、置波斯寺。至天宝四年七月、勅、波斯経教出自大秦、伝習而来、久行中国。爰初建寺、因以為名。将欲示人、必修其本。其両京波斯寺宜改為大秦寺。天下諸州郡有者、亦宜準此。開元二十年七月、勅、末摩尼法、本是邪見、妄称仏教、誑惑黎元、宜厳加禁断。以其西胡等既是郷法、当身自行、不須科罪者。仏経摩醯首羅、即彼教所謂天主也。祆祠者、説文、関中呼天祆、今之天主堂也。末摩尼法者、天主教也。西胡者、西洋人也。其在唐時、已有誘人入教之事、故厳加禁断也。

今其説曰、耶蘇刑死、而為天之主。則又李瑪竇私立名字、以為神奇。不知適誣其先耳。而徐光啓従而奉之。其惑甚矣。

紀暁嵐槐西雑志云、明天啓中、西洋人艾儒略作西学凡一巻、言其国建学育才之法。其法凡分六科。其致力亦以格物窮理為要、以明体適用為功。与儒学次第略似。特所格之物皆器数之末、所窮之理又支離怪誕、而不可詰。是可以為異学耳。

張甄陶論澳門形勢状云、天主教其説下俚、不足比於二氏之皮毛。惟以利啗人、従之日衆。凡一貧民入教、毎歳与以十餘金。又読書識字之人入教、毎歳輒数十金、又別択頭人、暗相邀結、牢絡分肥、為利尤厚。近年奉旨厳禁。而貪昧者仍首鼠両端。非為服教帰依、只以利心難割。

拠此則天主教不惟明清禁之、而唐時已禁断矣。検夫尓輩、私其所崇信、謂清朝行之、是誣妄也。
大抵西学於天象地理器物之製、極為精密。至若性命之理、則迂誕而不達於大道。誠如紀暁嵐所駁。
蓋明於小者昧於大。道之至者不両能。其勢然也。
西学者乃主張其説、欲以駕周公孔子而軼其上。秖見其怪妄不自量耳。而儒者或崇信之、以為千古聖賢所未発。可勝歎哉。

洋外紀略

卷下

防　海

西洋諸国の人々の性質は、悪知恵がよく働いて忍耐強い。一人で何事かをくわだてて、実現しない場合は、力を多くの人に借りる。一生かけて何事かをなし、完成しなかった場合は、それを子孫に託す。事業が完成し、志が達成するに至ってから、やめる。だから、天文・地理から舟運、機械、織物などの類まで精巧を極め尽くすことは、他の国が及ぶことができるものではない。

彼らが他の国を奪い取るのもまたしかり、他の国を厚い利益によってさそい、妖しい教えによってあざむき、次第にその国の人と仲良くなって、その地勢をすみずみまで調べ、その気風の強弱を細かく見きわめ、翼をおさめ爪を縮めて、わずかなすきを窺い、そうしたあとで、一挙にその国を取る。戦術もまた巧みである。

シナ人は、ともすれば中華思想によってみずから尊び、はなはだ威張り過ぎ、諸国を鳥や獣のように見下す。天地のめぐりあわせが久しいほど、ますます開かれていくことをまったく知らない。以前、弓なりの居や毛氈のとばりを張った家に住み、水や草を追って移動していると見なしていた人々が、今や城郭や都会をがっしりと構えている。以前、海や島の果てや不毛の地と見なしていたところに、今や五穀と人民がある。以前、愚鈍で文字もなく、教学や技芸もないと見なしていた人々が、今や深遠な知恵を有し、技芸が進歩し、筆跡も見事で古典に詳しい。以前、万里の波濤の果てにいて、山に梯子をかけ海を航して、数年をかけなければ来ることができないと見なしていた人々が、今や飛ぶ鳥のように速い船に乗って一ヶ月もかからずに来航して、わが国の周辺でまわっている。

天地の気運がますます開けるほど、万国の状態もますます変わり、天下の情勢はもはや大きく隔たっている。まかりまちがえば、千古の聖人の思考の枠外に出ることもある。今の蛮族は、昔の蛮族ではないのである。

シナ人は見識が豆のようにせまく、自ら「天地の間にわが中国にまさる国はない」と言う。まさに四方の異民族からの朝貢を国の栄誉とし、冊封体制の維持をすぐれた徳とし、宝物の献上物が船や車で輸送されることを盛事とする。いたずらに内容の乏しい文章を喜んで、実害を残す。それゆえに歴代王朝は異民族の侵略を受け、ついに辮髪（べんぱつ）の、生臭い獣の肉を食う異民族（満州族）の領域となり果てても、依然として自分からは悟らない。

近年さらにイギリスに侵略され、わずかに南宋の知略を踏襲して、将来のことを考えずに一時の安泰を求めた。私は、いまだ彼らがのんびりしていることを理解できない。しかしながら彼らはさらに門戸を開いて賊をひき入れ、諸国と貿易している。その行き来している国は、イスパニア、ポルトガル、フランス、オランダ、アメリカの諸国である。そしてイギリスはとりわけ貿易の利益をひとりじめにしている。彼らは野生の狼のようになれ従わず、取り囲んで偵察して、そのすきをうかがっている。他日、清国に深刻な害を及ぼす国は、イギリスがそうするだけではないのである。前の車が覆るのを見たら、後の車は同じわだちの跡を行かないようにしなければならず、ぞっとしないではいられない。

※

西番の性、桀黠多智にして能く忍耐す。一人之を図りて成らざれば、則ち力を衆人に藉る。一生之を為して遂げざれば、則ち之を子孫に貽す。功全うし志達するに至りて、後に止む。故に天文地理より、以て舟楫器械布帛の属に至るまで、精巧を極め尽くすこと、他邦の能く及ぶ所にあらざるなり。其の人の国を佔奪するも亦た然り、之に啗わしむるに厚利を以てし、之を誑くに妖教を以てし、稍国人と相い親昵して、其の地の険易を察し、其の風俗の強弱を審らかにし、翼を戢め爪を縮めて、以て釁隙を伺い、然る後に一挙にして之を取る。術も亦た巧みなり。

支那人、動もすれば中華を以て自ら高しとし、矜誇太だ過ぎ、諸番を視ること禽獣の如し。殊に天地の気運、愈久しくして愈開かるるを知らず。嚮の以て穹廬氈帳、水草を逐いて遷徙すと為す者、今は則ち儼然として城郭都邑有り。嚮の以て窮海絶島、不毛の地と為す者、今は則ち五穀人民有り。嚮の以て顓蒙椎魯、文字無く教学技芸無しと為す者、今は則ち機智深遠、技芸精詣、筆札典籍の用有り。

嚮の以て波濤万里、山に梯し海に航し、数年にあらざれば至ること能わずと為す者、今は則ち勁帆疾艫、迅きこと飛鳥の如く、いまだ旬月ならずして藩籬の外に盤旋す。

天地の気運益開けて、万国の局面又た益、変じ、宇内の形勢、業已に一大鴻溝を劃く。殆ど千古聖人の意料の外に出ずる者有り。今の蛮夷は古の蛮夷にあらざるなり。

支那人の眼孔豆の如く、自ら謂う、「天地の間、我が中国に過ぐる者莫し」と。乃ち四夷の朝貢を以て邦の光と為し、封冊聘使を以て美徳と為し、琛を航し賮を輦するを以て盛事と為す。徒らに虚文を喜びて、実害を貽す。是を以て、歴代、戎狄の侵犯を受け、竟に化して辮髪腥羶の域と為るも、猶お自らは悟らず。

近年又た暎夷の焚掠する所と為り、僅に南宋の故智を襲ぎ、一時の便安を偸む。吾いまだ其の駕を税く所を知らざるなり。然れども又た門を開き賊を延き、諸番と互市す。其の通ずる所の者は、伊斯把泥亜、波尔杜瓦尔、払蘭西、和蘭、亜墨利加の諸国なり。而して暎夷尤も貿易の利を擅にす。彼れ其の狼子野心、環視し偵伺して、以て其の釁を待つ。異日、清人の深害を為す者は、独り暎夷の然りと為すのみにあらざるなり。前車の覆るは後車の戒め、寒心を為さざるべけんや。

語釈 ○**西番**―西洋列強諸国。○**桀黠**―悪知恵があること。○**多智**―知恵が多いこと。○**舟楫**―舟運。○**佔奪**―他人のものを奪って自分のものにする。○**親昵**―親しみなじむ。○**険易**―地勢。

○**釁隙**―すき。 ○**矜誇**―誇って威張る。 ○**気運**―気数（めぐりあわせ）と運命。 ○**穹廬**―弓なりの居。狩猟民族の移動式住居。 ○**氈帳**―毛氈のとばりを張り巡らした家。 ○**遷徙**―うつる。 ○**都邑**―都会。 ○**顓蒙**―愚かなこと。 ○**椎魯**―愚鈍。 ○**精詣**―奥深く進み入る。 ○**筆札**―筆跡。 ○**山に梯す**―険阻な山に梯子をかけて登る。 ○**勁帆疾艫**―強くて素早い船。 ○**旬月**―一ヶ月。 ○**藩籬**―防備のための囲い。 ○**盤旋**―まわる。 ○**宇内**―天下。 ○**鴻溝**―大きな隔たり。 ○**意料**―思いはかること。 ○**眼孔豆の如し**―見識がせまい。 ○**四夷**―東夷・西戎・南蛮・北狄。 ○**邦の光**―国の栄誉。 ○**封冊**―王侯に封じる旨を記した詔書。 ○**聘使**―聘物を持って訪問する使者。 ○**琛を航し賮を輦す**―宝物の献上物を船や車で輸送する。 ○**虚文**―内容の乏しい文章。 ○**辮髪**―満州族の髪形。周囲の髪をそり、中央に残した髪を編んで後へ長く垂らす。 ○**腥羶**―生臭い獣の肉を食う異民族のこと。 ○**焚掠**―家を焼いて財をかすめとる。 ○**故智**―古人の用いた知略。 ○**便安**―くつろぎ安らかなこと。 ○**駕を税く**―車につけた馬を解き放つ。旅行者が休息するを言う。 ○**互市**―貿易。 ○**狼子野心**―『春秋左氏伝』宣公四年より。狼の子は飼われていても、生来の野性のために飼い主になかなかなれない意から、人になれ従わず、ともすれば危害を加えようとする心。 ○**環視**―大勢が周りを取り囲んで見る。 ○**偵伺**―偵察。 ○**前車の覆るは後車の戒め**―『漢書』賈誼伝より。前の車が覆るのを見たら、後の車は同じわだちの跡を行かないようにせよとの意。先人の失敗は後人の教訓となるというたとえ。　○**寒心**―恐ろしいことに遭い、ぞっとすること。

※

西番之性、桀黠多智、能忍耐。一人図之不成、則藉力於衆人。一生為之不遂、則貽之子孫。至功全志達而後止。故自天文地理、以至舟楫器械布帛之属、極尽精巧、非他邦所能及也。其估奪人国亦然、啗之以厚利、誑之以妖教、稍与国人相親昵、而察其地之険易、審其風俗之強弱、戢翼縮爪、以伺釁隙、然後一挙而取之。術亦巧矣。

支那人動以中華自高、矜誇太過、視諸番如禽獣。殊不知天地之気運、愈久而愈開。嚮之以為穹廬氈張、逐水草而遷徙者、今則儼然有城郭都邑矣。嚮之以為窮海絶島、不毛之地者、今則有五穀人民矣。嚮之以為顓蒙椎魯、無文字無教学技芸者、今則機智深遠、技芸精詣、有筆札典籍之用矣。嚮之以為波濤万里、梯山航海、非数年不能至者、今則勁帆疾艣、迅如飛鳥、未旬月而盤旋于藩籬之外矣。天地之気運益開、而万国局面又益変、宇内形勢業已割一大鴻溝。殆有出于千古聖人意料之外者。今之蛮夷、非古之蛮夷也。

支那人眼孔如豆、自謂天地間莫過我中国者。乃以四夷朝貢為邦光、以封冊聘使為美徳、以航琛輦賮為盛事。徒喜虚文而貽実害。是以歴代受戎狄之侵犯、竟化為辮髪腥羶之域、而猶不自悟。

近年又為暎夷所焚掠、僅襲南宋故智、偸一時之便安。吾未知其所税駕也。然又開門延賊、与諸番互市。其所通者、伊斯把泥亜、波尓杜瓦尓、払蘭西、和蘭、亜墨利加諸国。而嘆夷尤擅貿易之利。彼其狼子野心、環視而偵伺、以待其釁。異日為清人之深害者、匪独嘆夷為然也。前車之覆、後車之戒、可不為寒心哉。

※

シナは多くの聖人が出たところで、文化が盛んなことは万国の最上位である。けれども、歴代、異民族に侵略されて、ついにざんばら髪の、衣服を左前に着る風俗へと変わった。インドもまたギリシアに滅ぼされ、後にさらにモンゴルの領土となった。今や分裂してトルコとなり、オランダとなり、イギリスとなった。弱い者は強い者の肉となり、あの野蛮な異民族は、正邪を論じず、わずかに力を比較するだけである。

昔、金の粘没喝（ねんぼっかつ）が宋を侵略し、襲慶府（しゅうけいふ）を陥れた。孔子の墓をあばいた兵士がいて、粘没喝は、その通訳の高慶裔（こうけいえい）に問うた、「孔子とはいったい何者か」と。通訳は言った、「いにしえの大聖人です」と。粘没喝は言った、「いにしえの大聖人の墓を、どうしてあばいてよいものか」と。

そもそも蛮族なので、大聖人の名でさえも知らず、無人の領域を渉るように中原（ちゅうげん）を蹂躙し、しかばねが積もって山になり、血が流れて川になった。官吏や文人たちは、皆鳥や獣のように逃げ隠れてしまい、金の蹂躙を拒むことができなかった。嘆きは尽きない。

近年イギリスは福建省や広東省を侵略した。その残虐さは言葉に表すこともできない。イギリスは虎狼のような野心を抱き、大きく深い谷のような飽くことのない欲望をあからさまにし、さらにわが国を取ろうとよだれを垂らし、しばしば辺境をうかがっている。たとえれば、大泥棒が富豪の家を狙うように、なかたがいに乗じ、すきにつけこんで入ってこよう。けれども、わが国は、垣根を高くせず、錠前を固めず、枕を高くしてその中にのんびりと体を横たえて、この備えを厳格に行わない。まことに危ういことである。

わが国は昔から英武の国と言われ、十万のモンゴル兵を西の海に滅ぼし、二十万人の明兵を朝鮮にうち破り、その武威は多くの蛮族におどしをかけた。現代の人は、いつも口実を設けて言い訳をする。けれども、この危急の時においては、天下の将士は皆、百戦錬磨のすえに、西洋人を犬や羊のように追い払うのだ。

元和年間（一六一五〜二四）以来、天下に恐れがなく、民が年老いて死ぬまで戦争がないことが、およそここに二百三十余年続いている。世間一般の人々の気持ちは安穏に慣れ、その気風はぜいたくになるばかりで、かつて戦闘の実地をめぐった人はいない。これを昔の、敵陣を陥れ敵将を斬った人に比べれば、その強弱ははなはだしくかけ離れている。心配なことに、安穏に慣れた人たちが、素早くて荒い、虎狼の異民族にまともに対抗しようとする。ああ、なんと困難なことか。

そうではあるが、わが国は東方精華の気が集まる所であって、英武忠烈の風があり、敵と戦って死ぬことを栄誉としている。その先人の残した美風や功徳は、悠久の時に尽くしても磨滅していない。たとえ久しい泰平に慣れたとしても、必ず、シナ人のように、わずかな物音にもおびえ驚き、首をすくめて鼠のように逃げ隠れ、さらに家を焼かれ物をかすめ取られて、虐げられるに至るとは限らないのである。

幕府がもし沿海の要害の地にはりつき、砲台を並べ、のろし台を設け、士気を鼓舞し、軍備を整え、天下の人に心をひきしめてうち勝とうとする意気を持たせたならば、小さな虫がうごめくような蛮族を憂えるまでもない。わが六十州の士民は、どうして、わが国が千古の昔から蛮族の蹂躙の辱めを受けたことがないことをおのずと思わないのか。

天地山川、国家宗廟の神霊が見そなわして上天に坐す。かりそめにも、戈を持ち刀をふるい、砂原の上で異民族と次から次と戦って死んだならば、上天に参じては忠節を万古歴代の神霊に尽くし、泉下に参じては孝義を百代祖先の霊に尽くし、心は太陽よりも明るく、一死は泰山よりも重く、これより大きな栄誉はない。

もし死ぬべき時に死なず、辱めを忍んで生をぬすみ、それで異民族の奴隷となったならば、これよりもはなはだしい屈辱はない。さらに一体どんな顔をして、泉下で先祖にまみえられようか。このように、心をしっかりと持ち決死の覚悟を決めれば、一人でもって十人に当たることができ、十人でもって百人に当たることができ、百人でもって千人に当たることができる。従って、たとえイギリスが強くとも、その急所を押さえて死命を制することができる。これが海防の第一の道理である。

※

支那は群聖人の出ずる所にして、礼楽(れいがく)文物の盛んなること万国に冠たり。而れども歴代戎狄(じゅうてき)の侵掠する所と為り、竟に被髪左衽(ひはつさじん)の俗と為る。天竺(てんじく)も亦た厄利祭亜(ギリシア)の滅ぼす所と為り、後に又た莫臥尓(モンゴル)の有と為る。而今(じこん)則ち分裂して都児格(トルコ)と為り、和蘭と為り、暎夷と為る。弱きは彊(つよ)きの肉、彼の蛮夷は、曲直(きょくちょく)を論ぜず、惟だ力を是れ視(くら)ぶるのみ。

昔者(むかし)金の粘没喝(ねんぼつかつ)、宋を侵し、襲慶府(しゅうけいふ)を陥る。軍士に孔子の墓を発(はっ)する者有り、粘没喝其の通事(つうじ)高慶(こうけい)裔(えい)に問いて曰わく、「孔子、何人(なんぴと)ぞ」と。曰わく、「古の大聖人なり」と。粘没喝曰わく、「古の大聖人の墓、安くんぞ発すべき」と。

夫れ蛮夷の人を以て、大聖人の名すら且つ知らず、而して中原(ちゅうげん)を蹂躙すること無人の境を渉るが如く、積屍山を成し、釁血(しけつ)川を成す。衣冠文物の士、皆鳥のごとく遁(のが)れ獣のごとく竄(かく)れ、能く之を拒む莫し。勝(あ)げて歎ずべけんや。

近年、暎夷、閩広(びんこう)を焚掠(ふんりゃく)す。其の惨毒、言うべからざる者有り。彼れ虎狼の心を抱き、渓壑(けいがく)の欲(よく)を逞くし、又た涎を我に垂れ、屡、辺陲を窺う。譬うれば、劇賊大盗の富豪の家を狙うが如く、将に隙に投じ虚に乗じて入らんとす。而れども我れ垣墻を峻くせず、扃鐍を固めず、枕を高くして其の中に安臥し、而して厳に之が備を為さず。豈に危うからざらんや。

吾邦は古より英武と称し、蒙古十万を西海に殲し、明兵二十万を朝鮮に敗り、威、百蛮を震う。今人輒ち以て口を藉る。然れども是の時に当りてや、天下の将士は皆百戦練磨の餘、故に髯虜を駆ること犬羊の如く然り。

元和より以来、四海虞れ無く、民老死して兵革を見ざること、蓋し茲に二百三十餘年なり。人情、恬晏に狃れ、風俗、奢靡に流れ、曽て戦闘の実際を渉る者無し。之を往昔、陣を陥れ将を斬るの士に較ぶれば、其の強弱相い懸絶す。顧みれば、此れを以て慓悍虎狼の夷に当たらんと欲す。噫、亦た難きかな。

然りと雖も、吾邦は東方精華の気の萃まる所にして、英武忠烈、敵に死するを以て栄と為す。其の流風餘烈、千古に極むるも磨滅せず。泰平の久しきに狃ると雖も、亦た必ずしも支那人の風鶴相い驚き、首を抱えて鼠竄し、而して焚掠の虐を受くるに至らざるなり。

朝廷若し能く沿海の要害に就き、砲墩を列ね、煙台を設け、士気を振作し、武備を脩整し、天下の人をして凛々然として敵愾の心有らしめば、則ち又た何ぞ蠢爾たる蛮夷を之れ憂うるに足らんや。吾が六十州の士民、盍ぞ自ら吾邦千古いまだ蛮夷蹂躙の辱を受けざることを思わざる。

天地山川社稷宗廟の霊、照鑑して上に在り。苟しくも能く戈を横たえ刀を揮い、沙磧の上に於いて夷狄と踵を接して之に死すれば、上に之きては忠節を万古歴世の神聖に致し、下に之きては孝義を百代祖先の霊に尽くし、心事は天日よりも明らかに、一死は泰山よりも重く、栄、焉より大なるは莫し。

若し生を偸み活を草間に求め、而して蛮夷の奴隷と為らば、辱、焉れより甚だしきは莫し。又た何の顔ありてか、祖宗に地下に見えんや。其の心を立て死を決すること此くの如ければ、一以て十に当たるべく、十以て百に当たるべく、百以て千に当たるべし。則ち唉夷強しと雖も、以て其の喉を扼えて、之の背を拊つに足る。此れ防海の第一義なり。

語釈　○**被髪**─髪を結わないで、ばらばらに乱していること。○**左衽**─衣服を左前に着ること。夷狄の風俗。○**曲直**─正邪。○**粘没喝**─一〇七九年〜一一三七年。金の皇族。○**襲慶府**─兗州。黄河の北を流れる済水（沇水）の流域。○**発す**─あばく。○**高慶裔**─金の尚書左丞。○**衣冠文物の士**─官吏や文人。○**閩広**─福建省と広東省。アヘン戦争で侵略さる。○**惨毒**─むごたらしく人をそこなう。○**渓壑の慾**─飽くことのない欲心。○**辺陲**─辺境。○**劇賊**─強大な匪賊。○**大盗**─大盗賊。○**隙に投ず**─なかたがいに乗ずる。○**虚に乗ず**─すきにつけこむ。○**垣墻**─垣根。○**扃**

鐍—錠。○**安臥**—体を横たえて楽にする。○**口を藉る**—口実を設けて言いわけをする。○**髯虜**—西洋人。○**兵革**—戦争。○**恬晏**—安らかで穏やか。○**奢靡**—身のほどを過ぎたぜいたく。○**往昔**—過ぎ去った昔。○**懸絶**—著しい隔たりがあること。○**慓悍**—素早くて荒い。○**流風**—先人の残した美風。○**餘烈**—先祖が遺した勲。○**風鶴**—風声鶴唳（ふうせいかくれい）。「風声」は風の音。「鶴唳」は鶴の鳴き声。わずかな物音にもおびえるたとえ。○**鼠竄**—ねずみが恐れて逃げるように身をかくす。○**砲墩**—砲台。○**煙台**—のろし台。○**凛々然**—心のひきしまるさま。○**敵愾**—敵に対抗し打ち勝とうとする意気。○**蠢爾**—小さな虫がうごめくさま。○**社稷**—国家。○**宗廟**—君主の祖先の霊をまつった建物。○**照鑑**—神が見そなわす。○**戈を横たう**—戈を横たえ携える。○**刀を揮う**—刀を揮って切る。○**沙磧**—砂原。○**踵を接す**—前後の人のかかとが接するほど、次から次へと人が続く。○**心事**—心に思う事柄。○**天日**—天日人心。道のあらわれ。その天に現われたものが太陽で、人に現われたものが人の心である（『管子』「枢言篇」）。○**泰山**—五嶽の一。山東省泰安県の北。物の重いたとえ。○**生を偸む**—死ぬべき時に死なないで、いたずらに生を貪る。○**活を草間に求む**—辱を忍んで生をぬすむ。○**喉を扼え背を拊つ**—急所を押さえて死命を制する。

※

支那群聖人之所出、礼楽文物之盛冠于万国。而歴代為戎狄所侵掠、竟為被髪左衽之俗。天竺亦為厄利祭亜所滅、後又為莫臥尓之有。而今則分裂而為都児格、為和蘭、為暎夷矣。弱者彊之肉、彼蛮夷者、不論曲直、惟力是視。

昔者金粘没喝侵宋、陥襲慶府。軍士有発孔子墓者、粘没喝問其通事高慶裔曰、孔子何人。曰古之大聖人。粘没喝曰、古之大聖人墓、安可発。

夫以蛮夷之人、大聖人之名且不知、而蹂躙中原如渉無人之境、積屍成山、釃血成川。衣冠文物之士、皆鳥遁獣竄、莫能拒之。可勝歎哉。

近年暎夷焚掠閩広。其惨毒有不可言者。彼抱虎狼之心、逞溪壑之慾、又垂涎于我、屡窺辺陲。譬如劇賊大盗狙富豪之家、将投隙乗虚而入焉。而我不峻垣墻、不固扃鐍、高枕安臥其中、而不厳為之備。豈不危乎。

吾邦自古称英武、殲蒙古十万於西海、敗明兵二十万於朝鮮、威震百蛮。今人輒以藉口。然当是時也、天下将士皆百戦練磨之餘、故駆髯虜如犬羊然。

元和以来、四海無虞、民老死不見兵革、蓋二百三十餘年于茲矣。人情狃於恬晏、風俗流於奢靡、曽無渉戦闘実際者。較之往昔陥陣斬将之士、其強弱相懸絶。顧欲以此当慓悍虎狼之夷。噫亦難矣。

雖然吾邦東方精華之気所萃、英武忠烈、以死敵為栄。其流風餘烈、極千古而不磨滅。雖狃泰平之久、亦必不至支那人風鶴相驚、抱首鼠竄、而受焚掠之虐也。

朝廷若能就沿海要害、列砲墩、設煙台、振作士気、脩整武備、使天下之人、凛々然有敵愾之心、則又何蠢爾蛮夷之足憂哉。吾六十州士民、盍自思吾邦千古未受蛮夷蹂躙之辱。天地山川社稷宗廟之霊、照鑑在上。苟能横戈揮刀、於沙磧之上、与夷狄接踵而死之、上之致忠節於万古歴世之神聖、下之尽孝義於百代祖先之霊、心事明於天日一死重於泰山、栄莫大焉。若偸生求活於草間、而為蛮夷之奴隷、辱莫甚焉。又何顔見祖宗於地下乎。其立心決死如此、一可以当十、十可以当百、百可以当千。則嘆夷雖強、足以扼其喉、而拊之背矣。此防海第一義也。

＊

イギリスは福建省や広東省を焼いて略奪し、武威は東洋を揺り動かし、聞いた者は胆気を奪われた。およそ泰平が長く続き、人々が戦闘に通暁していないからである。そうであっても、天下の士気を奮い立たせ、天下の人心を鼓舞し、沿岸の防御を厳格にし、異民族にその毒を勝手にさせないためには、君主の心構えがどのようであるかと注視するばかりである。

トルコはヨーロッパの一帝国である。イギリスは、その城郭が堅牢でないことを探知し、そこで軍艦を差し向けて港を乱した。トルコは、大砲を発射して軍艦を撃ったが、一発もあたらなかった。その砲台が高い所にあったので、水面と平行に撃つことができなかったのである。結局大敗した。

国民は歯がみして憤り、気を引き締めてイギリスのやり方への対抗策を練り、砲台を海岸に増築して数百門の大砲を列ねた。敵が到来すると決死の覚悟で戦い、イギリスは敗走し、かくして一大強国となった。

北アメリカは、一六六四年、イギリスがはじめて人をここに入植させた。一七三四年、再び数百人を送り出した。次いで、教えに従わない人々（清教徒）数万人を移住させた。山河を切り開き、土地を開墾し、農、漁、畜産など各々適した生業に従事し、ついには一国を創立した。

宝暦年間（一七五一～六四）になって、イギリスは兵士をアメリカで召し出した。人民はその残酷な仕打ちに憤り、決して命令に従わず、挙兵して戦った。イギリスは勝てず、和議して兵をひきまとめた。このことによって、独立国家となった。

東インドのマラッカ国王セツハギは、雄々しくて智力があり、周辺国と友好を保ち、部下の将士をいつくしんだ。宝暦年間、モンゴルを半分以上併呑した。その子もまた勇猛で、倹素を守り、騎兵や長槍の使い手を多く養い、イギリスと戦って、しばしば勝った。

イギリスは大変怒り、国力を結集してにわかに襲来した。軍隊が連なって四年も解かず、イギリスはさらに決死の兵士を募り、その要害の地をおさえた。マラッカは追い詰められた。そこで、数万の精鋭を出し尽くし、決死の覚悟で激しく戦った。イギリスはまともに対抗できず、講和して帰った。後にモンゴルを討って、その王を生け捕りにし、勢いはますます強大になった。イギリスの荒馬のような悪強さを用いても、押さえることができなかった。

この事から考えると、君主が士民を本当にいつくしみ、死力を尽くして防備を固めれば、イギリスは、防ぎにくくはないのである。ましてわが国の人々は、忠勇の心が生まれつき抜きん出ている。もしも大義でもって士民をいきおいづけ、賞罰でもって士民をはげまし、戦場の法でもって士民を訓練すれば、国の勢いは強く盛んになり、イギリスを畏縮させて、きっとトルコやマラッカよりもはるかに上に出る。

❊

暎夷、閩広を焚掠し、威、東洋を震い、聞く者、気を奪わる。蓋し承平日に久しくして、士、戦闘に習れざるを以てなり。然れども天下の士気を振起し、天下の人心を鼓舞し、沿海の防禦を厳にし、外夷をして其の毒を肆にすることを得ざらしむる者は、人主の心何如と顧みるのみ。

都尓格は欧羅巴の一帝国なり。暎夷其の城郭の堅牢ならざるを偵知し、乃ち兵艦を遣わして埠頭を擾せしむ。都尓格、大礟を発して之を撃つ。一丸も中らず。其の砲台の高き処に在るを以て、而して水面を平射する能わざるなり。遂に大敗す。

国人歯を切り、更めて暎夷の式を擬り、砲台を海岸に増築して数百座を列ぬ。敵到れば、即ち殊死して戦い、暎夷敗走し、遂に一大強国と為る。

北亜墨利加は、万治六年、暎夷始めて人を此に種う。享保十九年、再び数百人を遣わす。尋いで教に従わざる者数万人を遷す。山河を疏鑿し、土壌を墾闢し、農桑漁猟、各〻其の宜しきに従い、竟に一国を創立す。

宝暦年間に迄びて、暎夷、兵を亜墨利加に徴す。人民其の酷虐に憤り、敢えて命に従わず、兵を挙げて相い戦う。暎夷克つ能わず、和を議して兵を収む。是れに由りて自立の邦と為る。

東印度の満剌甸国王薛覇厄は、雄毅にして智幹有り、好みを四隣に通じ、部下の将士を愛撫す。宝暦中、莫臥尓を併する者過半なり。其の子も亦た勇鷙にして、倹素を守り、多く騎馬長槍の士を養い、暎夷と戦いて屡〻勝つ。

暎夷怒ること甚しく、国を傾けて奄ち至る。兵連なりて解かざる者四年、暎夷又た敢死の士を募り、其の襟喉の地を扼う。満剌甸、大いに窘まる。乃ち精鋭数万を悉し、死を決して鏖戦す。暎夷当たること能わず、和を講じて還る。後に莫臥尓を討ち、其の主を擒にし、勢い益〻強大なり。暎夷の桀鷔を以てすと雖も、能く制する莫し。

是れに由りて之を観れば、人主誠に能く士を撫し民を愛し、死力を致して之が備を為さば、暎夷、禦ぎ難からざるなり。況んや、吾邦の人、忠勇、天性に出ず。苟しくも之を激するに大義を以てし、之を励ますに賞罰を以てし、之を練るに戦陣の法を以てすれば、則ち国勢強盛、暎夷をして畏蹴せしめ、必ず迥（はる）かに都尓格、満剌匈の上に出ず。

語釈 ○**閩広**―福建省と広東省。○**承平**―太平をつぎ受ける。○**偵知**―様子を探り知る。○**歯を切る**―歯ぎしりする。きわめて無念に思う。○**殊死**―決死。○**酷虐**―残酷にあつかい苦しめること。○**満剌匈**―マラッカ王国。十五世紀から十六世紀初頭にかけてマレー半島南岸に栄えたマレー系イスラム港市国家。○**薛覇厄**―未詳。○**勇鷙**―勇ましく猛々しい。○**国を傾く**―全国力を挙げる。○**敢死**―決死。○**襟喉**―要害の地。○**鏖戦**―敵を皆殺しにするほどに激しく戦う。○**桀鷔**―馴れない荒馬のように、悪強いもの。○**戦陣**―戦場。○**畏蹴**―おそれつつしむ。

※

唊夷焚掠閩広、威震東洋、聞者奪気。蓋以承平日久、而士不習戦闘也。然振起天下之士気、鼓舞天下之人心、厳沿海之防禦、使外夷不得肆其毒者、顧人主之心何如耳。

都尓格、欧羅巴一帝国也。唊夷偵知其城郭不堅牢、乃遣兵艦擾埠頭。都尓格発大礮撃之。一丸不中。以其砲台在高処、而不能平射水面也。遂大敗。

国人切歯、更擬唊夷式、増築砲台於海岸、列数百座。敵到、即殊死戦、唊夷敗走、遂為一大強国矣。

北亜墨利加、万治六年、唊夷始種人於此。享保十九年、再遣数百人。尋遷不従教者数万人。疏鑿山河、墾闢土壌、農桑漁猟、各従其宜、竟創立一国。

迄宝暦年間、嘆夷徴兵於亜墨利加。人民憤其酷虐、不敢従命、挙兵相戦。嘆夷不能克、議和収兵。由是為自立之邦矣。

東印度、満剌甸国王薛覇厄、雄毅有智幹、通好於四隣、愛撫部下将士。宝暦中、併莫臥尓者過半。其子亦勇鷙、守倹素、多養騎馬長槍之士、与嘆夷戦、屢勝。

嘆夷怒甚、傾国奄至。兵連不解者四年、嘆夷又募敢死之士、扼其襟喉之地。満剌甸大窘。乃悉精鋭数万、決死鏖戦。嘆夷不能当、講和而還。後討莫臥尓、擒其主、勢益強大。雖以嘆夷之桀鷔、莫能制焉。

由是観之、人主誠能撫士愛民、致死力而為之備、嘆夷不難禦也。況乎吾邦人、忠勇出于天性。苟激之以大義、励之以賞罰、練之以戦陣之法、則国勢強盛、使嘆夷畏蹴、必迴出于都尓格、満剌甸之上矣。

＊

すべて戦闘の要は戒懼（かいく）（過ちを犯さないよう気をつけること）にあり、戒懼と恐怖とは同じではない。そもそも軍隊は凶器であり、戦争は危事である。凶器をとって危事を行うのだから、天下の大事である。

人民の生死に関わること、国家の存亡に関わることなので、本営で戦略をめぐらし、勝つために千里も先の兵を統率することは、びくびくして盤に盛った水を捧げるようなものであり、春の薄氷を渡るようなものである。決して軽はずみに戦争をおこさず、そのおろそかなことを恐れるのである。決して軽率に陣営にのぞまず、そのとりこぼしを恐れるのである。決して領土や貨財をむさぼらず、そのむさぼることを恐れるのである。これこそ戒懼というものなのだ。

恐怖というものは、根拠のない評判を聞いて恐れ、わずかな物音を聞いて恐れ、恫喝の言を聞いて恐れ、ついぞその真実があるところを察せず、心神はもはや喪失して、士気はもはや落ち、息もたえだえになって振るわない。これこそ恐怖というものなのだ。戒懼する者が勝ち、恐怖する者が負けるのは、自然の勢いである。

名将が戦争をする時は、軍律を厳しくし、兵士の組を整え、士気を一つにし、死力を尽くし、戒懼の心を興して、恐怖の念を消し去る。だから、戦うたびに必ず勝つ。

今、世の軍事を談ずる者は、イギリスの威風を聞くやいなや驚いて目を見はり、刃向かうことはできないとする。イギリスは確かに強い。けれども、我国はまだ一度も交戦していないのだから、その強弱の実は、まだわからないのである。

あの国は万里の波濤をわたり、海外で利益を争う。主と客の別からすれば、どちらが有利でどちらが不利なのか。わが国は枢要の地に拠り、あの国は船をたよりにする。攻守の勢いは、どちらが難しくどちらが易しいのか。甲冑や武器の装備は、どちらが鋭くどちらが鈍いのか。弓馬や刀槍の術は、どちらが巧みでどちらが拙いのか。軍隊の士気は、どちらが勇みどちらがおびえているのか。

これら枚挙したものは、およそわが国が優り、あの国が劣るところである。あの国が優るものは船や砲術だけである。船のつくりは堅固な城のように大きいけれども、またわずかに海戦に有利なだけであって、これを陸に行使することはできない。大砲のはたらきは、響きがあまたの雷を揺り動かし、勢いが石の城を崩すものであるけれども、わずかに遠いところに好都合なだけで、大砲を近くに用いることはできない。近い時は、あの国は小銃を用いる。そしてわが国もまた小銃を用い、弓矢や刀槍の秀でた技を交えれば、それでもって、まともに対抗できる。わが国は、どうしてあの国を恐れようか。

さて、わが国の大砲は、運用や発射の妙技があの国に及ばないようである。けれども、その技術は、近年大いに進展した。今から数十年の間に、ますます精力をここに尽くして、これを熟練していけば、どうして、あの国とついぞわたりあえないとわかろうか。

ただし、わが国の大砲の数は、確かに多くはない。けれども、むだな出費を省き、国費を抑え、毎年、数十門、数百門の大砲を鋳造したならば、十数年後には数千門の大砲を得ることができる。いったい、どうしてあの国の大砲の多さに及ばないとわかろうか。

その上、わが国の近海は、暗礁が多く、浅い砂地が多く、断崖絶壁が多く、台風や雷雲など、不測の天災が生ずる恐れが多い。かつてロシア使節の船が、数万里の大海を渉って、数十国の間にまわっても、船は損壊したことがなかった。カムチャッカからわが国の近海に航行して長崎に到るのは、千余里に過ぎない。けれども、大艦はにわかに壊れ、修理して、ようやく帰ることができた。その風や大波の険しさを知るべきである。

あの国がわが国に戦争をしかければ、わが国は要害に拠って、港を守る。あの国の大艦は、海洋にただよい、風や波が激しくつきあたり、糧食の運送は確保できず、薪や水が欠乏する。そして、わが国がさらに城壁をかたくし、野にある物を一物余さず片付けてしまえば、略奪しようにも獲るものがない。変化に応じ、奇計を用い、あるいは大砲や火の矢、火のたまなどを用いて敵船を焼き、あるいは暗い霧や暗夜に乗じて敵の不意を襲い、あの国を狼のようにふりかえらせ尻込みさせて、決して進ませない。必ずしも、その策がないわけではないのである。

そもそもわが国は神聖であって、建国してから今にいたるまですでに幾千年が経っている。皇統は連綿として、百代一姓、黄金の瓶はいささかも欠けたことがなく（外侮を受けたことがなく）、天地とともに存在する。あの小さな虫がうごめくような野蛮人は、飽くことない欲をたくましくし、フクロウが羽を張り、カマキリが臂を怒らすようにして、わが神国を犯して、これを奪おうと思っている。これほどはなはだしく憎むべきことはない。

わが六十州の人であれば、誰もが決死の覚悟でこれを防ぐ。先祖、国家や山川の神は、皆加護して神威をふるい給う。従って、白刃を踏み、熱湯烈火に赴き、激しく決戦して、わが刀の切れ味を試すのだ。いったいどうして、びくびくと恐怖しながら防げと言うのか。

※

凡そ戦闘の要は戒懼に在り、戒懼と恐怖とは同じからず。夫れ兵は凶器なり、戦は危事なり。凶器を執りて危事を行うは、天下の大事なり。

人衆死生の係る所、社稷存亡の関わる所、故に籌を帷幄に運らし、勝を千里に制するは、惴惴然として盤水を捧ぐるが如く、春氷を渉るが如し。敢えて苟且に兵を挙げず、其の疎なるを懼るるなり。敢えて軽易に陣に臨まず、其の漏るるを懼るるなり。敢えて土地貨財を貪らず、其の貪るを懼るるなり。此れを之れ戒懼と謂う。

彼の恐怖なる者は、虚声を聞きて怖れ、風鶴を聞きて怖れ、恫喝の言を聞きて怖れ、曽て其の実の在る所を察せずして、神已に喪い、胆已に落ち、士気奄奄として振わず。此れを之れ恐怖と謂う。戒懼する者勝ち、恐怖する者敗るるは、自然の勢いなり。

名将の兵を用うるや、法令を厳にし、隊伍を整え、士心を壱にし、死力を致し、戒懼の心を興して、恐怖の念を去る。故に戦う毎に必ず勝つ。

今、世の兵を談ずる者、暎夷の風を聞けば、即ち愕眙（がくち）して、以て敵すべからずと為す。夫れ、暎夷誠に強し。而れども我が邦いまだ嘗て一たびも兵を交えざれば、其の強弱の実、いまだ知るべからざるなり。

彼れ万里の波濤を渉り、利を海外に争う。主客の分、孰（いず）れか得て孰れか失うや。我は険要に拠り、彼は舟楫に託す。攻守の勢い、孰れか難（かた）く孰れか易きや。甲冑器械の制、孰れか利（と）く孰れか鈍きや。弓馬刀槍の術、孰れか精（くわ）しく孰れか粗（あら）きや。兵士の気、孰れか勇み孰れか怯ゆるや。

此の数うる者は、蓋し我の長ずる所にして、彼の短なる所なり。彼の長ずる所の者は、舟楫（しゅうしゅう）のみ、火技（かぎ）のみ。舟楫の制、堅きこと金城（きんじょう）の如く、大いなること丘山（きゅうざん）の如しと雖も、亦た惟だ水戦に便なるのみにして、以て諸（これ）を陸に行うべからず。大砲の利、響きは万雷を震い、勢いは石城を崩すと雖も、亦た惟だ遠きに利あるのみにして、以て諸を近きに用うべからず。近ければ則ち、彼れ小銃を用う。而して、我も亦た小銃を用い、雑（まじ）うるに弓弩（きゅうど）刀槍の長技を以てすれば、以て相い当たるに足る。我何ぞ彼を畏れんや。

第（た）だ我が大砲、運用点発の妙、彼に及ばざる者の若し。然れども其の技近年大いに開かる。今より数十年の間、益〻精力を此に尽くして、之を錬習すれば、安んぞ其れ果して彼と相い頡頏すること能わざるを知らんや。

但だ我が大砲の数、誠に多からずと為す。然れども冗費を省き、国用を縮め、歳毎に数十百門を鋳すれば、則ち十数年の後、数千門を得べし。又た安んぞ彼の多きに如かざるを知らんや。

且つ我が瀕海は、暗礁多く、浅沙多く、巉崖絶壁多く、颶風礮雲、不測の虞れ多し。往年、鄂羅斯使節船、数万里の溟渤を渉り、数十州の間に盤旋するも、舳艫いまだ嘗て損壊せず。加摸沙斯加より我が瀕海に航して、長崎に至ること千余里に過ぎず。而れども舶頓かに壊れ、繕修し、乃ち還ることを得。其の風濤の険、知るべし。

彼れ兵を我に用うれば、我要隘に拠り、港嶴を守る。彼の舶、洋中に蕩漾し、風濤の衝激する所と為り、糧運給せず、薪水闕乏す。而して我又た壁を堅くし野を清くすれば、掠劫するも獲る所無し。変に応じ奇を出だし、或いは大砲火箭火毬の類を以て其の船を焚き、或いは昏霧闇夜に乗じて其の不意を襲い、彼をして狼顧逡巡して、敢えて進まざらしむ。いまだ必ずしも其の策無くんばあらざるなり。

抑も我が邦は神聖にして、国を建つること今已に幾千年なり。皇統蝉嫣、百代一姓、金甌欠くること罔く、天壌と倶に存す。彼の蠢爾たる蛮夷、饜くこと無きの欲を逞しくし、鴟張螳怒、我が神州を犯して、之を呑噬せんと欲す。豈に憎むべきの甚しきにあらざらんや。

六十州の人、孰れか死を致して之を禦がざらん。祖宗の霊、社稷山川の神、孰れか冥護して之を撝呵せざらん。則ち白刃を踏み、湯火に赴き、鏖戦一場、以て吾が刀の利きを試すべし。又た何ぞ鰓鰓然たる恐怖を以て為さんや。

語釈 ○**戒懼**—過ちを犯さないよう気をつけること。 ○**危事**—危険な事。 ○**人衆**—多くの人。 ○**社稷**—国家。 ○**帷幄**—昔、陣営に幕をめぐらしたところから、作戦を立てる所の意。 ○**惴惴然**—おそれてびくびくするさま。 ○**軽易**—軽率なさま。 ○**盤水**—盤に水を盛ったさま。 ○**苟且**—その場かぎりの間に合わせであること。 ○**奄奄**—息も絶え絶えであるさま。 ○**虚声**—偽りの評判。 ○**風鶴**—わずかな物音にもおびえるたとえ。 ○**金城**—極めて堅固な城。 ○**愕眙**—驚いて目を見張ること。 ○**火技**—小銃・大砲などを操作する技術。 ○**弓弩**—弓と石弓。 ○**瀕海**—海に面していること。 ○**巉崖**—がけ。 ○**颶風**—台風。 ○**礮雲**—雷雲。 ○**溟渤**—果てしなく広い海。 ○**舳艫**—船のへさきととも。 ○**要隘**—要害。 ○**港器**—港。 ○**蕩漾**—ただようさま。 ○**衝激**—激しくつきあたる。 ○**糧運**—糧食を運送すること。 ○**壁を堅くし野を清くす**—城壁をかたくし、野にある物を一物余さず片付ける。獲る物をなくして敵を苦しめる戦法。 ○**掠劫**—かすめおびやかす。 ○**奇を出す**—奇計を用いる。 ○**火箭**—火をつけて射た矢。 ○**火毬**—火のたま。 ○**昏霧**—暗い霧。 ○**狼顧**—狼は性が怯で常に後を顧みることから、人が恐れて見かえるたとえ。 ○**蝉嫣**—連なって絶えない。 ○**金甌欠くること罔し**—いささかも欠けた所のない黄金の瓶。外侮を受けたことのない完全無欠な国家のたとえ。

『南史』「朱异(しゅい)伝」から。○天壌―天地。○蠢爾―小さな虫がうごめくさま。○鴟張―梟が羽を張ったように勢い強くわがままなこと。○蝗怒―カマキリが臂を怒らして向ってくること。○吞噬―他国を攻略してその領土を奪う。○撝呵―勢つよくふるう。○白刃を踏む―勇気のあるたとえ。『中庸』から。○湯火に赴く―熱湯と烈火。塗炭の苦しみをいう。○鏖戦―敵を皆殺しにするほどに激しく戦うこと。○䰡䰡然―恐れるさま。

✻

凡戦闘之要、在乎戒懼、戒懼与恐怖不同。夫兵者凶器也、戦者危事也。執凶器、行危事、天下之大事也。

人衆死生之所係、社稷存亡之所関、故運籌於帷幄、制勝於千里、惴惴然如捧盤水、如渉春氷。不敢苟且挙兵、懼其疎也。不敢軽易臨陣、懼其漏也。不敢貪土地貨財、懼其貪也。此之謂戒懼。

彼恐怖者、聞虚声而怖、聞風鶴而怖、聞恫喝之言而怖、曽不察其実之所在、而神已喪、胆已落、士気奄奄不振。此之謂恐怖。戒懼者勝、恐怖者敗、自然之勢也。

名将之用兵、厳法令、整隊伍、壱士心、致死力、興戒懼之心、而去恐怖之念。故毎戦必勝。

今世之談兵者、聞暎夷之風、即愕眙以為不可敵。夫暎夷誠強矣。而我邦未嘗一交兵、其強弱之実、未可知也。

彼涉万里之波濤、争利於海外。主客之分、孰得孰失。我拠険要、彼託舟楫。攻守之勢、孰難孰易。甲冑器械之制、孰利孰鈍。弓馬刀槍之術、孰精孰粗。兵士之気、孰勇孰怯。此数者、蓋我之所長、而彼之所短也。彼之所長者、舟楫而已矣、火技而已矣。舟楫之制、雖堅如金城、大如丘山、亦惟便于水戦、而不可以行諸陸。大砲之利、雖響震万雷、勢崩石城、亦惟利于遠、而不可以用諸近。近則彼用小銃。而我亦用小銃、雑以弓弩刀槍之長技、足以相当。我何畏彼哉。第我大砲、運用点発之妙、若不及彼者。然其技近年大開。自今数十年間、益尽精力於此、而錬習之、安知其果不能与彼相頡頏哉。

但我大砲之数、誠為不多矣。然省冗費、縮国用、毎歳鋳数十百門、則十数年後、可得数千門。又安知不如彼之多哉。

且我瀕海、多暗礁、多浅沙、多巉崖絶壁、多颶風礮雲不測之虞。往年鄂羅斯使節船、涉数万里之溟渤、盤旋数十州之間、舳艫未嘗損壊。自加摸沙斯加航我瀕海、至長崎、不過千余里。而舶頓壊、繕修乃得還。其風濤之険可知矣。

彼用兵於我、我拠要隘、守港礜。彼舶蕩漾洋中、為風濤所衝激、糧運不給、薪水闕乏。而我又堅壁清野、掠劫無所獲。応変出奇、或以大砲火箭火毬之類焚其船、或乗昏霧闇夜、襲其不意、使彼狼顧逡巡、而不敢進。未必無其策也。

抑我邦神聖、建国今已幾千年矣。皇統蝉嫣、百代一姓、金甌罔欠、与天壌倶存。彼蠢爾蛮夷、逞無饜之欲、鴟張螳怒、欲犯我神州、而呑噬之。豈非可憎之甚哉。六十州人、孰不致死而禦之。祖宗之霊、社稷山川之神、孰不冥護而撝呵之。則踏白刃、赴湯火、鏖戦一場、可以試吾刀之利。又何以龘龘然恐怖為也。

※

大砲は、すでに天文年間（一五三二〜五五）にわが国に伝わっている。けれども、これを戦場に用いることは稀であった。それで大名の多くは大砲を持たなかった。おそらく、活用や発砲の方法がまだ確立していなかったので、戦争には都合が悪かったのである。

そうであるけれども、あの国はすでに大砲を主とし、一つの船に数十門を列ね、連発して激しく震わせ、近寄ることもできないので、わが国も大砲を用いないわけにはいかない。そういうわけで、近年、次第に、大砲を造り、西洋の製法をまねる者が出て来た。その技術は、まだあの国の確かさには及ばないけれども、しかしながらこれをさらに久しく訓練し、用い方がさらに熟達すれば、どうして、あの国の右に出ることがないとわかろうか。

およそわが国の特性は、たとえ発明できなかったとしても、しかしながら外国が製造したものを見れば、すぐに悟ることができるというものである。あの国が数十年の工夫を尽くして成ったものでも、わが国は三、四年ばかりでこれを悟る。わが国が才知にすぐれ理解がはやいことを、西洋人は常々感嘆する。これは元来わが国がすぐれている所なのだから、大砲の製造や発砲の妙技、活用や搬送の巧みさは、ますます熟練し、ますます確かになり、きっと、あの国は舌を吐くほど歎息するに違いない。

しかし、数千門の大砲には巨万の費用がかかるので、急に備えることができるものではない。また、大砲を製造する者も限られた諸侯である。倹約して無駄な出費を減らし、年々製造することで、数千門の大砲を揃えるに至ったならば、海防において、とりわけ重要なものを得たことになる。

昔、小さな砲も西洋人がもたらしたものから始まって、わが国はしばしば用い、大いにすぐれた勲を上げた。その砲術は、今やますます成熟している。西洋人の下風には立つまいと推測する。

明の嘉靖年間(一五二二〜六六)、わが国の辺境の民は、福建省と浙江省をかき乱した。その時、あの国には大砲はあったが小砲がなく、わが兵に大いにくじきやぶられた。唐荊川(とうけいせん)が上書して、ようやく小砲の製造を模倣し、かくして行軍の重要な兵器とされた。したがって、わが国が将来、大砲の術に確かになるのも、きっとこのようであろう。

西洋の銃砲は、まだその起源が詳しくはわからない。『明史』に、「明の正徳(せいとく)(一五〇六〜二一)年間、仏郎機(フランキ)が奉ったもので、それゆえこれを名づけた」と言う。あるいは、「わが元応二年(一三二〇)、ドイツ国の修道士ベルトルドが最初にフランキ砲を造った」と言う。

私が調べたところ、『続資治通鑑』の宋の理宗紀に、「モンゴルが金を伐ち、汴京に攻め入った。金はこれを防戦しようとした。震天雷と名づけられた火砲は、鉄の矢を用い火薬を盛り、火を付けると砲は作動して火を発する。その雷のような音は、百里の外にまで聞こえ、焼きつくす面積は半畝（三アール）以上、火が付けば、鉄のよろいかぶとも皆貫通した。さらに飛火槍があり、火薬を入れて発射するときはいつも、前の十餘歩（二十数m）には人は決して近づかなかった。モンゴルはただこの二つの兵器を恐れたのである」とあった。これこそ火砲の起源である。

震天雷は、いわゆるボンベン砲というものである。宋の理宗は、後堀河天皇の御世に当たる。元応年間よりも約百年も前のことなので、ドイツ国に始まったというのは、おそらく誤りである。あるいは大砲は金国で始まって、西洋でその後に現れたのであろうか。

姜宸英は言う、「この砲がいったん発射して、血が流れて溝となり、骨肉がただれてしまったならば、たとえ韓世忠や岳飛のような将軍や百万の軍隊があったとしても、そのわざを用いるところがない」と。そもそも火砲は、かくも重要な武器である。わが国はどうして、火砲を多く製造し、あの国が頼みにしているものを奪わずにいられようか。

今年（一八四八）、北アメリカの人十五名、暴風に遭ったと言って松前に到った。松前藩主は、役人に護送させ長崎に行かせた。外国人は、役人に言った、

「貴国は火薬の技にはすぐれず、かつまたボンベン砲もない」と。役人は「持っておるぞ」と言った。

外国人は言った、

「ボンベン砲はイギリスが製造しているものです。貴国に、どうしてあるのですか。そのつくりを聞かせてください」と。役人は、その形状や発砲の仕方を非常に詳しく説いた。外国人は顔色を変えて驚いた。

さて、ボンベン砲は、外国人が頼みにしていて、奇謀を用いて勝利を得るものである。けれども、わが国にすでにそれがあることを聞いたのだ。驚き怖れないはずがない。従って、海防の兵器はボンベン砲を要とすべきである。その他、カノン砲、臼砲(きゅうほう)など皆習熟すべきものである。

※

大砲の我に伝うること、已に天文年間に在り。而れども諸(これ)を戦陣に用うる者は罕(まれ)なり。故に諸侯多くは大砲を蔵せず。蓋し運用点発の法、いまだ精しからず、以て戦に便ならずと為す。

然れども彼れ既に此れを以て主と為し、一艦に数十門を列ね、連発震激し、嚮邇(きょうじ)すべからざれば、則ち我安んぞ之を用いざるを得んや。是を以て近年寖(ようや)く大砲を造り、西洋の法に倣(なら)う者有り。其の技いまだ彼れの精しきに及ばずと雖も、而れども之を習うこと寖く久しく、之を用うること寖く熟すれば、安んぞ彼の右に出でざるを知らんや。

蓋し吾邦の性、物を開く能わずと雖も、而れども異邦の製造する所を視れば、即ち能く領悟す。彼れ数十年の功を竭くして成る者、我れ三四年ばかりにして之を了る。其の智巧敏捷、西洋人毎に之を奇歎す。是れ固より我の長ずる所なれば、則ち其の製造点放の妙、運用転搬の巧、益〻熟し益〻精しく、必ず当に彼をして舌を吐きて駭絶せしむべし。

但だ大砲数千門は費用鉅万にして、咄嗟に弁ずべきにあらず。而して之を製る者も亦た有数の邦君諸侯なり。省きて冗費を減じ、歳を逐いて製造し、以て数千門の多きに至らば、則ち防海に於いて尤も其の要を得と為す。

昔者小砲も亦た西番の齎す所に出で、而して我屢〻之を用い、大いに奇勲を奏す。其の術、今に至りて益〻精熟す。想うに亦た西番の下には在らじ。

前明の嘉靖中、我が辺民、閩浙を擾乱す。時に彼れ大砲有りて小砲無く、大いに我が兵の摧敗する所と為る。唐荊川上書し、始めて其の製に傚い、遂に行軍の要器と為す。則ち我の後来、大砲に精しきも亦た当に是くの如くなるべし。

西洋の銃砲、いまだ其の始むる所を審らかにせず。明史に云う、「明の正徳中、仏郎機の貢する所なり、故に焉を名づく」と。或いは云う、「我が元応二年、独逸国の僧官抜尔独児度始めて之を作る」

と。

愚、按ずるに、続通鑑の宋の理宗紀に、「蒙古、金を伐ち、汴京に攻む。金、将に之を拒がんとす。火砲有りて震天雷と名づくる者、鉄錐を用い薬を盛り、火を以て之を点ぜば、砲起こりて火発す。其の声、雷の如く、百里の外に聞こえ、爇囲する所半畝以上、火点ずれば鉄甲皆透る。又た飛火槍有り、薬を注ぎて以て之を発すれば、輒ち、前の十餘歩、人も亦た敢えて近づかず。蒙古唯だ此の二物を畏るるのみ」と。此れ乃ち火砲の始めなり。

震天雷はいわゆる天砲なる者なり。宋の理宗は後堀河帝の世に当たる。元応に先んずること殆ど百年なれば、則ち独逸国に始まると謂う者、恐らくは非なり。抑も大砲は金源に創め、而して西洋其の後に出でたるか。

姜宸英云う、「此の砲一たび発し、而して血流れて溝を成し、骨肉糜爛すれば、韓岳の将、百万の師有りと雖も、其の巧を用うる所無し」と。夫れ火砲の要器と為すこと此くの如し。我詎ぞ多く之を製し、而して彼の恃む所を奪わざるべけんや。

今年、北亜墨利加の人十五名、飄風と称して松前に抵る。松前侯、吏をして押送し長崎に抵らしむ。夷人、吏に謂いて曰わく、「貴邦、火技に長ぜず、且つ天砲無し」と。吏曰わく、「有り」と。夷人曰わく、「天砲は暎国の製る所なり。貴邦、寧ぞ之れ有らんや。其の製を聞かんことを請う」と。吏、其の形状施放(しほう)の法を説くこと甚だ詳らかなり。夷人、色を失う。

夫れ天砲は蛮夷の恃みて以て奇勝(きしょう)を取る所なり。而れども我が邦に既に之れ有るを聞く。安んぞ駭(がい)懼(く)せざるを得んや。則ち防海の器、当に此れを以て要と為すべし。其の他、迦農(カノン)砲、臼砲(きゅうほう)、皆宜しく精習すべき所なり。

語釈 ○**嚮邇**―接近する。○**物を開く**―開発する。○**領悟**―悟る。○**智巧**―知恵と技巧。○**敏捷**―理解や判断が早い。○**舌を吐く**―驚いて歎息する。○**歳を逐う**―年ごとに。○**奇勲**―すぐれた勲。○**閩浙**―福建省と浙江省。○**擾乱**―入り乱れて騒ぐ。○**摧敗**―くじきやぶる。○**唐荊川**―明、武進の人。官は右僉都御史・巡撫鳳陽。碩学。○**後来**―将来。○**抜尓独児度**―ベルトルド・シュヴァルツ。フランシスコ会修道士、錬金術師。黒色火薬を発明。○**理宗**―南宋の第五代皇帝。○**汴京**―河南省にある開封(かいほう)の古称。○**火砲**―火薬の力によって弾丸を発射する装置のもの。宋代、虞(ぐ)允文(いんぶん)が霹靂(へきれき)砲を作り、魏勝(ぎしょう)が砲車を作ったのがその始まりで、金・元の間にも種々の制作が試みられ、震天雷・襄陽(じょうよう)砲等ができた。○**鉄錐**―鉄の矢。○**爇囲**―焼いて囲む。○**鉄甲**―鉄製のよろい・かぶと。○**飛火槍**―火銃・鉄砲の一種。一二八八年当時の青銅製の銃身が中国で発掘されたことで、モンゴル支配下の中国が火槍から銃へ装備を変えたことが明らかになり、銃はモンゴル帝国を通じてヨーロッパへ伝わったとされるようになった。○**歩**―六尺。○**天砲**―ボンベン砲。○**金源**―金国。

○**姜宸英**―清初の文人。○**糜爛**―ただれくずれること。○**韓岳の将**―宋の軍人韓世忠と岳飛。○**飄風**―暴風。○**押送**―護送。○**施放**―発砲。○**色を失う**―顔色を変える。はなはだしく驚きおそれることに言う。○**奇勝**―奇謀を用いて敵に勝つ。○**駭懼**―驚き怖れる。○**迦農砲**―遠距離を射撃するために、長い砲身から大きな初速の砲弾を平らな弾道で発射する。海岸要塞砲。○**臼砲**―砲身が極端に肉厚で短く、臼に似る。大重量の砲弾を発射できたため、城郭や要塞攻撃に用いられた。○**精習**―くわしく身につけている。

＊

大砲之伝于我、已在天文年間。而用諸戦陣者罕矣。故諸侯不多蔵大砲。蓋運用点発之法、未精、以為不便於戦。

然彼既以此為主、一艦列数十門、連発震激、不可嚮邇、則我安得不用之乎。是以近年寖造大砲、有倣西洋法者。其技雖未及彼之精、而習之寖久、用之寖熟、安知不出于彼之右乎。

蓋吾邦之性、雖不能開物、而視異邦所製造、即能領悟。彼竭数十年之功而成者、我可三四年了之。其智巧敏捷、西洋人毎奇歎之。是固我之所長、則其製造点放之妙、運用転搬之巧、益熟益精、必当使彼吐舌駭絶。

但大砲数千門、費用鉅万、非咄嗟可弁。而製之者、亦有数邦君諸侯。省減冗費、逐歳製造、以至数千門之多、則於防海尤為得其要矣。

昔者小砲亦出于西番所齎、而我屢用之、大奏奇勲。其術至今益精熟。想亦不在西番之下矣。

前明嘉靖中、我辺民擾乱閩浙。時彼有大砲而無小砲、大為我兵所摧敗。唐荊川上書、始倣其製、遂為行軍要器。則我之後来精於大砲、亦当如是也。

西洋銃砲未審其所始。明史云、明正徳中、仏郎機所貢、故名焉。或云、我元応二年、独逸国僧官拔尓独児度始作之。

愚按、続通鑑宋理宗紀、蒙古伐金、攻汴京。金将拒之。有火砲名震天雷者、用鉄錐盛薬、以火点之、砲起火発。其声如雷、聞百里外、所爇囲半畝以上、火点鉄甲皆透。又有飛火槍、注薬以発之、輒前十餘歩人亦不敢近。蒙古唯畏此二物。此乃火砲之始也。

震天雷所謂天砲者。宋理宗当後堀河帝之世。先元応殆百年、則謂始於独逸国者、恐非也。抑大砲創于金源、而西洋出于其後歟。

姜宸英云、此砲一発、而血流成溝、骨肉糜爛、雖有韓岳之将百万之師、無所用其巧矣。夫火砲之為要器如此。我詎可不多製之、而奪彼之所恃耶。

今年北亜墨利加人十五名、称飄風、抵松前。松前侯令吏押送抵長崎。夷人謂吏曰、貴邦不長火技、且無天砲。吏曰、有。夷人曰、天砲嘆国所製。貴邦寧有之乎。請聞其製。吏説其形状施放之法甚詳。

夷人失色。
夫天砲、蛮夷所恃以取奇勝。而聞我邦既有之。安得不駭懼。則防海之器、当以此為要。其他迦農砲臼砲、皆所宜精習。

※

天下の平和が久しく続いて、戦争に慣れておらず、一、二隻の外国船が到来したならば、見張りが稲妻のように早駆けして知らせ、人心は騒然とする。諸侯は兵を統べて数十里の外から駆けつける。その費用は数えられないほど多い。

あの野蛮な異民族たちの本心は、もとより推しはかることができないので、守備を厳重にして待ち構えるのは、確かに正しい。そうではあるが、あの国は、必ず侵しみだすとは限らないのである。ただ貿易を求め、薪や水を乞うだけである。わが国はかえって数千の兵を動かし、巨万の財を費やし、まだ戦わないうちに国力をもはや消耗している。どうして、はなはだしい取り越し苦労ではないと言えようか。

これから後、外国船が来たときは、十余人の官吏を出して訊問し、その言うことによって許すべきか否かを決めるのがよい。もしも状勢に異変があったならば、そうしたあとで大軍を出しても、まだ遅くはないのである。

かつまた大名の大軍が皆武装して海湾に駐屯して武威をかがやかすのは、良くないことではない。そうではあるが、外国船は数十門の大砲を並べている。今、防御の備えがないのに、いたずらに大軍を的にして弓の名人の羿(げい)の射程の中に遊ぶのは、これより大きな危険はない。

土塁を前方に築き、数丈の高さと厚さでもって大砲を防ぎ、さらに兵を要害にひそませて、その挙動を見るのがよい。あの国がもしも略奪したならば、ただちに見張りの砲の轟音を合図にして伏兵が四方に起こり、銃砲を乱発して、一兵たりとも帰らせず、外国人に恐れを抱かせるべきである。もしも多くの船がぐるりと取りまいて、風波にほしいままに激しく揺さぶられたならば、士卒たちは船酔いして嘔吐し、実地に役に立たず、むだに軽侮の心を持たせるだけである。

※

天下承平日(しょうへいひび)に久しくして、戎事(じゅうじ)に慣れず、一二の蛮船来る有れば、則ち塘報電馳(とうほうでんち)し、人情騒然たり。諸侯、兵を督(とく)して数十里の外より奔鶩(ほんぶ)す。其の費(つい)え、算(さん)無し。

彼の蛮夷の情は固(もと)より測るべからず、故に兵衛(へいえい)を厳(げん)にして以て之を待つは、誠に善し。然れども彼れ必ずしも侵擾(しんじょう)せざるなり。但だ互市を求め、薪水を乞うのみ。我乃ち数千の兵を動かし、鉅万の財を費やし、いまだ戦わずして、国力已に困(こん)す。豈に過慮(かりょ)の甚しきにあらざらんや。

今より以後、蛮船の来る有れば、宜しく官吏十餘人を出だして之に訊(と)い、其の謂う所に因って之を可否すべし。若し形勢に異有らば、然る後に師衆を出だすも、いまだ晩からざるなり。
且つ諸侯の師衆、皆戎服して海湾に屯し、以て武威を耀かすは、美ならざるにはあらず。然れども蛮船は大熕数十門を列ぬ。今、捍蔽の具無く、徒らに三軍を以て的と為して、羿の彀中に遊ぶは、危きこと焉より大なるは莫し。

宜しく埁壩を前に築き、高厚数丈、以て大砲を防ぎ、又た兵を要隘に伏して、以て其の挙動を視るべし。彼れ若し剽掠を行わば、即ち哨砲一声、伏兵四に起こり、銃砲乱発し、単甲をして返らざらしめて、以て蛮夷の心を寒からしむべし。若し夫れ衆船囲繞し、風浪の蕩激する所と為らば、士卒暈嘔し、実用に益無く、徒らに軽侮の意を啓くのみ。

語釈 ○**承平**—平和が長く続くこと。 ○**戎事**—戦争。 ○**塘報**—見張りの兵の知らせ。 ○**電馳**—いなづまのように非常にはやくかける。 ○**奔鶩**—疾く走る。 ○**兵衛**—兵士の護衛。 ○**侵擾**—侵しみだす。 ○**過慮**—取り越し苦労。 ○**師衆**—多勢の軍隊。 ○**戎服**—軍服を着る。 ○**大熕**—大砲。 ○**捍蔽**—ふせぎおおう。 ○**三軍**—大軍。周の制度で一軍は一万二千五百人。 ○**羿**—弓の名人。天に十個の太陽があらわれ、人々がその熱に苦しんだとき、羿は、九個の太陽を弓で射落としたという。 ○**彀中**—矢の及ぶ範囲。 ○**埁壩**—土塁。 ○**高厚**—高さと厚さ。 ○**要隘**—要害。 ○**剽掠**—おびやかしとる。 ○**哨砲**—見張りの砲。 ○**単甲**—一兵。 ○**囲繞**—ぐるりと取りまく。 ○**蕩激**—ほしいままで激しい。　○暈嘔―船酔いして嘔吐する。

❊

天下承平日久、不慣戎事、有一二蛮船来、則塘報電馳、人情騒然。諸侯督兵奔騖於数十里外。其費無算。

彼蛮夷之情、固不可測、故厳兵衛以待之、誠善矣。然彼不必侵擾也。但求互市、乞薪水耳。我乃動数千之兵、費鉅万之財、未戦而国力已困矣。豈不過慮之甚哉。

自今以後、有蛮船来、宜出官吏十餘人訊之、因其所謂而可否之。若形勢有異、然後出師衆、未晩也。且諸侯師衆、皆戎服屯海濱、以耀武威、非不美矣。然蛮船列大熕数十門。今無捍蔽之具、徒以三軍為的、而遊于羿之彀中、危莫大焉。

宜築埢壩于前、高厚数丈、以防大砲、又伏兵於要隘、以視其挙動。彼若行剽掠、即哨砲一声、伏兵四起、銃砲乱発、使単甲不返、可以寒蛮夷之心矣。若夫衆船囲繞、為風浪所蕩激、士卒暈嘔、無益於実用、徒啓軽侮之意耳。

❊

すべて防海の要は、沿海の諸侯に各々その港を守らせ、とりでを設け、砲台を置き、兵隊を派遣して駐屯させるに及ぶことはない。異変がない時には武技を演習し、あるいは漁猟に従事し、また操船や水泳を練習し、あるいは下僕とともに鋤を執って筋骨を疲労させ、寒暑に耐え、外国船が到来したならば出て近寄り、謀反の心があればただちに戦う。幕府の命令を待たないでよい。

もし、外国船が海洋を通り過ぎても港に入ってこなければ、報告しないでよい。そもそも海原は広大で、いろいろな船が往来している。もしも一、二隻の外国船が大洋に停泊しているのを見て、ただちにどよめき騒いで軍隊を動かし、国費を使ったならば、たとえ警戒のために出たとはいえ、取り越し苦労の類である。整然と外国船を待ち構え、冷静にこれを防ぎ、国力を疲弊させないことに及ぶことはないのである。

沿海には漁師やあまの家が多い。この連中は、外国の侵略があったならば、皆なりわいを失い、財産をつぶし、焼かれ盗られて惨禍をこうむる。漁師たちの中から体格が立派で力がある者を選び、ひまな日に、火薬を使う兵器の技を教えるのがよい。集め閲する時ともなると、彼らを軍隊の編制に組み入れ、軍隊の挙動のきまりを習わせ、外国船が来たときには彼らを率いて戦う。古に言う「郷団」「義勇」「漁兵」の類がこれである。

漁師たちが平生船を家とし、波濤を平地のように見ることは、武士が及ぶことのできるものではない。もし彼らに、夜の暗い霧の中、早舟に乗らせ、火の槍や火の玉でもって外国船を焼かせれば、必ず大成功をおさめるに違いない。ましてや、すでに長く練習を積んで、沿海の民が皆精鋭の兵となっていれば、彼らは防海に大変有益である。そして彼らも、生業を失い捕虜となる心配がなくなる。これを一挙両得と言う。

※

凡そ防海の要は、沿海の諸侯をして、各〻其の港澳(こういく)に就き、屯堡(とんぽう)を設け、砲台を置き、兵士を遣わして屯戍(とんじゅ)せしむるに如(し)くは莫し。事無ければ則ち武技を演習し、或いは漁猟(ぎょりょう)を事とし、兼ねて操舟(そうしゅう)游泅(ゆうしゅう)を習い、或いは僕隷(ぼくれい)と倶(とも)に耒耜(らいし)を執りて、以て筋骨を労(つか)れしめ寒暑に耐え、夷船至れば則ち出でて之に接し、異志有れば即ち戦う。県官の命を待たざること可なり。

若し夷船、洋中を過ぎて港澳に入らずんば、亦た報ぜざること可なり。夫れ滄海茫茫(ぼうぼう)、何れの船か往来せざらん。苟しくも一二の夷船の大洋に停泊するを見、即ち洶然(きょうぜん)として師衆を動かし、国用を費さば、儆戒(けいかい)に出ずと雖も、亦た過慮に属す。整暇(せいか)以て之を待ち、鎮静以て之を禦(ふせ)ぎ、国力をして疲弊せざらしむるに如かざるなり。

沿海に漁人蜑戸(ぎょじんたんこ)多し。此の輩、外寇有れば、則ち皆業を失い産を破り、焚掠の禍に罹る。宜しく其の躯幹(くかん)壮大にして力有る者を簡(えら)び、暇日を以て火技を教うべし。蒐閲(しゅうえつ)の時に至っては、則ち之を卒伍(そつご)の間に編し、坐作(ざさ)進退の法を習わしめ、賊来れば、即ち率いて以て戦う。古に謂う所の郷団(きょうだん)義勇漁兵の類は是れなり。

彼れ平生、舟楫を以て宅と為し、波濤を視ること平地の如きは、士大夫の能く及ぶ所にあらず。若し其れをして昏夜晻霧、飛舸に乗りて、火箭火毬を以て賊船を焚かしむれば、必ず当に奇功有るべし。況んや練習已に久しく、沿海の民皆、精兵と為れば、其の防海に益有ること大いなり。而して彼れも亦た失業俘擄の患い無し。斯れを両得と為す。

語釈 ○**港澳**―港。○**屯堡**―兵がたむろしているとりで。○**屯戍**―たむろし守る。○**漁猟**―魚鳥を捕えること。○**游泅**―遊泳する。○**僕隷**―しもべ。○**耒耜**―すき。○**異志**―謀反の心。○**県官**―征夷大将軍。○**茫茫**―広大なさま。○**洶然**―どよめき騒ぐ。○**儆戒**―警戒。○**整暇**―容姿を整えてゆったりとしていること。○**鎮静**―しずめやすんずる。○**漁人**―漁師。○**蜑戸**―海人の家。○**軀幹**―体格。○**蒐閲**―集め閲する。○**卒伍**―軍隊の編制。○**郷団**―郷人を募って訓練した兵。○**義勇**―義勇兵。○**昏夜**―夜。○**晻霧**―暗い霧。○**飛舸**―はやふね。○**俘擄**―とりこ。

❊

凡防海之要、莫如使沿海諸侯、各就其港澳、設屯堡、置砲台、遣兵士屯戍。無事則演習武技、或事漁猟、兼習操舟游泅、或与僕隷倶執耒耜、以労筋骨耐寒暑、夷船至則出接之、有異志即戦。不待県官之命可也。

若夷船過洋中而不入港澳、亦不報可也。夫滄海茫茫、何船不往来。苟見一二夷船停泊于大洋、即洶然動師衆、費国用、雖出于儆戒、亦属過慮。不如整暇以待之、鎮静以禦之、使国力不疲弊也。沿海多漁人蜑戸。此輩有外寇、則皆失業破産、罹焚掠之禍。宜簡其躯幹壮大有力者、以暇日教火技。至蒐閲之時、則編之卒伍之間、使習坐作進退之法、賊来即率以戦。古所謂郷団義勇漁兵之類是也。彼平生以舟楫為宅、視波濤如平地、非士大夫所能及。若使其昏夜晻霧乗飛舸、以火箭火毬焚賊船、必当有奇功。況乎練習已久、沿海之民皆為精兵、其有益於防海大矣。而彼亦無失業俘擄之患。斯為両得。

＊

尭舜及び夏・殷・周の理想の世は皆、天下を正しくかたよらないようにして、諸侯を封じた。それで国勢は強く盛んになり、たとえ異民族の侵犯があったとしても、大きな禍には至らなかった。秦漢以来、封建制は崩れ、天下を一人の私物とした。その辺境警備の任に当たる者は皆朝廷の官吏であり、そのとりでを守備する者は皆強制されたり、罪を犯して兵役を課せられたりした人民である。

何事もない場合は、ぶらぶらと遊び暮らして衣糧を無駄に費やし、有事の際は、鳥や獣のようにちりぢりになって逃げかくれ、進んで、奮って前に出て敵に向っていく者はいない。こういうわけで異民族の災いが世代を追うごとにはなはだしくなり、国中がとうとう毛織物を着た異民族が支配する地域となってしまったのは、どうしてか。

祖先の墳墓がある故郷を離れて、軍事の命令のもと、強く荒々しくて測り知れない異民族を防ぐことは、どうしてただ士卒が喜ばないのみであろうか。また、軍の長官も喜ばないのである。その上、長官が遠い辺境のとりでを守り、かわるがわる番にあたっているうちに、官舎を旅館のように見、士民をあくたのように見、臆病になって敵を恐れ、もっぱら刑罰と恩賞を思うがままに行うようになる。これが士民が憤って服従しない理由である。

さて、臆病で敵を恐れるような将でもって、憤って服属しない人民を追い立てて、彼らを危険極まりない戦地に戦わせれば、大敗するのは、不思議に思うほどのことではない。

封建制はそういうものではない。諸侯は各々その国を数百年間も統治している。士民は、諸侯の恩沢を父母の恩のようにありがたくおしいただいている。にわかに異民族による禍があったならば、君臣上下は心を同じくして力を合わせ、国土を守り、国家を守り、慷慨し勇断して、皆争って敵地に赴くのである。

なぜかといえば、父母や妻子がいるところ、先祖を祭る宗廟や墳墓があるところだからである。一寸の土地を失うことは、まさにわが一寸の土地を失うことである。一尺の土地を失うことは、まさにわが一尺の土地を失うことである。人々が自分から戦う。単に忠を幕府と藩主とに尽くすだけではないのである。

こうしたことから考えると、異民族を防ぐ策は、諸侯に任せるに及ぶことはない。けれども、諸侯に専ら任せず、幕吏に異民族を防ぐため諸侯の指揮や進退をさせたならば、往々にして矛盾に陥って相殺し、その才覚や力量を伸ばすことができない。「郭李(かくり)、相州(しょうしゅう)の敗」に関しては、良い司令官がいたのだけれども、そのために牽制し合って、ただむざむざ敗れるばかりであった。易に、「軍は立派な人物に統帥させねばならず、実力のない小人物に任せれば敗北する」と言う。この意味を察しないわけにはいかないのである。

以上のようだとすると、諸侯に任せることについては、もっぱら諸侯に委ねて、その行うところを聞き、決して脇から妨げないのがよい。わずかにその勝敗や得失を考慮して、武功に応じて降職、昇進させるにとどめるだけである。

ただ現今の諸侯は、おおむね経費が大変かさんで財政が窮乏し、おそらくはみずから戦費を給することができない。またその臣下も皆資金に乏しく、兵器や武具を修繕することができない。大砲のようなものとなると、所有していることは非常に少ない。たとえ防衛の命令があったとしても、いったいどのような力によって、これに応ずるというのか。

幕府は寛大な命令をくだして、藩の経費の無駄をはぶかせ、藩の力にゆとりを持たせ、捻出した資金で各々のろし台やとりでを造らせ、大砲をたくさん鋳造して四方で阻止できるようにし、外敵を防ぐのがよい。そうしなければ、もっぱら大名に任せたとしても、はたして海辺の備えを厳格にできるのかできないのか、見通しが立たないのである。

＊

唐虞（とうぐ）三代は皆、天下を公（おおやけ）にして、諸侯を封建す。故に国勢強盛、蛮夷の侵犯有りと雖も、大患に至らず。秦漢已来（いらい）、封建廃（すた）れ、天下を一人の私と為す。其の辺陲（へんすい）の任に当たる者は皆朝廷の官吏にして、其の塞（さい）を守り障（しょう）を乗（まも）る者は皆徭役謫戍（ようえきたくじゅ）の民なり。

事無ければ則ち遊手坐食（ゆうしゅざしょく）して衣糧を糜費（びひ）し、事有れば則ち鳥竄獣遁（ちょうざんじゅうとん）し、肯えて身を挺（ぬき）んでて敵に赴く者莫し。是を以て戎狄（じゅうてき）の患（うれ）い、一世は一世より甚だしくして、九州遂に旃裘（せんきゅう）の区と為るは何ぞや。

墳墓を離れ、井閭（せいりょ）を辞し、命を鋒鏑（ほうてき）に寄せて、以て強悍（きょうかん）不測の虜を禦（ふせ）ぐは、豈に惟だに士卒の楽しまざるのみならんや。亦た官長の楽しまざる所なり。且つ官長遠く辺徼（へんきょう）を守り、更番（こうばん）相い代れば、官舎を視ること伝舎（でんしゃ）の如く、士民を視ること土苴（どさ）の如く、怯懦（きょうだ）、敵を畏れ、専ら威福を擅（ほしいまま）にす。是れ士民の憤怨して服せざる所なり。

夫れ怯懦、敵を畏るるの将を以て、憤怨、服せざるの民を駆り、而して之を湯火矢石（とうかしせき）の間に戦わしむれば、一敗、地に塗（まみ）る、怪しむに足る者無し。

封建の制は則ち然らず。諸侯各〻其の国を有つ者数百年なり。士民、恩沢を感戴すること父母の如し。一旦、蛮夷の患い有らば、則ち君臣上下、心を同じくして力を協せ、封疆を守り、社稷を護り、慷慨勇決して、争いて敵に赴かざる者は莫し。

何となれば則ち、父母妻子の在る所、宗廟墳墓の存する所なればなり。寸を失うは乃ち吾が寸を失うなり、尺を失うは乃ち吾が尺を失うなり。人々自ら戦を為す。独り忠を朝廷と藩主とに致すのみにあらざるなり。

是れに由りて之を観れば、戎を禦ぐの策は、諸侯に任するに如くは莫し。然れども之に任すること専らにせず、官吏をして之が為に指揮進退せしむれば、則ち往々にして矛盾相い刺し、其の材力を展ぶることを得ず。郭李、相州の敗の若きは、良相有りと雖も、之が為に牽制して、適だ以て敗を取るに足るのみ。易に曰わく、「長子、師を帥い、弟子、尸を輿う」と。察せざるべからざるなり。

然らば則ち、諸侯に任するは、宜しく専ら之に委ねて其の為す所を聴き、敢えて掣肘せざるべし。惟だ其の勝敗得失を考えて、之を黜陟するのみ。

但だ方今の諸侯、大抵経費太だ過ぎ、財用困竭し、殆んど自ら給する能わず。而して其の臣子も亦た皆財資に乏しく、兵甲を繕い武備を修むる能わず。大砲の若きに至っては、則ち之を蔵むること甚だ少なし。防禦の命有りと雖も、将た何の力か以て之に応ぜん。

県官宜しく寛大の令を下し、其の経費を省き、其の国力を紓くし、之をして各、墩堡を設けしめ、多く大砲を鋳して、以て方面に当たるを得て、外寇を禦ぐべし。然らずんば、専ら之に任すと雖も、いまだ其れ果して能く海彊の備を厳にするや否やを知らざるなり。

語釈 ○**唐虞三代**―尭と舜に夏・殷・周の三代を加えた呼び名。○**辺陲**―辺境。○**障**―とりで。○**徭役**―国家によって人民に強制された労働。○**謫戍**―罪を蒙り辺境に派遣されて兵役に当たる。○**遊手**―正業につかず、ぶらぶらと暮らす。○**坐食**―働かずに食う。○**糜費**―おごりに任せて金品を費やす。○**鳥竄**―鳥のとぶようにちりぢりに逃れかくれる。○**獣遁**―獣のように遁走する。○**一世**―三十年。○**九州**―中国全土。○**旃裘**―毛織物の衣服。○**井閭**―村里。○**鋒鏑**―武器。○**強悍**―強くて荒々しい。○**辺徼**―辺境のとりで。○**更番**―かわるがわる番にあたる。○**伝舎**―宿駅の旅館。○**土苴**―あくた。○**威福**―刑罰と恩賞。○**湯火**―熱湯と烈火。危険な地。○**矢石**―矢といしゆみの石。戦争。○**一敗、地に塗る**―戦争で大敗する。○**感戴**―ありがたくおしいただく。○**勇決**―きっぱりと決断すること。○**材力**―才能と力量。○**郭李、相州の敗**―七五七年、燕の第二代皇帝安慶緒は、唐に長安・洛陽を奪われて逃亡し、相州（河南省安陽）を保った。唐の粛宗は郭子儀・李光弼ら九人の節度使（地方長官）に命じて、二十万人の大軍を率い、相州を攻めさせた。七五九年三月、史思明が魏州（河北省大名）から兵を率いて安慶緒を援け、官軍と安陽省河北で戦った。

九節度使の軍隊は大敗して南に逃亡した。**○牽制**─気がひかれて思いのままにできない。**○長子、師を帥い、弟子、尸を輿う**─『易』師の卦六五。軍は立派な人物に統帥させねばならず、実力のない小人物に任せれば敗北するの意。**○掣肘**─わきから干渉して人の自由な行動を妨げる。『呂氏春秋』「審応覧」「具備」の、宓子賤（ふくしせん）が二吏に字を書かせ、その肘を掣（ひ）いて妨げたという故事から。**○黜陟**─功の無い者を降職・免職にし、功のある者を登用したり昇進させたりする。**○困竭**─難儀し貧乏する。**○臣子**─臣下。**○兵甲**─兵器。**○墩堡**─のろし台と関堡（かんぽ）（関所ととりで）。**○方面**─四方。**○海疆**─海に近いところ。

※

唐虞三代、皆公天下、而封建諸侯。故国勢強盛、雖有蛮夷侵犯、不至大患。秦漢已来、封建廃、天下為一人之私。其当辺陲之任者、皆朝廷官吏、其守塞乗障者、皆徭役謫戍之民。無事則遊手坐食、糜費衣糧、有事則鳥竄獣遁、莫肯挺身赴敵者。是以戎狄之患、一世甚一世、而九州遂為旃裘之区矣、何哉。

離墳墓、辞井閭、寄命鋒鏑、以禦強悍不測之虜、豈惟士卒不楽。亦官長所不楽也。且官長遠守辺徼、更番相代、視官舎如伝舎、視士民如土苴、怯懦畏敵、専擅威福。是士民之所憤怨而不服也。夫以怯懦畏敵之将、駆憤怨不服之民、而戦之湯火矢石之間、一敗塗地、無足怪者。

封建之制則不然。諸侯各有其国者数百年矣。士民感戴恩沢如父母。一旦有蛮夷之患、則君臣上下同心協力、守封疆、護社稷、莫不慷慨勇決而争赴敵者。

何則父母妻子之所在、宗廟墳墓之所存。失寸乃失吾寸也、失尺乃失吾尺也。人々自為戦。不独致忠於朝廷与藩主而已也。

由是観之、禦戎之策、莫如任諸侯。然任之不専、使官吏為之指揮進退、則往々矛盾相刺、不得展其材力。若郭李相州之敗、雖有良相、為之牽制、適足以取敗耳。易曰、長子帥師、弟子輿尸。不可不察也。

然則任諸侯、宜専委之而聴其所為、不敢掣肘。惟考其勝敗得失、而黜陟之耳。

但方今諸侯、大抵経費太過、財用困竭、殆不能自給。而其臣子亦皆乏財資、不能繕兵甲修武備。至若大砲、則蔵之甚少。雖有防禦之命、将何力以応之。

県官宜下寛大之令、省其経費、紓其国力、使之各設墩堡、多鋳大砲、得以当方面、而禦外寇矣。不然雖専任之、未知其果能厳海疆之備否也。

❊

すべて兵を動かす道は、守ることができ、攻めることができ、進むことができ、退くことができ、兵を向うところに投入し、意のままにできないことがなく、そうした後で、敵の死命を制することができるのである。もしただ守るだけで攻めることができず、退くだけで進むことができなければ、勝敗の主導権は敵にあってわが方にはない。そうなれば、戦闘において、どうして危うくないと言えようか。

現今、海防を論じる者は皆言う、「外国船は山のように大きく、鉄の城のように堅固で、平らな土のように波濤を踏み、飛ぶ鳥のように神業のすばやさで往来し、その上、大きな銃砲を用いる。そして顧みれば、わが国の小さな帆船でもってこれを撃とうとする。行ったならば、砕けるだけである。要害を守り大砲を並べ、来たときに連発して残らず殺してしまうに及ぶことはない」と。この議論は、敵と味方との勢いを推測できており、強弱の理を細かく見きわめているので、まことにすぐれた策である。

そうであるけれども、私はひそかに心配していることがある。わが国は海に囲まれて存立し、およそ将軍諸大名の食糧や商人の貨物は、みな廻船によって江戸に達している。敵が大艦に乗って海原をさまよい、一船が通り過ぎるたびごとにその船をおどして奪いとったならば、ものを袋の底に探るようなものである。一発の砲弾を発し一兵を疲労させるのを待たずに、貨財を一杯に載せて船に満ちれば、廻船が通じなくなって、上も下もともに苦しむことだろう。

わが国の近海の諸島の隠岐・壱岐・佐渡・八丈・大島の類に関しては、枚挙することもできない。

もし、敵国が島を奪ってそこに拠ったならば、わが国は救うことができないので、全島は皆、生きるも死ぬも敵の意のままになってしまう。これは、ただ島民が憂えるだけでなく、わが国土を失い、わが国体を損なうことである。これをどのようにすればよいか。

敵国が、わが国が一船を出して戦うこともできないと知った時、近海をめぐってもすこしも恐れることがなく、わが国に防備があるところを避け、わが国に防備がないところを討ち、わが村々を焼き、わが貨財を掠奪し、わが国の兵が走って到着したときには、敵はもはや十分に盗んで逃げている。

このようなことであれば、まだ一戦も交えないうちに、敵はほどなく無限の利を得て、わが国は無限の害を受ける。これは皆、進退攻戦の主導権が、敵にあってわが国にないことによるのである。

これを救う道は、大艦を建造し、大砲を製造するに及ぶことはない。もし大砲が多ければ、敵船をうち砕くことができる。もし大艦が多ければ、洋中で戦うことができる。二つのものが備わって、その後で守ることができ、攻めることができ、進退の主導権がわが国にあり、そして勝敗の運命を決することができる。

そうであるけれども、大艦の建造には数え切れないほど多額の費用がかかる。外国人は、大鑑のために一隻あたり数万金を費やす。ましてやわが国が新たに造ったならば、十餘万金を失うことなくして、造ることはできないのである。

外国は、多くの大鑑はそれを用いて万国に通商している。だから、通商で得たもので、その建造費用を十分償っている。わが国は、ただこれを戦闘と廻船とに用いるだけである。それで数百万金を失って、数十隻の大艦を建造しようと思っても、財力が続くものではない。

やむを得ない場合は、小さな外国船を模倣してこれを建造し、平生、廻船に用いることで外国船を防ぎ、有事の際には、ただちにこれを海戦に用い、商船や漁船を交えて勝敗を洋中に決するべきである。

むかし、五代十国時代の後周の皇帝・世宗が南唐を伐った時、南唐の水軍は精鋭で、後周はまともに対抗できず、世宗はつねにこのことを恨みとした。寿春から帰って、大梁城の西、汴水のそばで、数百艘の軍艦を造り、南唐の投降した兵卒に命じて、後周の兵士たちに海戦を教えさせた。数ヶ月後、後周の海軍が縦横に出没して、南唐の軍隊にほぼ勝利した。そこで、右驍衛大将軍・王環に命じて、数千の海軍を率いさせ、閔河から潁水に沿って進ませ、淮河に入らせた。南唐の人は大変驚いた。かくして、一度戦って勝ち、南唐を平定した。

こういった例からすれば、海戦はわが国が得意とするものではないけれども、もしも堅固で大きな軍艦を保有して練習を積んだならば、外国と対抗しても、勢いを失うことはない。おおむね泰平の世というものは、人の心は安逸になれてのめり込み、非常のことを行うことを喜ばない。外国船が来たことが、はたして、戦闘にうって出るということか出ないことか、はっきり察知することはできない。だから、時勢をおしはからずに、外国船のために計略をめぐらすことはできないのである。

古人は「水到りて渠成る（条件が整えば、物事はおのずとできあがる）」という。こののち、外国船がしばしば到来するようになったとき、あるいは船を脅かし、あるいは諸島に拠り、あるいは内地を焼いて掠めたならば、国内は騒然として安定せず、上も下も意気込んで腕を組み締め、歯がみして憤り、敵の肉を切り刻んで食ってしまおうとするだろう。

こうなってしまえば、天下の人々は、質素倹約を厭わず、貨財を惜しまず、もし異民族を追い払う方法があるならば、皆きっと殺して追い払うだろう。そうしたあとで、大艦を造り、臨時の軍隊を募り、城を築き、砲台を並べることができ、そして、大砲の多さや兵隊の強さは、今日の十倍になるであろう。

しかし、天下の人々が、異民族の荒馬のような悪強さにおじけづき、それで堅固な志を守ることができず、和議を結んで交易を通じることで、清人の転覆したわだちの跡を踏んでしまう（清人と同じ失敗をする）ことを恐れている。たとえ韓世忠や岳飛のような立派な武将がいても、その後の問題をうまく処置できないのである。

＊

凡そ用兵の道は、以て守るべく、以て攻むべく、以て進むべく、以て退くべく、之を向う所に投じ、意の如くせざる莫くして、而る後に以て敵人の死命を制すべきなり。若し惟だ守りて攻むること能わず、退きて進むこと能わざれば、則ち、勝敗の権は敵に在りて我に在らず。其れ戦闘に於いて、豈に危うからざらんや。

方今、海防を議する者、皆云う、「蛮船大いなること山岳の如く、堅きこと鉄城の如く、波濤を踏むこと平土の如く、往来の霊捷なること飛鳥の如く、加うるに砲銃の宏壮なるを以てす。而して顧みれば、我が単桅小船を以て之を撃たんと欲す。至れば則ち砕くるのみ。要害を守り大砲を列ね、来れば則ち連発鏖尽するに如くは莫し」と。此の議、能く彼此の勢いを度り、強弱の理を審らかにすれば、洵に長策為り。

然りと雖も、余、窃かに憂うる所有り。吾邦は海を環らして立ち、凡そ県官侯伯の糧粟、商賈の貨物、悉く漕運に由りて江戸に達す。彼れ大船に駕して洋中に逍遥し、一船過ぐる毎に、輒ち之を劫掠すれば、物を嚢底に探るが如し。一砲を発し一兵を労れしむるを待たず、而して梱載して船に盈つれば、則ち漕運通ぜず、而して上下倶に困しまん。

我が近海の諸島、隠岐、壱岐、佐渡、八丈、大島の類の若きは、枚挙すべからず。彼れ奪いて之に拠らば、而して我救うこと能わず、則ち全島皆魚肉なり。此れ惟だに島民の憫うべきのみにあらず、而して我が封疆(ほうきょう)を失し、我が国体を損ず。其れ之を謂何(いかん)せん。

彼れ我れ一船を出して相い戦うこと能わざるを知るや、近洋に環旋(かんせん)して毫(ごう)も畏るる所無く、我に備え有るを避け、我に備え無きを伐ち、我が郷邑(ごうゆう)を焚(や)き、我が貨財を掠(かす)め、我が兵、奔鶩(ほんぶ)して至るに及べば、則ち彼れ已に飽颺(ほうよう)す。

此くの如くなれば、則ちいまだ一戦を交えずして、彼れ已に無窮の利を得、我れ無窮の害を受く。此れ皆、進退攻戦の権、彼れに在りて我に在らざるに由るのみ。

之を救うの道は、大船を造り大砲を製るに如くは莫し。大砲多ければ、則ち以て敵船を砕くべし。大船多ければ、則ち以て洋中に戦うべし。二つの者備わりて、而る後に以て守るべく、以て攻むべく、進退の権、我に在り、而して勝敗の数(すう)、決すべし。

然りと雖も、大舶の製は、其の費(ついえ)、貲(はか)れず。彼の虜、之が為に、一隻、数万金を費やす。況んや吾邦新たに造らば、十餘万金を損ずるにあらずんば、為すべからざるなり。

彼れ大舶の多き者は、其れを以て万国に通商す。故に得る所、以て其の費を償うに足る。我れ惟だ之を戦闘と漕運とに用うるのみ。而して数百万金を損じて、以て数十隻を造らんと欲するは、財力の能く給する所にあらざるなり。

已む無くんば、則ち夷舶(いはく)の小さき者に倣(なら)いて之を製り、平素は諸(これ)を漕運に用いて、以て賊船を禦(ふせ)ぐべく、事有れば、即ち諸を水戦に用い、雑うるに商船魚艇を以てし、以て勝敗を洋中に決すべし。

昔者周の世宗、南唐に征するや、唐の水軍鋭敏にして、周人以て之に敵する無く、帝毎に以て恨みと為す。寿春より返り、大梁城の西、汴水の側らに於いて、戦艦数百艘を造り、唐の降卒に命じて、北人に水戦を教えしむ。数月の後、縦横に出没し、殆んど唐兵に勝つ。乃ち右驍衛大将軍王環に命じて、水軍数千を将い、閔河より潁に沿い淮に入らしむ。唐人大いに驚く。遂に一たび戦いて之に克ち、南唐を平らぐ。

此れに拠れば、則ち水戦は我の長ずる所にあらずと雖も、苟しくも戦艦の堅壮なる者を得て、之を練習すれば、亦た以て外夷に抗して挫けざるべし。大抵、承平の世は、人情、安きに狃れ逸に耽り、非常の事を行うを喜ばず。夷船の来ること、其れ果して戦闘に出ずると否と、亦たいまだ的らかに知るべからず。故に時勢を度らずして之が為に籌画するを得ざるなり。

古人云う、「水到りて渠成る」と。後来、夷船屡ゝ至るに及びて、或いは漕船を劫かし、或いは諸島に拠り、或いは内地を焚掠すれば、則ち海内騒然として安からず、上下、腕を扼え歯を切り、戎狄の肉を臠にして之を食らわんと欲せん。

是の時に当たりて、天下の人、倹薄を厭わず、貨財を惜しまず、苟しくも夷を攘うの道有らば、皆、将に致死して之を為さんとす。然る後に大船造るべく、郷勇募るべく、城築くべく、墩列ぬべく、而して巨銃の多き、甲兵の精しき、今日よりも什倍せん。

但だ、天下、夷蛮の桀驁を畏れ、而して堅忍不抜の志を守ること能わず、和を議し互市を通じて、以て清人の覆轍を踏まんことを恐る。韓岳の将有りと雖も、其の後を善くすること能わざるのみ。

語釈 ○**死命**—死ぬか生きるかの急所。○**霊捷**—神業のようにすばやい。○**単桅**—帆柱が一つの船。○**鏖尽**—残らず殺してしまう。○**長策**—すぐれた計画。○**商賈**—商人。○**漕運**—船で物を運ぶ。○**劫掠**—おどして奪い取る。○**嚢底**—袋の底。○**捆載**—貨財等を一杯に満載する。○**封疆**—国境。○**魚肉**—生命や運命が相手の手の中にあること。○**環旋**—めぐる。○**奔騖**—疾く走る。○**飽颺**—十分盗んで逃げる。○**世宗**—柴栄。五代後周の第二代皇帝。名君。○**寿春**—春秋の六蓼国、漢の淮南国の地。今、安徽省寿県治。○**大梁**—河南省開封県。黄河の南。戦国の魏の都。○**汴水**—河南省にある川。淮に注ぐ。○**降卒**—投降した兵卒。○**右驍衛大将軍**—禁衛（宮廷の警固）の一・右驍衛府の長官。○**王環**—五代、後周の真定の人。はじめ孟知祥（後蜀の皇帝）につかえて後周に降らなかったが、力屈してとらえられた。世宗、その忠を称して右驍衛大将軍に任じた。○**潁**—潁水。河南省臨潁県、淮河最大の支流。鄭州付近に源を発す。○**淮河**—長江、黄河に次ぐ大河。○**籌画**—計画する。○**水到りて渠成る**—水が流れると自然に溝ができるように、条件が整えば物事はおのずとできあがる。基礎を積んでいけば成就すること。○**後来**—将来。○**倹薄**—節約をして、質素なこと。

○**郷勇**―臨時に徴募された非正規の地方軍隊。○**墩**―砲台。○**桀驁**―馴れない荒馬のように、悪強いもの。○**堅忍不抜**―堅くこらえて動かない。○**覆轍**―前を行く車の転覆したわだちの跡は、それに続く車にとって戒めとなる。前人の失敗を見て後人の戒めとすること。

❊

凡用兵之道、可以守、可以攻、可以進、可以退、投之所向、莫不如意、而後可以制敵人死命矣。若惟守而不能攻、退而不能進、則勝敗之権在敵、而不在我。其於戦闘、豈不危乎哉。

方今議海防者皆云、蛮船大如山岳、堅如鉄城、踏波濤如平土、往来霊捷如飛鳥、加以砲銃之宏壮。而顧欲以我単桅小船撃之。至則砕耳。莫如守要害列大砲、来則連発鏖尽。此議能度彼此之勢、審強弱之理、洵為長策矣。

雖然余窃有所憂焉。吾邦環海而立、凡県官侯伯之糧粟、商賈之貨物、悉由漕運而達于江戸。彼駕大船、逍遥洋中、毎一船過、輒劫掠之、如探物於嚢底。不待発一砲労一兵、而稛載盈船、則漕運不通、而上下倶困矣。

我近海諸島、若隠岐、壱岐、佐渡、八丈、大島之類、不可枚挙。彼奪而拠之、而我不能救、則全島皆魚肉矣。此非惟島民可憫、而失我封疆、損我国体。其謂之何。

彼知我不能出一船相戦也、環旋近洋、毫無所畏、避我有備、伐我無備、焚我郷邑、掠我貨財、及我兵奔驚而至、則彼已飽颺矣。

如此則未交一戦、而彼已得無窮之利、我受無窮之害。此皆由進退攻戦之権在彼、而不在我而已。救之之道、莫如造大舶製大砲。多大砲、則可以砕敵船矣。多大舶、則可以戦于洋中矣。二者備焉、而後可以守、可以攻、進退之権在我、而勝敗之数可決矣。

雖然大舶之製、其費不貲。彼虜為之一隻費数万金。況吾邦新造、非損十餘万金、不可為也。彼多大舶者、以其通商于万国。故所得足以償其費。我惟用之戦闘与漕運爾。而欲損数百万金、以造数十隻、非財力所能給也。

無已則倣夷舶之小者製之、平素用諸漕運、可以禦賊船、有事即用諸水戦、雑以商船魚艇、可以決勝敗於洋中矣。

昔者周世宗征南唐、唐水軍鋭敏、周人無以敵之、帝毎以為恨。返自寿春、於大梁城西汴水側、造戦艦数百艘、命唐降卒、教北人水戦。数月之後、縦横出没、殆勝唐兵。乃命右驍衛大将軍王環、将水軍数千、自閔河沿潁入淮。唐人大驚。遂一戦克之、平南唐。

抑此則水戦雖我非所長、苟得戦艦之堅壮者、練習之、亦可以抗外夷而不挫矣。大抵承平之世、人情狃安耽逸、不喜行非常之事。夷舶之来、其果出于戦闘与否、亦未可的知。故不得不度時勢而為之籌画也。

古人云、水到渠成。及後来夷船屡至、或劫漕船、或拠諸島、或焚掠内地、則海内騒然不安、上下扼腕切歯、欲臠戎狄之肉而食之。当是時、天下之人、不厭倹薄、不惜貨財、苟有攘夷之道、皆将致死而為之。然後大船可造、郷勇可募、城可築、墩可列、而巨銃之多、甲兵之精、什倍於今日矣。但恐天下畏夷蛮之桀驁、而不能守堅忍不抜之志、議和通互市、以踏清人覆轍。雖有韓岳之将、不能善其後耳。

＊

外敵を防ぐには、諸大名に任せるに及ぶことはない。また、諸大名の防御の方法は、土着するに及ぶことはない。古の賢人は、このこと（周の井田制における戦時の防御）を非常に詳しく論じている。けれども、外国の賊がまだ襲来していないのに、にわかにこれを行おうとすれば、世の中は久しく気楽なくらしに慣れているので、人心は波がわきたつように激しくなり、さまざまな悪評が湧き起こって、ことが成就しないうちに禍が起こる。およそ世間の耳目を驚かせ、人心が従わないことを行って、ことをまとめ上げたような人物は、いまだ存在しない。

もし、こののち、海賊の襲来がまさに盛んで、あるいはわが首を撃ち、あるいはわが尾を乱し、変幻自在に出没して、諸大名が奔走するいとまもないようになったならば、たとえ国君が命令しなくとも、しかしながら土着の勢いが自然と成るとは、どういうことか。

賊の来襲は、決まった所も決まった時もない。わが国は、とりでを連ねて、兵卒を駐屯させなければならない。兵卒を置いたからには、必ず彼らを土着させなければならない。もしも土着せずに、兵卒がかわるがわる番にあたって守ったとしたならば、国に出費が多くなるし、兵卒には強い心がなくなる。

兵卒が土着すれば、一族を連れてこられるし、田を耕して食が十分にそなわる。駐留して遠くを見張りながら気ままにくらし、あちらこちらに奔走する苦労もなくなる。家財はますます満ち足りて、兵はますます強くなり、農民や漁夫、塩を作る人々もまた皆感化されて兵となり、皆で敵に向かってゆき力を尽くすことだろう。これもまた自然の勢いである。

わが国の封建制は、意図があって行っているのではなく、勢いである。土着の制度もまた勢いである。天下の勢いに随って事を行えば、水が低い土地に流れるように、骨を折らずに自然と成るのである。

※

戎狄(じゅうてき)を禦(ふせ)ぐは、諸侯に任するに如(し)くは莫し。而して諸侯の防禦の法は、土著(どちゃく)するに如くは莫し。先哲之れを論ずること已だ詳らかなり。

然れども外寇いまだ至らず、而して遽かに之を行わんと欲すれば、天下、晏佚の久しきに狃れ、人心洶然として、謗議沸騰し、事成らずして禍い之に係る。蓋し天下の耳目を駭かし、人心の服せざる所を行い、而して能く其の事を済す者、いまだ之れ有らざるなり。

若し夫れ後来、海氛方に熾んにして、或いは我が首を撃ち、或いは我が尾を擾し、変幻出没し、諸侯をして奔馳するに遑あらざらしめば、則ち上令せずと雖も、而れども土著の勢い自ら成るとは何ぞや。

賊の来るは、定まる所無く定まる時無し。我、以て屯堡を列ね、戍兵を置かざるべからず。既に戍兵を置けば、必ず土著せざるべからず。苟しくも土著せず、而して兵卒更番相い代わらば、則ち国に費用多く、士に固志無し。

土著すれば、則ち以て眷を携うべく、以て田を耕して食足るべし。駐劄瞭望の逸有り、而して道塗奔走の労無し。財益ゝ足り、兵益ゝ精しく、農民、漁夫、鹺戸の徒も亦た胥化して兵と為り、皆以て敵に赴きて力を致すべし。此れも亦た自然の勢いなり。

吾が封建の制は、意有りて之を為すにあらず、勢いなり。土著の制も亦た勢いなり。天下の勢いに随い、而して之を為せば、水の下きに就くが如く、力を労せずして自ら成る。

語釈　○**土著**—その土地に常住する。　○**先哲之を論ずること…**—孟子は、井田制（周の土地制度）

を理想的な制度と位置付け、同じ井（一区画の公田と八区画の私田）に属する者は、見張りや防御もともに力をあわせて助け合うとした。（『孟子』「滕文公章句上」）○**晏佚**―気楽に過ごすこと。○**洶然**―波がわき立つさま。○**謗議**―悪く批評すること。○**海氛**―海賊。○**奔馳**―奔走する。○**屯堡**―兵がたむろしているとりで。○**戍兵**―辺境を守る兵卒。○**固志**―強い心。○**駐剳**―任地にとどまる。○**瞭望**―遠望する。○**道塗**―道。○**鹺戸**―塩の製造に従事する家。

※

禦戎狄、莫如任諸侯。而諸侯防禦之法、莫如土著。先哲論之已詳矣。然外寇未至、而遽欲行之、天下狃晏佚之久、人心洶然、謗議沸騰、事不成、而禍係之矣。蓋駭天下之耳目、行人心之所不服、而能済其事者、未之有也。

若夫後来海氛方熾、或撃我首、或擾我尾、変幻出没、使諸侯奔馳不遑、則上雖不令、而土著之勢自成矣、何哉。

賊之来、無定所、無定時。我不可以不列屯堡、置戍兵。既置戍兵必不可不土著。苟不土著、而兵卒更番相代、則国多費用、士無固志。

土著則可以携眷、可以耕田而足食。有駐剳瞭望之逸、而無道塗奔走之労。財益足、兵益精、農民漁夫鹺戸之徒、亦胥化為兵、皆可以赴敵而致力。此亦自然之勢也。

吾封建之制、非有意而為之、勢也。土著之制、亦勢也。随天下之勢、而為之、如水之就下、不労力而自成矣。

＊

外敵が襲来したとき、もっぱら一ヶ所に集まって戦う場合は、まだよろしい。ある時は西の果てを掠奪し、ある時は東の果てを襲い、風雨のように襲来して、稲妻のように素早く去り、わが国の将兵が君命に奔走して苦しめられ、呉が楚を蹂躙し、隋が陳を伐ったようなことになった場合には、勝敗の運命がまだ決していなくても、諸侯はほどなく大変苦しむことであろう。これに加えて、廻船が途絶えて通じず、江戸の米価が高騰し、百万の人民が皆飢えに苦しめば、きっと煽動して内乱を起こそうとする者が現れるであろう。これは大きな禍である。いったい、どのような策によってこれを救えるのか。

私は思う、「沿海の大名は、この時にあたって、土着の制度を立てて、城塁を築き、守備兵を置き、農夫や漁民から精選して軍隊の編制に組み入れ、あるいは軍団を集結させて、鉄砲の撃ち方を教えるのがよい。もし賊が来なければ農事にいそしみ、賊が来たならば戦うのである。

海運が通じず、江戸で食糧が欠乏したならば、奥羽二州の穀物を運んで供給するのがよい。そもそも関東の八州の穀物は、三ヶ月の食糧を支えるに過ぎない。奥羽の米は、江戸の民の食糧の十分の七を占める。もし、車馬に載せて輸送して白河に到ったならば、那珂川から舟運で水戸に達することができる。水戸から利根川に入って、江戸に達することができる。その鬼怒川に到ったものは、関宿から利根川に入って江戸に達することができる。その他、食糧を運ぶ経路は少なくない。

ましてや、目の前に危険が迫ったならば、人々は皆恐れて不安に思い、死力をふりしぼって労役につくことだろう。泰平の世とははるかに異なり、堀を開いて水路を通じさせることもまた一挙に成し遂げられるだろう。昔、朝鮮の役で、十三万の大軍を海外に派兵し、数十万の軍隊を肥前に集め、そして食糧を国の内外に運んだが、いまだ道がとどこおったことがあったとは聞かない。ましてや、奥羽の穀物を江戸に輸送することは、難しいことではないのである。

奥羽二州の大きさは、ほぼ九州の九ヶ国をしのぐほどで、土地は広くて人民は少ない。もし、人民を募って開墾したならば、すぐに数百万石の米が穫られるのである。しかし、穀物の価格が大変安く、怠けた気風があって、進んでは力を農事に出し切ろうとしない。けれども、海運が通じず、江戸の米価が非常に高くなり、また輸送路が通じていることを聞けば、必ず農事に力を尽くして、利に走るのもまた人の常である。そもそも奥羽二州の穀物を用いて、信越二州の穀物で助けたならば、江戸の百万の人民が飢えに苦しむことはあるまい」と。

❊

外寇の至るや、専ら一方に聚りて相い戦うが若きは、猶お之れ可なり。或いは西陲を掠め、或いは東阪を襲い、来ること風雨の如く、去ること逝電の如く、我が将士をして奔命に苦しましむること、呉の楚を肆にし、隋の陳を伐つが如ければ、則ち勝負の数いまだ決せず、而して諸侯已に大いに困しまん。之に加うるに海漕絶えて通ぜず、江戸の米価翔貴し、百万の生霊皆阻飢すれば、将に嘯聚して乱を内に作す者有らんとす。是れ大患なり。将た何れの策か以て之を救わん。

愚謂えらく、「沿海の諸侯、宜しく是の時に於いて土著の制を立て、城堡を築き、屯戍を置き、農夫漁丁を簡びて之を卒伍に編し、或いは団社を聚結して教うるに銃砲を以てすべし。賊来らざれば、則ち稼穡に勤め、賊来らば、即ち戦うのみ。

海漕通ぜず、都下、食乏しきに至れば、則ち宜しく奥羽二州の粟を輸して之に給すべし。夫れ関左八州の粟は、三月を支うるに過ぎず。奥羽の米は、都人食料の什の七に居る。苟しくも駄送轂輸し、而して白川に至らば、則ち那珂川より以て水戸に達すべし。水戸より刀根川に入りて、以て江戸に達すべし。其の絹川に至る者は、関宿より刀根川に入りて、以て都下に達すべし。其の他、転漕の路も亦た少なからず。

況んや此の危迫に臨まば、人人皆竦然として危懼し、死力を致して役に就かん。昇平の世と迥かに異なり、其の溝渠を開き水路を通ずるも亦た一挙にして成るべし。往昔、朝鮮の役、十三万の衆を海外に遣わし、数十万の師を肥前に聚め、而して糧食を海内外に輸するも、いまだ道路に阻滞する者有るを聞かず。況んや奥羽の粟を江戸に輸するは、難きにあらざるなり。
奥羽二州の大いさ、殆んど鎮西の九国に過ぎ、而して土曠く民少なし。若し能く民を募りて墾闢すれば、則ち数百万石、立ちどころに致すべきなり。但だ穀価甚だ賤く、風俗嬾惰、肯えて力を稼穡に竭さず。然れども海運通ぜず、江戸の米価甚だ貴く、而して転漕の路又た通ずるを聞けば、必ず力を農事に致して以て利に趨らんも亦た人の恒情なり。夫れ奥羽二州の粟を以て、而して之を資くるに信越二州を以てすれば、則ち都下百万の生霊も亦た以て阻飢せざるべし」と。

語釈 ○**西陲**―西の果て。○**東陬**―東の果て。○**逝電**―速い稲妻。○**奔命**―主君の命を受けて奔走すること。○**翔貴**―物価が騰貴したまま下らないこと。○**阻飢**―飢えに苦しむ。○**嘯聚**―呼び集める。○**城堡**―城ととりで。○**屯戍**―たむろし守る。○**卒伍**―軍隊の編制。○**稼穡**―農事。○**駄送**―馬の背に載せて運送する。○**轂輸**―車に載せて輸送する。○**関宿**―千葉県北西端。利根川、江戸川に挟まれる地区。○**転漕**―兵糧を運ぶこと。○**危迫**―危急切迫をいう。○**竦然**―ぞっとするさま。○**危懼**―危ぶみおそれる。○**溝渠**―堀。○**往昔**―過ぎ去った昔。○**阻滞**―へだてとどこおる。○**鎮西**―九州。○**墾闢**―荒れ地を切り開く。○**嬾惰**―なまけおこたること。○**恒情**―普通の人情。

※

外寇之至、若専聚於一方而相戦、猶之可矣。或掠西陲、或襲東陬、来如風雨、去如逝電、使我将士苦於奔命、如呉之肆楚、隋之伐陳、則勝負之数未決、而諸侯已大困矣。加之海漕絶而不通、江戸米価翔貴、百万生霊皆阻飢、将有嘯聚作乱於内者。是大患也。将何策以救之。

愚謂、沿海諸侯、宜於是時立土著之制、築城堡、置屯戍、簡農夫漁丁、編之卒伍、或聚結団社、教以銃砲。賊不来、則勤稼穡、賊来即戦耳。

至海漕不通、都下乏食、則宜輸奥羽二州之粟而給之。夫関左八州之粟、不過支三月。奥羽之米、居都人食料之什七。苟駄送轂輸、而至于白川、則自那珂川可以達于水戸。自水戸入刀根川、可以達于江戸。其至絹川者、自関宿入刀根川、可以達于都下。其他転漕之路亦不少矣。

況臨此危迫、人人皆竦然危懼、致死力而就役。与昇平之世迥異、其開溝渠、通水路、亦可一挙而成矣。往昔朝鮮之役、遣十三万之衆於海外、聚数十万之師於肥前、而輸糧食於海内外、而未聞有阻滞於道路者。況輸奥羽之粟於江戸、匪難也。

奥羽二州之大、殆過鎮西九国、而土曠民少。若能募民墾闢、則数百万石可立致也。但穀価甚賤、風俗嬾惰、不肯竭力於稼穡。然聞海運不通、江戸米価甚貴、而転漕之路又通、必致力於農事以趨利、亦人之恒情也。夫以奥羽二州之粟、而資之以信越二州、則都下百万生霊、亦可以不阻飢矣。

天下のことは、必ず時勢を知った上で計画しなければならない。もし時勢を知らなければ、たとえ堂々たる論策であったとしても、しかしながら自然にことが運ばす、ついには絵にかいた餅となることを免れない。

※

ある人が言う、「小笠原諸島は、洋中に碁石を並べたように散らばっていて、土壌は肥沃で動植物は多いが、住民はいない。わが国はこの島々を占拠し、城塁を築いて、強い兵を出し、内は神国（日本）を防衛し、外はもろもろの異民族の行き交う船を脅かして、わが国の辺境をうかがうことが出来ないようにすべきである」と。

この意見は実に立派である。これを古には行うべきだが、これを今に行うべきではないのである。なぜなら、昔、わが国の将兵は、戦乱に明け暮れて、猛将が林のように、強兵が雨のようにたくさん現れた。国内が少しずつ平和に向っていったとはいえ、しかしながら、野望と覇気は、依然として勢いよくわき起こって、逃すことができなかった。

蒲生氏郷は明を取ろうとし、亀井茲矩は琉球を取ろうとしたが、まだ出兵するには至らなかった。そして、豊臣氏がとうとう朝鮮に出兵し、島津氏が琉球を奪った。その後、伊達政宗はルソンを取ろうという野望を持った。松倉重政もまたルソンを取ろうとし、軍艦や兵糧をすでにそなえ、これから兵を発しようとして、没した。

この当時は、人は皆戦闘を好み、功名を求め、領土を拡げようとしていた。ましてや弾丸のような小島で、城塁を築き、そこに拠って外国船の往来を乱すことは、手のひらをかえすよりも易しい。平和が久しく続いて、武士たちは筋肉がたるみ、遊楽にふけり、かつて戦地を踏んだことがない。もし外敵が来襲したならば、防ぐことができないのではないかと心配している。さらに、わざわざ守備兵をはるかに遠い無人の絶島に置いて、強敵の虎のひげを編んで（危険な事をあえてして）いるひまなどない。

さらに噂に聞く、「外国人はもはや諸島に人を定着させて、そこに拠っている」と。今、兵をさしむけて島を取れば、あの国は、きっと大軍を合わせてわが国を襲う。わが国の船が狭く小さく、海路もはるかに遠く、始終救うことができなければ、それは軍隊を洋中に棄てるようなものである。まことに危ういことである。だから私は言う、「たとえ論策が堂々たるものであったとしても、これを今行うべきではない。後世、豊臣、蒲生、伊達のような人物が出るのを待って、これをなすのはよい」と。

※

天下の事、須く時を知り、而して之を経画すべし。苟しくも、時を知らざれば、則ち議論壮なりと雖も、而れども理勢行われず、竟に画餅と為るを免れざるのみ。

或ひと謂う、「小笠原島諸島は、洋中に棋布(きふ)し、壌沃(つちこ)え物殖(ものふ)ゆるも居民無し。我当に之を佔拠(せんきょ)し、城堡(じょうほう)を築き、精兵を出だし、内は以て神州を捍衛(かんえい)し、外は以て百蛮往返(おうへん)の船を劫(おびやか)し、我が辺疆(へんきょう)を窺うことを得ざらしむべきなり」と。

此の議、洵に雄偉と為す。然れども諸(これ)を古に行うべくも、諸を今に行うべからざるなり。何となれば則ち、古昔(こせき)、我が将士、戎馬(じゅうば)百戦の餘を経て、猛将、林の如く、勁卒(けいそつ)、雨の如し。海内稍治平(かいだいややちへい)に嚮(むか)うと雖も、而れども雄心覇気は、猶お勃勃(ぼつぼつ)として遣(や)ること能わず。

蒲生氏郷、朱明(しゅめい)を取らんと欲し、亀井茲矩(これのり)、琉球を取らんと欲するも、いまだ兵を起こすに及ばず。而して豊臣氏遂に兵を朝鮮に用い、島津氏、琉球を奪う。其の後、伊達政宗、呂宋(ルソン)を取るの志有り。松倉豊後守も亦た呂宋を取らんと欲し、兵艦糧食已に具(そな)え、将に発せんとして没す。

是の時に当たりて、人皆戦闘を喜び、功名を求めて、以て疆域(きょういき)を拓かんと欲す。況んや弾丸の小島に於いて、城堡を築き、之に拠りて以て夷船の往来を擾乱するは、掌(たなごころ)を反(かえ)すよりも易(やす)し。承平日(しょうへいひび)に久しきに及びて、士大夫、筋弛(きんゆる)み肉慢(にくおこた)り、宴安(えんあん)に狃(な)れ、いまだ嘗て戦争の地を践(ふ)まず。一たび外寇有らば、且つ禦(ふせ)ぐ能わざらんことを恐る。尚お、何の暇(いとま)ありてか、戍兵を荒邈無人(こうばくむじん)の絶島に置きて、以て強虜(きょうりょ)の虎鬚(こしゅ)を編まんや。

且つ仄聞(そくぶん)す、「外夷已に人を諸島に植えて、以て之に拠る」と。今、兵を遣わして之を取らしむれば、彼れ必ず大衆を挙げて我を襲う。我が船狭小、水路も亦た遼遠、首尾相い救う能わざれば、是れ師を洋中に棄つるなり。豈に危うからざらんや。予、故に曰わく、「議論、壮なりと雖も、諸を今に行うべからず。後の豊臣、蒲生、伊達其の人を待ち、而して之を為すは可なり」と。

語釈　○**時を知る**―時勢を知る。○**経画**―組みたてて見積もりする。○**理勢**―自然のなりゆき。○**画餅**―絵にかいたもち。○**棋布**―碁石を並べたように点々と散らばっていること。○**城堡**―城とりで。○**捍衛**―防ぎまもる。○**雄偉**―すぐれて大きい。○**戎馬**―軍馬。○**勁卒**―強い兵卒。○**雄心**―大きな理想と抱負。○**勃勃**―勢いよくわき起こるさま。○**朱明**―明朝。○**松倉豊後守**―松倉重政。肥前国島原藩主。その苛政が島原の乱の要因となる。○**疆域**―国の範囲。○**弾丸**―土地が狭いことのたとえ。○**宴安**―遊楽にふけること。○**荒邈**―荒れて遠いさま。○**虎鬚を編む**―生きている虎のひげを編む。危険なことをあえてするたとえ。『荘子』「盗跖」篇から。

※

天下之事、須知時而経画之。苟不知時、則議論雖壮、而理勢不行、竟不免為画餅耳。

或謂小笠原島諸島、棋布于洋中、壌沃物殖而無居民焉。我当佔拠之、築城堡、出精兵、内以捍衛神州、外以劫百蛮往返之舶、使不得窺我辺疆也。

此議洵為雄偉。然可行諸古、而不可行諸今也。何則古昔我将士、経戎馬百戦之餘、猛将如林、勁卒如雨。雖海内稍嚮治平、而雄心覇気、猶勃勃不能遣。

蒲生氏郷欲取朱明、亀井茲矩欲取琉球、未及起兵。而豊臣氏遂用兵於朝鮮、島津氏奪琉球。其後伊達政宗有取呂宋之志。松倉豊後守亦欲取呂宋、兵艦糧食已具、将発而没。

当是時、人皆喜戦闘、求功名、欲以拓疆域。況於弾丸小島、築城堡、拠之以擾乱夷船之往来、易於反掌。及承平日久、士大夫筋弛肉慢、狃於宴安、未嘗践戦争之地。一有外寇、且恐不能禦。尚何暇置戍兵於荒邈無人之絶島、以編強虜之虎鬚哉。

且仄聞外夷已植人於諸島、以拠之。今遣兵取之、彼必挙大衆襲我。我船狭小、水路亦遼遠、首尾不能相救、是棄師於洋中也。豈不危哉。予故曰、議論雖壮、不可行諸今。待後之豊臣蒲生伊達其人、而為之可也。

＊

イギリスは福建省や広東省を蹂躙し、連勝の勢いに任せて、しばしばわが国の辺境を窺っている。ことばは不遜、たちいふるまいは傲慢で、わが国をよほど軽く見て、あなどる心を持っており、きわめて憎むべきである。

魏相（ぎしょう）は言う、「人の土地や財宝を奪う者のことを貪兵と言い、貪欲な軍隊は敗れる。国家が強大であることを恃んで、その威を敵に示そうとする者のことを驕兵と言い、驕れる軍隊は敗れる」と。イギリスはすでに貪欲かつまた驕っているので、もともと負けるきざしがある。ただあの国は戦闘に熟達しているが、わが国は平和が長く続いているので実地をめぐったことがなく、よって、勝敗の運命がまだわからないにすぎない。

兵法に言う、「いくさの上手というものは、その勢いによって勝利を導くものである」と。あの国はおごり高ぶっており、わが国のことを戦う相手にもならないと思っている。そして、わが国は柔弱な態度をとって弱そうに見せかけ、決して自分から戦いを仕掛けない。あの国はますますおごり、わが国はますます慎む。そして、こっそりと軍備を整え、兵隊を鍛練し、道にしたがって志をやしない、形勢を見て言行をくらまして愚かなふりをし、あの国が油断するのを待つ。にわかに挙兵したならば、脱兎や疾雷のように素早くつけこみ、自在に奮戦し、しかばねが積もって山になる。四大陸に、わが国の盛んな武力をわからせれば、それは永遠に残る武功と言うべきである。

けれども、これは簡単に成るものではない。平時に兵卒を軍事訓練し、兵に対して技術を指導し、号令によって整然と行動させ、旗の振り方、鐘や太鼓の鳴らし方や坐作進退の仕方が、まるで腕が指を使うように意のままに動かせるようになってから、武力を行使するべきである。銃を発射する技術や遠近の計測が明確で狂わず、賊の大砲の鉛の弾丸が雨のように絶え間なく降りそそいでも目がまたたかず、軍艦が四方八方から多く集まってきても胆がすわっていて、かたく堪え忍び用心して軽々しくせず、その射程に入ってくるのを待って、そろそろと銃を発射する。発射すれば、かならず賊の船を砕き、そうしたあとで大砲を用いるべきである。

大きな船に便不便があり、小さな船に便不便がある。わが国の船が小さい場合は、数百艘を駆りたて、鳥のように行き、稲妻のように馳せ、西へ行ったかと思えばたちまち東へ行き、あるいは離合集散、変幻出没し、銃を乱発して敵の船を焼く。わが国の船が大きい場合は、大砲を並べて一字の形に布陣し、連発して敵の船を砕き、そうしたあとで船を用いるべきである。

おおむね海戦は火攻めに及ぶものはなく、火攻めは大砲を主力とする。さらに火の矢や火のたまの類を、臨機応変にかわるがわる用いて帆柱を焼き、船倉を突き通すべきである。

陸戦となると、わが国がすぐれているところであって、甲冑の堅牢さや刀槍の鋭さは、諸外国が対抗できるものではない。たとえあの国が強くとも、その心はもはや驕っていて、気はすでにだらけている。わが国がまさに死力をふりしぼって戦ったならば、あの国を十分うち破られる。重要なことは、とりわけ平時の軍事訓練の徹底にあるということだ。

昔、戚南塘(せきなんとう)は言った、「兵は鍛錬しなければ、決して用いてはいけない」と。ゆえに、赴任した所では、兵士の訓練を急務とした。はじめ浙江省の参将に任用された。諸郡の軍隊が戦闘に通暁していないのを見抜き、そこで願って、金華(きんか)・義烏(ぎう)の人民三千人を募り、剣術を教え、優れた者も劣る者もかわるがわる用いた。こうすることによって、彼の軍隊だけが強力になった。譚綸は浙江省にいて、兵士の訓練を重んじた。軍隊の編制の法を定めて、副将以下順々と統制したので、職務分掌がすっかり明らかになり、挙動がととのい、短期間のうちに皆精鋭の兵となった。昔の名将は、かくも軍事の訓練を重んじた。平時訓練せず、それで兵を激戦地へ配するのは、孔子が言うところの、民を棄てるということである。

＊

英夷、閩広を蹂躙し、連勝の威を挟み、屢〻来りて我が辺陲を覘う。語言不遜、進止倨傲、頗る我を軽侮するの心有り、甚だ悪むべきなり。

魏相、曰う有り、「人の土地貨宝を利とする者、之を貪兵と謂い、兵の貪る者は敗る。国家の強きを恃み、威を敵に見せんと欲する者、之を驕兵と謂い、兵の驕る者は敗る」と。彼の英夷、既に貪り且つ驕れば、固より敗るる兆し有り。惟だ彼れ戦闘に熟し、而るに我れ承平日に久しければ、能く実際に渉ること莫く、故に勝敗の数、いまだ知るべからざるのみ。

兵法に曰う、「勢いに因って之を利導す」と。彼れ驕矜自ら高く、我を以て戦うに足らずと為す。而して我れ雌を守り弱を示し、敢えて自ら兵端を開かず。彼れ益〻驕り、我れ益〻恭しむ。而して陰に武備を修め、士衆を練り、遵養時晦して、彼れ釁を啓くを待つ。一旦起たば、之に乗ずること脱兎の如く、疾雷の如く、縦横に奮撃し、積屍山を成す。四大洲をして我が武威の盛りを知らしむれば、千古の奇勲と謂うべし。

然れども此れ豈に致し易からんや。平時、士卒を操練し、之を教うるに技芸を以てし、之を飾るに号令を以てし、旌旗金鼓の節、坐作進退の法、臂指相い使うが如くして、然る後に兵を用うべきなり。火器点放の術、遠近の度、審諦爽わず、賊砲の鉛弾雨注するとも目瞬かず、軍艦輻湊するとも胆動じず、堅忍持重し、其の彀中に入るを待ち、而して徐ろに之を発す。発すれば必ず賊船を砕き、然る後に砲を用うべきなり。

舟の大いなる者に便有り不便有り、小さき者に便有り不便有り。我が舟小さければ、則ち数百艘を駆り、鳥逝電馳し、乍ち西し乍ち東し、或いは分かれ或いは合い、変化出没し、火器乱発して、以て敵船を焚く。我が舟大いなれば、則ち大熕を列ねて一字の陣と成り、連発して以て敵船を砕きて、然る後に舟楫を用うべきなり。

大抵、水戦は、火攻に如くは莫く、火攻は大砲を以て主と為す。而して火箭火毬の類、機に応じ互いに用いて、以て帆檣を焚き、艙腹を洞すべし。

陸戦に至っては、則ち我の長ずる所にして、甲冑の堅き、刀槍の利きは、諸番の能く抗する所にあらず。彼れ強しと雖も、其の心既に驕り、其の気既に惰る。而して我れ乃ち死力を出して相い戦わば、亦た以て之を摧破するに足る。其の要は尤も平時操練の精なるに在るのみ。

昔者戚南塘謂う、「兵、練らざれば、必ず用うべからず」と。故に、至る所、練兵を以て急と為す。初め浙江の参将に官す。衛所の軍の戦に習れざるを見、乃ち請いて、金華、義烏の人三千を募り、教うるに撃刺を以てし、短長互いに用う。是れに由りて軍独り精なり。

譚綸、浙に在り、亦た練兵を重んず。卒伍の法を立て、裨将以下節節相い制すれば、分数既に明らかに、進止斉一、いまだ久しからずして、皆精鋭と成る。古の名将の操練を重んずること此くの如し。平時、操練せず、而して之を死地に置くは、孔子の謂う所の之を棄つる者なり。

語釈　○**閩広**―福建省と広東省。○**辺陲**―辺境。○**進止**―たちいふるまい。○**魏相**―前漢の政治家。易経を学んで賢良に挙げられ、茂陵の令となり、茂陵は大いに治まった。後、河南太守、御史大夫、丞相。○**勢いに因って…**―『史記』「孫子呉起列伝」に、「善く戦う者は、其の勢いに因って之を利導す」とある。○**驕矜**―おごりたかぶること。○**雌を守る**―柔弱な態度をとる。○**弱を示す**―弱そうに見せかける。○**遵養時晦**―道にしたがって志をやしない、時勢を見て言行をくらまして愚人の真似をする。○**脱兎**―逃げる兎。「始めは処女の如くにして、敵人、戸を開き、後は脱兎の如くにして、敵人、拒ぐに及ばず」(『孫子』「九地篇」・はじめ静かにして敵を油断させ、隙をついて攻撃をしかけるという兵法)を踏まえる。○**疾雷**―急に激しく鳴り響く雷。○**旌旗**―色鮮やかな旗。○**金**

鼓―軍用の鐘と太鼓。進軍するときは太鼓、とまるときには鐘を使う。○**坐作**―立ち居ふるまい。○**臂指**―腕が手の指を使うように、意のままに人を使うこと。○**火器**―大砲・銃。○**点放**―点ずる。○**審諦**―つまびらか。○**雨注**―雨のように絶え間なく降りそそぐ。○**輻湊**―車の輻が轂に集まるように、物が四方八方から多く集まり来るをいう。○**轂中**―矢の及ぶ範囲。○**大熕**―大砲。○**火箭**―火をつけて射た矢。○**火毬**―火のたま。○**互いに用う**―お互いに他のものの働きをもなすこと。○**帆檣**―帆柱。○**艙腹**―船倉。○**摧破**―くじきやぶる。○**戚南塘**―明代の武将。倭寇を討つ。○**参将**―明代の武官。総兵・副総兵の次官。○衛所―明代の軍隊の編制。一郡には所を置き、数郡を兼ねて衛を置く。○**金華、義烏**―明代、金華府の県名。○**撃刺**―剣術。○**譚綸**―明代の武将。兵備副使を以て倭寇を討ち、殲にす。両広を征して七山の諸賊を平らげ、兵部尚書に陞る。○**卒伍**―軍隊の編制。○**裨将**―大将をたすける将官。○**節節**―竹の節のように順々な形容。○**分数**―天から人にわかち与えられた運命。○**斉一**―物事が一様であること。○**之を棄つる者**―『論語』「子路」。子曰わく、「教えざる民を以て戦う、是れ之れを棄つと謂う」と。

❊

英夷蹂躪閩広、挟連勝之威、屡来覘我辺陲。語言不遜、進止倨傲、頗有軽侮我之心、甚可悪也。魏相有曰、利人土地貨宝者、謂之貪兵、兵貪者敗。恃国家之強、欲見威於敵者、謂之驕兵、兵驕者敗。彼英夷、既貪且驕、固有敗兆。惟彼熟于戦闘、而我承平日久、莫能渉実際、故勝敗之数、未可知耳。

兵法曰、因勢而利導之。彼驕矜自高、以我為不足戦。而我守雌示弱、不敢自開兵端。彼益驕、我益恭。而陰修武備、練士衆、遵養時晦、待彼啓釁。一旦起而乗之如脱兎、如疾雷、縦横奮撃、積屍成山。使四大洲知我武威之盛、可謂千古奇勲矣。

然此豈易致哉。平時操練士卒、教之以技芸、飾之以号令、旌旗金鼓之節、坐作進退之法、如臂指相使、然後兵可用也。火器点放之術、遠近之度、審諦不爽、賊砲鉛弾雨注、而目不瞬、軍艦輻湊、而胆不動、堅忍持重、待其入彀中、而徐発之。発必砕賊船、然後砲可用也。

舟之大者有便有不便、小者有便有不便。我舟小則駆数百艘、鳥逝電馳、乍西乍東、或分或合、変化出没、火器乱発、以焚敵船。我舟大則列大熕、成一字陣、連発以砕敵船、然後舟楫可用也。

大抵水戦莫如火攻、火攻以大砲為主。而火箭火毬之類、応機互用、可以焚帆檣、洞艙腹矣。

至于陸戦、則我之所長、甲冑之堅、刀槍之利、非諸番所能抗。彼雖強、其心既驕、其気既惰。而我乃出死力相戦、亦足以摧破之。其要尤在平時操練之精耳。

昔者戚南塘謂、兵不練、必不可用。故所至以練兵為急。初官浙江参将。見衛所軍不習戦、乃請募金華義烏人三千、教以撃刺、短長互用。由是軍独精。

譚綸在浙、亦重練兵。立卒伍法、裨将以下節節相制、分数既明、進止斉一、未久、皆成精鋭。古名将之重操練如此。平時不操練、而置之死地、孔子所謂、棄之者也。

※

昔、天智天皇は、水城（みずき）を筑紫国に築いて外寇に備えた。蒙古が大挙してわが国を侵略するに及んで、北条時宗はさらにこれを修築した。わが軍は水城に拠って低地に敵船を見たので、敵軍は進むことができず、かくして大勝した。天皇の非常にすぐれた知恵は、万世を思いめぐらした根拠があって、ここにいたってようやくその効果があらわれた。また時宗の功績も大きい。

今の異民族は、蒙古と同じではない。蒙古の軍隊は、一時的な荒々しい怒りから生じた。またわが国の地理に詳しくなかった。だから、たとえ強くとも、まだくみしやすかったのだ。今の異民族は、わが国を数十年も窺い狙い、地形の険しいさまや平らなさま、海水の深浅、航路の遠回りや近道を詳しく知り尽くしている。異民族が戦争をしかけるときは、きっとわが国の重要な地を突くはずである。このことは大変憂慮すべきである。

わが国は、海に囲まれて存立している。四方から軍隊が攻めてくれば、どこの港に守備の陣屋を置かないでいられようか、どこの湾にのろし台を設けないでいられようか。そうであるので、まむしに手をさされれば、壮士は腕もろともに切り去ってその害を逃れるのである。失う所がなければ、取ることはできない。

ところで、そもそも浦賀の地形は、大洋に臨んで海水がまつわりめぐり、江戸と通じ、軍鼓を打ち鳴らすほどの少しの間に江戸に到ることができる。長崎や松前が辺境にあるのに比べれば、その軽重や緩急がかけ離れている。もし浦賀を失ったならば、そのわざわいは論ずることもできない。まことに第一の非常に重要な門戸である。こうであるから、幕府が四大大名に命じて浦賀を防衛させれば、海防は厳重にととのい、再びあれこれと心配することはなくなる。

しかし、浦賀の地形は、諸国の港とはまったく異なる。すべて諸国の港は、双方の岸辺が遠く離れてはいない。外国船が侵入したら、ただちに大砲を発してはさみうちにし、弾丸の威力をふりしぼって、これを破壊することができる。ただ浦賀だけは海が広がって、両岸が三里も離れている。外国船が海の中央を進んだならば、砲台の弾丸がはたして及ぶかどうか。かりに船に及んだならば、はたして破壊できるかどうか。大小数百艘の船が火器を載せていたならば、はたして海上でさえぎり止められるかどうか。

四大大名は、軍事力がすぐれて強く、必ずこのことをわきまえている。けれども、重要な地に、万一失敗があったならば、呼吸ほどの時間のうちに異変がおこるだろう。これが、杞憂の故事のように夜中に考えめぐらして眠られない理由である。

だから、ひそかに考えている、「幕府が浦賀を敵を防ぐ要所に選び、城を築いて房総・相模の大きなかためとするならば、わが軍隊がことによると不利であったとしても、しかしながら外国軍は、思い切って城を背にして、まっすぐ江戸に入ってくることはない。あの国がもし城を攻めて十日間落とすことができなかったならば、数千の援軍が直ちに参じて、はさみうちにできる。また、江戸もこの間に守備を固めることができよう」と。

これこそ天智天皇の水城（みずき）の戦法である。かつまた幕府は直轄の軍を従えて一大将を選び、数千の兵士を率いて城を守り、交替で守備し、平時は武技を鍛練し、あるいは漁猟にはげみ、山野を跋渉し、船を操縦し、荒波に慣れ、筋骨を疲労させ、寒暑に耐え、ころあいを見て大々的に閲兵し、陸海の戦法を講ずるのである。

諸侯は、幕府が城を築き直轄の軍を派遣するのを見れば、きっと奨励して武事を講じ、あるいはとりでを増築し、ただ後れをとることを恐れ、士気は大いに奮い立って、このために軍旗は彩りを増すのである。

幕府の人士もまた山や海を跋渉して戦闘の法に習熟し、諸侯や将士とともに駐屯して互いに策略を通じ合い、勢力をたくわえて、常山（じょうざん）の蛇の頭と尾が互いに助けるように、各陣が相応じて攻撃防御する。そして、それに教え励まされた旗本数万騎が、皆感激発奮し、争って功名を立てようと戦闘に赴いたならば、江戸の軟弱で贅沢な習いは一変して、剛健勇猛の風が再び興るだろう。これは、ただ海防のために厳重さを増すというだけでなく、そもそも江戸の士気をふるいおこして、六十州の人心を鼓舞する手段なのである。

昔、蒙古がわが国を侵略した。百戦百勝の武威を誇り、十万の軍隊をひき連れ、その破竹のような勢いは、動きがさえていて、まともに対抗することができなかった。北条時宗は毅然としてたわまず、巧みに号令して、河野・島津・秋月ら九州のもろもろの武将は皆決死の戦いをし、かくして蒙古を殲滅した。彼らが勝つことができた根本は、冗費を省いて軍備を整えたことにある。幕府が本当にこれを手本とすることができたならば、一つの城を築き、直轄の軍隊を派遣することには、甚大な費用がかかるけれども、きっと工面する方法はある。

❊

在昔天智天皇、水城を筑紫に築きて、以て外寇に備う。蒙古の大挙して我を犯すに及ぶや、北条時宗、更に之を修築す。我が兵之れに拠りて下きに賊船を瞰れば、賊、進むことを得ず、遂に大いに敗る。天皇の神智は、万世を慮る所以の者にして、是に至りて始めて験あり。而して時宗の功も亦た偉なり。

今の夷狄は蒙古と同じからず。蒙古の師、一時の暴怒に発る。又た我が邦の地理を審らかにせず。

故に強しと雖も、猶お与し易きのみ。今の夷狄は、我を窺覘する者数十年、地理の険易、海水の深浅、針路の迂直、諳悉せざる莫し。其の兵を用うるや、必ず将に我が咽喉の地を衝かんとす。是れ大いに憂うべきなり。

吾邦は海を環らして立つ。四面より兵を受くれば、何れの港か戍を置かざるべき、何れの墺か墩を設けざるべき。然り而して、蝮蛇、手を螫せば、壮士、腕を脱く。失う所有らずんば、以て取ること有るべからず。

今夫れ浦賀の地と為すは、大洋に臨みて海水縈廻し、江府と相い通じ、一鼓にして至るべし。長崎松前の辺陲に在るに視ぶれば、其の軽重緩急相い懸絶す。設し之を失わば、其の禍い、言うべからず。誠に第一の緊要の門戸なり。是を以て朝廷、四大諸侯に命じて之を捍衛せしむれば、防汛厳整、復た虞るべきこと無し。

但だ其の地形は諸州の港澳と迥かに異なる。凡そ諸州の港澳は、両涘相い距つること遠からず。夷舶之に入らば、即ち巨熕を発して之を夾撃し、弾子力を全うして、以て之を洞破すべし。惟だ浦賀のみ、海水一帯、両岸相い去ること三里なり。夷舶、中央従り而して進まば、砲台の鉛弾果して能く及ぶや否や。即し之に及ばば、果して能く洞破するや否や。大小船数百艘、火器を載すれば、果して能く洋中に攔截するや否や。

四大諸侯、兵甲精強にして、必ず以て能く之を弁ずること有り。然れども咽喉の地に万一蹉跌有らば、変、呼吸の頃に生ぜん。此れ杞人の中夜に思いて寐ぬること能わざる所以なり。

因って窃かに謂えらく、「朝廷、浦賀を険要の地に択び、一城を築きて、以て房相の雄鎮と為さば、則ち吾が師、或いは利あらずと雖も、而れども彼の虜、敢えて城を背にして直に江府を闚わざるなり。彼れ若し城を攻めて旬日抜くこと能わずんば、則ち数千の援兵立ちどころに至りて、以て夾撃すべし。而して江府も亦た此の間を以て守備を成すことを得ん」と。

此れ乃ち天智天皇の水城の遺法なり。且つ朝廷、親軍に就きて一大将を択び、兵士数千を率いて城を守り、更番相い戍り、平時は武技を精習し、或いは漁猟を事とし、山野を跋履し、舟を操り櫓を揺り、波濤の険に慣れ、筋骨を労れしめ、寒暑に耐え、時を以て大いに閲し、水陸の戦法を講ず。

諸侯、朝廷の城を築き親軍を遣わすを見れば、必ず相い激勧して武事を講じ、或いは墩堡を増築し、惟だ其の後に落つるを恐れ、士気大いに振い、旌旗、之が為に色を生ずるなり。

幕朝の士も亦た山海を跋渉し、戦闘の法に熟し、諸侯将士と与に屯駐策応し、隠然として常山の蛇勢を成す。而して其の風励する所、麾下数万の士、皆感激奮興し、争いて功名の会に赴けば、則ち都下柔軟奢靡の習い一変して、勁悍壮武の風復た興らん。此れ特だに海防の為に厳整を加うるのみにあらず、抑ゝ江府の士気を振作して、六十州の人心を鼓舞する所以なり。

昔者蒙古、我邦を犯す。百勝の威を挟み、十万の衆を提げ、勢い、破竹の如く、鋭くして当たるべからず。北条時宗毅然として撓まず、号令機に合い、鎮西の諸将、河野・島津・秋月の諸将の如きは、皆殊死戦し、遂に之を殲くす。其の勝を得るの本は、冗費を省き武備を修むるに在るのみ。朝廷誠に能く此れを以て準と為さば、則ち一城を築き親軍を遣わす、其の費、綦めて鉅いなりと雖も、亦た必ず其の道有り。

語釈 ○**水城**—白村江の戦いの翌年に築かれた大宰府防衛のための施設。全長一・二km、基底部幅八〇m、高さ一三mの大堤。○**下きに賊船を瞰る**—『孫子』「行軍篇」に、「軍は高きを好みて下きを悪む」（軍隊を駐めるには、高地はよいが低地は悪い）とある。○**神智**—非常にすぐれた知恵。○**暴怒**—激怒。○**窺覘**—うかがいねらう。○**険易**—地形が険しいことと、平らなこと。『孫子』「軍争篇」に、「山林・険阻・沮沢の形を知らざる者は、軍を行ること能わず」（山林やけわしい地形や沼沢地などの地形が分からないのでは、軍隊を進めることはできない）とある。○**迂直**—遠回りと近道。『孫子』「軍争篇」に、「迂直の計を先知する者は勝つ」（敵に先んじて遠い道を近道にするはかりごとを知る者が勝つ）とある。○**諳悉**—詳しく覚えつくす。○**咽喉**—重要な通路。○**戍**—守備兵の陣屋。○**嶴**—深く入りこんだ湾。○**墩**—のろし台。○**蝮蛇手を螫せば、壮士腕を脱く**—まむしに手をさされれば、壮士は腕もろともに切り去ってその害を逃れる。小を失って大を全うすること。陳琳「呉の将校部曲に檄(げき)するの文」より。　○**縈廻**―まつわりめぐる。　○**辺陲**―辺境。　○**捍衛**―防ぎまもる。　○**防汛**―水害を防ぐ。　○**港澳**―港。　○**両涘**―双方の水ぎわ。　○**巨熕**―大砲。　○**弾子**―弾丸。　○**洞破**―貫き破る。　○**攔截**―さえぎり止める。　○**蹉跌**―失敗し行きづまること。　○**呼吸**―極めて短い時間。　○**杞人…**―杞憂。無用の心配。杞国のある人が、天が落ちてきたら身を寄せるべき所がないと心配して寝食を廃した故事。　○**中夜**―よなか。　○**雄鎮**―雄大で堅固なかため。　○**旬日**―十日間。　○**跋履**―ふみ歩く。　○**親軍**―幕府直轄の軍隊。　○**激勧**―はげましすすめる。　○**墩堡**―のろし台と関堡(かんぽ)(関所ととりで)。　○**旆旗**―色鮮やかな旗。　○**色を生ず**―色彩をあらわす。　○**策応**―互いに策略を通じ合って助け合うこと。　○**常山の蛇勢**―先陣と後陣、左翼と右翼などが互いに相応じて攻撃・防御し、敵が乗じることのできないようにする陣法。常山にいる蛇は、その頭を撃てば尾が助け、その尾を撃てば頭が助け、腹を撃てば頭と尾が助けるという故事(『孫子』「九地篇」)による。　○**風励**―教え励ます。　○**麾下**―将軍じきじきの家来。　○**勁悍**―強くて、荒々しい。　○**壮武**―盛んで猛々しい。　○**鎮西**―九州。　○**殊死戦**―決死の戦い。

※

在昔天智天皇築水城於筑紫、以備外寇。及蒙古之大挙犯我也、北条時宗更修築之。我兵拠之、下瞰賊船、賊不得進、遂大敗。天皇神智所以慮万世者、至是始験。而時宗之功亦偉矣。

今之夷狄与蒙古不同。蒙古之師発于一時之暴怒。又不審我邦之地理。故雖強猶易与耳。今之夷狄、窺覘我者数十年、地理之険易、海水之深浅、針路之迂直、莫不諳悉。其用兵、必将衝我咽喉之地。是大可憂也。

吾邦環海而立。四面受兵、何港可不置戍、何畧可不設墩。然而蝮蛇螫手、壮士脱腕。不有所失、不可以有取。

今夫浦賀之為地、臨大洋而海水縈廻、与江府相通、可一鼓而至。視長崎松前之在辺陲、其軽重緩急相懸絶。設失之、其禍不可言。誠第一緊要門戸也。是以朝廷命四大諸侯捍衛之、防汛厳整、無復可虞。但其地形与諸州港澳迥異。凡諸州港澳、両涘相距不遠。夷船入之、即発巨熕而夾撃之、弾子全力可以洞破之。惟浦賀、海水一帯、両岸相去三里。夷船従中央而進、砲台鉛弾果能及否。即及之、果能洞破否。大小舶数百艘載火器、果能攔截于洋中否。

四大諸侯兵甲精強、必有以能弁之矣。然咽喉之地、万一有蹉跌、変生呼吸之頃。此杞人所以中夜思而不能寐也。

因窃謂、朝廷択浦賀険要之地、築一城、以為房相之雄鎮、則吾師雖或不利、而彼虜不敢背城而直闖江府也。彼若攻城而旬日不能抜、則数千援兵立至、可以夾撃。而江府亦得以此間成守備矣。

此乃天智天皇水城之遺法也。且朝廷就親軍択一大将、率兵士数千守城、更番相戍、平時精習武技、或事漁猟、跋履山野、操舟揺櫓、慣波濤之険、労筋骨、耐寒暑、以時大閲、講水陸戦法。諸侯見朝廷築城遣親軍、必相激勧而講武事、或増築墩堡、惟恐落其後、士気大振、旌旗為之生色矣。幕朝之士亦跋渉山海、熟于戦闘之法、与諸侯将士、屯駐策応、隠然成常山蛇勢。而其所風励麾下数万之士、皆感激奮興、争赴功名之会、則都下柔軟奢靡之習一変、而勁悍壮武之風復興。此匪特為海防加厳整、抑所以振作江府之士気、而鼓舞六十州之人心也。

昔者蒙古犯我邦。挾百勝之威、提十万之衆、勢如破竹、鋭不可当。北条時宗毅然不撓、号令合機、鎮西諸将如河野島津秋月諸将、皆殊死戦、遂殲之。其得勝之本、在于省冗費修武備而已。朝廷誠能以此為準、則築一城遣親軍、其費雖綦鉅、亦必有其道矣。

❊

わが国は昔から陸戦を主体とし、弓矢や刀槍を重要な武器としてきた。天文年間以降、鉄砲も交えて用いるようになった。けれども、大砲はまだ戦闘に用いなかった。西洋諸国は海戦や大砲の技術には巧みですぐれている。この二つは、わが国の力の足らない所であるけれども、しかしながら、今はこのことにも抜きんでないわけにはいかないのである。

昔の名将には、兵の動かし方が神のようにすぐれていて、敵をまねて勝利をつかんだ者がいた。趙の武霊王（ぶれいおう）が胡（北方の異民族）の軍制をまね、胡の服をまとい騎馬で戦って異民族を破り、五代後周の世宗が南唐の海戦を習って訓練し、南唐を奪取したというのがそれである。

敵が得意とする所を逆手にとって、奇計を出してこれを破った者がいる。金の兀朮は、馬三頭を連ねて敵に向かうという戦法によって勇名をほしいままにしたが、岳飛が、麻札刀によって馬の足を切ってこれを破り、楊沂中が、長斧を持って、垣根のように横一列になって進んでこれを破った。楊幺の船は飛ぶようにはやく、かたわらに撞竿を置いて官船を砕いたが、岳飛が大きないかだや乱れ生えた草でもって航行を妨害し、楊幺を破ったというのがそれである。

小よく大を制した者がいる。韓世忠の巨大軍艦が金の軍隊を長江で制圧したが、兀朮は小舟に乗り、火の矢を射て焼き、世忠は大敗した。鄱陽湖の戦いでは、敵の船が高大だったので、明軍は高所を攻めあぐんだ。そこで、たいまつをはなって焼き討ちにし、かくして大勝利を招き寄せた。豊臣秀吉は朝鮮を討った。数十隻の敵船が釜山港を守り、その長さが三、四十丈（九〇〜一二〇m）ばかり、大きな材木を用いて造っており、ともやぐらから弓矢を乱れ放った。わが国の兵は軽舟に乗り、勇気を奮ってまっすぐ進み、数十の火のたまを投げつけ、火薬の箱に延焼し、敵の船がすべて灰燼に帰したというのがそれである。

大でもって小を圧倒した者がいる。兀朮の軍が長江の南に駐屯した。韓世忠は海船を鎮江の金山のふもとに停泊させ、前もって大きな鉄のかぎに鎖をぬきとおして、沈めておいた。翌朝、敵船は騒ぎ立てながら進んできた。世忠は、海船を二つの方面に分けて、敵の背後に出、かぎにひっかかるたびにすぐさま鎖を引いて船を沈め、兀朮を追いつめたというのがそれである。

現在、西洋の大艦は城のように大きい。わが国が、堅固で緻密な小舟を造り、敵の砲が命中しないように動きまわれば、たとえ命中したとしても、六、七人を失うに過ぎない。そして、わが国の砲をひとたび発射して大艦を焼いたならば、数百人を殺す。これこそ小よく大を制することである。

外国船の大砲が七、八貫（三〇kg弱）を越えないのは、つまり砲がきわめて大きいと、甲板が震い裂けて用いることができないのである。わが国こそは、十貫（三七・五kg）から三、四十貫（一一二～一五〇kg）の大砲を造っており、その衝撃は、地震や雷が山を裂くようであり、それでもって遠くまで及んで粉砕することができる。近年、ある大名は、三十六貫（一三五kg）のボンベン砲を造った。その射程は四十町（約四三六〇m）先にまで及ぶ。また、弾丸が炸裂すれば、五町（約五四五m）を囲んでたちまち烈火に包まれる。たとえ外国船が堅牢であったとしても、粉砕することができる。これこそ大でもって小を圧倒することである。

西洋の型をまねて大艦を造り、異変がない時は廻船に用い、有事の際は海戦に用い、外国人と衝突するということは、これこそ敵をまねて勝利を得ることである。

名将が兵を動かすときは、奇計を出して事変を制する。不思議な龍が模索できないようなことが、明確に史書に見えるのは、つまり人の心が霊妙で測りがたいからである。もし智慮を尽くしたならば、必ず敵を破る戦術を得るはずである。

山に砒石（毒物）があるが、天は必ず礬をつくり出してこれを制する。国に鴆（羽に毒あり）があるが、天は必ず犀角（薬の原料）をつくり出してこれを圧する。造物者は、このように生を好む。たとえ外国船が高く堅固で、銃砲が精巧であったとしても、これを制する術はあるのだ。ただ、人が思考を尽くさないのを憂えるばかりである。

ある人が言った、「大砲をたくさん製造することは、実に現今の急務である。けれども、大砲があっても火薬がなければ、ただ役に立たないだけでなく、敵のたすけにもなってしまう。だから、大砲をたくさん製造するのなら、まずは火薬や砲丸をたくさんたくわえるのがよい」と。これもきわめて重要な言であり、武器を用いる者は察しなければならないのである。

※

我邦は古より陸戦を以て主と為し、弓弩槍刀を以て要器と為す。天文より以降、雑うるに鳥銃を以てす。而れども大砲はいまだ之を戦闘に用いざるなり。西蛮夷、水戦に長じ、大砲に精し。是の二つの者は、我の短なる所と雖も、而れども今は則ち此れに出でざることを得ざるなり。

古の名将の兵を用うること神の如く、敵に倣いて勝を取る者有り。趙の武霊王の胡服騎射して戎狄を破り、周の世宗の水戦を習いて南唐を取るが若きは是れなり。

敵の長ずる所に因って、奇を出して此れを破る者有り。金の兀朮、拐子馬を以て雄を擅にするも、岳飛、麻札刀を以て馬足を斫りて之を破り、楊沂中、長斧を持ち、牆の如くして進みて之を敗る、楊幺の舟楫飛ぶが如く、旁らに撞竿を置きて官船を砕くも、岳飛、巨筏乱草を以て之を破るが若きは是れなり。

小を以て大を制する者有り。韓世忠の艨艟大艦、金師を江に扼うるも、兀朮、小舟に乗り、火箭を以て之を焚き、世忠大敗す。鄱湖の戦、敵船高大なれば、明軍、仰攻し難し。乃ち炬を縦ちて之を焚き、遂に大捷を致す。豊太閤、朝鮮を伐つ。敵船数十隻、釜山海口を守り、長さ三四十丈ばかり、巨材を以て之を製り、舵楼より弓弩乱発す。我兵、軽舸に乗り、勇を奮いて直に進み、火毬数十を擲ち、薬櫃に延焼し、敵船皆燼するは是れなり。

大を以て小を圧する者有り。兀朮、江南に軍す。韓世忠、海艦を以て金山の下に泊まり、豫め鉄綆を以て大鉤を貫く。明旦、敵船譟ぎて進む。世忠、海舟を分かちて両道と為し、其の背に出で、一綆に縋る毎に、則ち一船を曳きて之を沈め、兀朮窮蹙するは是れなり。

今、西番の大船は城の如し。我、小舟の堅緻なる者を製り、賊砲をして中ることを得ざらしめば、即い之に中るとも、亦た六七人を失うに過ぎず。而して我が砲一たび発して大船を焚かば、数百人を殺す。是れ小を以て大を制するにあらざらんや。
夷船の大砲、七八貫に過ぎざるは、蓋し砲極めて大いなれば、舶板(はくばん)震い裂けて用うべからざるなり。我乃ち大熕を製ること、十貫より三四十貫に至り、其の衝撃する所は、震靂(しんれき)の山を裂くが如く、以て遠きに及びて之を粉砕すべし。近年、某侯、三十六貫の天砲を造る。其の度(はか)ること四十町の遠きに及ぶ。而して弾子迸裂(ほうれつ)すれば、五町を囲みて忽ち烈火と為る。夷船堅しと雖も、亦た粉韲(ふんせい)すべし。是れ大を以て小を圧するにあらざらんや。

西洋の式に倣いて大船を造り、事無ければ則ち之を漕運に用い、事有れば則ち之を水戦に用い、夷賊と相い衝(つ)くは、是れ敵に倣いて勝を取るにあらざらんや。

名将の兵を用うるや、奇を出して変を制す。神龍(しんりょう)の摸促(もそく)すべからざるが如き者、班班(はんぱん)として史籍に見るは、蓋し人心、霊妙不測なればなり。苟しくも智慮を尽くさば、必ず将に敵を破るの術を得んとす。

山に砒霜(ひそう)有り、天必ず礬(はん)を生みて以て之を制す。国に鴆(ちん)有り、天必ず犀(さい)を生みて以て之を圧す。造物者の生を好むこと此くの如し。夷船高堅なり、銃砲精巧なりと雖も、亦た豈に之を制するの術無からんや。但だ人の心思(しんし)を尽くさざるを憂うるのみ。

或ひと曰わく、「多く巨熕を製るは、誠に当今の急務と為す。然れども砲有りて薬(やく)無くんば、惟だに吾が用を為さざるのみにあらず、適だ以て敵人の資と為すに足るのみ。故に多く巨熕を製るは、宜しく先ず多く火薬鉄丸を儲うべし」と。此れ又た切要の言、兵を用うる者、察せざるべからざるなり。

語釈　○**弓弩**―弓と石弓。○**鳥銃**―鳥などを撃つに用いる鉄砲。小銃。○**武霊王**―北方に位置する趙は、つねに胡と戦っていたが、武霊王は彼らから戦術を学ぶとともに胡服騎射の制を採用し軍制を改革した。○**世宗**―五代後周の皇帝。○**奇を出す**―奇計を用いる。○**兀朮**―完顔宗弼。金の人。太祖の第四子。○**枴子馬**―三人をひとくみとし、縄を以てその馬三匹を連ねて敵に向わしめるをいう。○**麻札刀**―刀剣の一種。『宋史』「列伝」「岳飛」に、「飛、歩卒を戒めて麻札刀を以て陣に入り、仰視すること勿く、第だ馬足を斫る」とある。○**楊沂中**―宋の人。兵法に精通し、騎射を善くす。○**長斧**―『宋史』「列伝」「王徳」に、「万兵をして長斧を持たしめ、牆の如くして進む」とある。牆のように横一列になって進めば、多くとも二人が殺されるだけとする（『春秋左氏伝』哀公四年）。○**長斧**―先端部分が斧の形状の長柄武器。○**楊幺**―鼎州龍陽の人。鍾相・楊幺の乱を起こし、洞庭湖一帯に寨を結んで拠った。楊幺は要害の地勢に恃んで降伏せず、船を湖に浮かべ、水車で水をかいて飛ぶように航行し、かたわらに撞竿を置いて、官の舟をうち砕いた。岳飛は、君山の木を伐り、大きないかだを造って港の入り口をふさぎ、また草木を流しておいたところに賊船をおびき寄せて、航行不能になったところを攻撃し、鎮定した（『宋史』「列伝」「岳飛」）。○**撞竿**―敵船を突き破る兵器。○**艨艟**―軍艦。

○火箭―火をつけて射た矢。　○鄱湖の戦―鄱陽（はよう）湖の戦い。一三六三年朱元璋（しゅげんしょう）軍二十万と陳友諒（ちんゆうりょう）軍六十万の間の湖上戦。陳友諒の船団は、巨艦を集めて艦と艦を鎖で繋いで陣としていた。一方、朱元璋の船団は、小型船が中心であり、火力を重視していた。戦いの三日目、にわかに東北の風が吹くと、朱元璋は決死隊による火船七艘を陳友諒に突っ込ませたため、折からの強風により密集した巨艦は炎上した。　○仰攻―高所を攻める。　○炬―たいまつ。　○大捷―大勝利。　○釜山―朝鮮慶尚道の東南角。要衝の地。　○海口―港。　○舵楼―ともやぐら。　○軽舸―舟足の速い舟。　○薬櫃―火薬が入った箱。　○兀朮……―黄天蕩（こうてんとう）の戦い。『宋史』「列伝」「韓世忠」に載る。　○金山―江蘇省鎮江県の西北。もと江中に在り、今は土砂堆積して南岸に接す。　○鉄綆―鉄の縄。　○大鉤―大きな鉄のかぎ。　○窮蹙―困りきる。　○堅緻―堅固で緻密なこと。　○舶板―甲板。　○震靂―地震や霹靂（急撃する雷）。　○天砲―ボンベン砲。　○迸裂―炸裂。　○粉齏―こなみじんにする。　○神龍―不思議な龍。　○摸促―模索。　○班班―明らかではっきりしているさま。　○砒霜―砒石（劇毒を含む鉱物）を加熱して昇華させる時生ずる白色の結晶。　○礬―明礬石（みょうばんせき）。硫黄を含んだ鉱物。　○鴆―その羽をひたした酒は人を毒殺することに用いられた。　○犀―犀（さい）の角。薬品の原料とする。　○心思―考え。　○切要―きわめて重要なこと。

※

我邦自古以陸戦為主、以弓弩槍刀為要器。天文以降、雑以鳥銃。而大砲未用之戦闘也。西蛮夷長于水戦、精於大砲。是二者、雖我之所短、而今則不得不出於此也。

古名将用兵如神、有倣敵而取勝者。若趙武霊王胡服騎射而破戎狄、周世宗習水戦而取南唐是也。有因敵之所長而出奇破此者。若金兀朮以拐子馬擅雄、而岳飛以麻札刀斫馬足破之、楊沂中持長斧如牆而進敗之、楊幺舟楫如飛、旁置撞竿砕官船、岳飛以巨筏乱草破之是也。

有以小制大者。韓世忠艨艟大艦扼金師於江、兀朮乗小舟以火箭焚之、世忠大敗。鄱湖之戦、敵船高大、明軍難仰攻。乃縦炬而焚之、遂致大捷。豊太閤伐朝鮮。敵船数十隻守釜山海口、長可三四十丈、以巨材製之、舵楼弓弩乱発。我兵乗軽舸、奮勇直進、擲火毬数十、延焼薬櫃、敵船皆燼是也。

有以大圧小者。兀朮軍于江南。韓世忠以海艦泊金山下、豫以鉄綆貫大鉤。明旦敵船譟而進。世忠分海舟為両道、出其背、毎縋一綆、則曳一船沈之、兀朮窮蹙是也。

今西番大舶如城。我製小舟堅緻者、使賊砲不得中、即中之、亦不過失六七人。而我砲一発焚大舶、殺数百人。是非以小制大乎。

夷舶大砲不過七八貫、蓋砲極大、舶板震裂不可用也。我乃製大熕、自十貫至三四十貫、其所衝撃如震霆裂山、可以及遠而粉砕之。近年某侯造三十六貫天砲。其度及四十町之遠。而弾子迸裂、囲五町忽為烈火。雖夷舶之堅、亦可粉韲。是非以大圧小乎。

倣西洋式、造大船、無事則用之漕運、有事則用之水戦、与夷賊相衝、是非倣敵而取勝乎。名将用兵、出奇制変。如神龍之不可摸捉者、班班見史籍、蓋人心霊妙不測。苟尽智慮、必将得破敵之術矣。

山有砒霜、天必生礬以制之。国有鴆、天必生犀以圧之。造物者好生如此。雖夷船之高堅、銃砲之精巧、亦豈無制之之術哉。但憂人之不尽心思耳。

或曰、多製巨熕、誠為当今急務。然有砲而無薬、非惟不為吾用、適足以為敵人資耳。故多製巨熕、宜先多儲火薬鉄丸。此又切要之言、用兵者不可不察也。

＊

たまたま清国の某氏の『平夷策』一編を入手した。この人は、イギリスの侵略を実際に見、深く前後の事情を知って、憂いや憤りが消えず、勇んで筆をとってこの策を書いているので、鮮明であり、要点もおさえている。彼が、軍艦を造り、沿海の漁民を召集して海洋で戦い、夜中、漁船を集めて敵船を焼くに及ぶことを論ずるのは、皆、私の意見と一致する。よって煩雑をいとわずこれを記す。

イギリスは昨年から、定海を攻め落とし、後にさらに広東(かんとん)・大角(だいかく)・沙角(さかく)・虎門(こもん)を破り、進軍して広東省の首都にせまった。清国は肩代わりして商いの損失を返還し、力を尽くして講和を協議し、手厚く寛容な姿勢を示したけれども、しかしながら犬や羊のようなつまらぬ者の野望はきりがなく、本性をむきだしにして、梟が羽を張ったようにますます勢い強く、わがままのし放題であった。今年七月、福建省の厦門を破り、八月、さらに浙江省の定海、鎮海を破った。

その前後、六人の総兵と一人の提督は皆戦死した。総督の裕泰が鎮海の学問所で死ぬに至ったのは、とりわけあわれむべきことである。他は、江蘇省知事姚石甫が街に殉じたのと同様であった。あらゆる文武の官吏や兵士たちが国難のために戦死するに及んだことは、指折り数えることもできないほど多い。人民が殺され、女性が強姦され、財産が掠奪され、家屋が焼かれてしまったのは、どこも皆同じである。悪逆の異民族の罪は天にあふれはびこり、神も人もともに憤った。

さて、悪逆の異民族がほしいままに大変な害を及ぼしても、そのほこさきに迫られなかった理由は、もとよりイギリスの船が堅牢で、大砲の威力がすさまじいからである。けれども、わが軍の大砲も、どうしてすさまじくないだろうか。

わが軍の命令を受けた所には、防御を討論する者はいたが、かろうじて、かしこまって海岸で守っていただけであった。軍艦をととのえ兵士を訓練して、外洋に出て戦うことを討論しなかったのである。

さて、沿海で危急の知らせを受けても、戦場に海が広がり、依然として海を渡る装備がなければ、どのようにして戦を議論し防衛を議論するのか。外国船は三、四十隻を超えず、多くとも、やっと二、三千人を収容するだけである。海上の風向きや潮時は定まらない。彼らが始めに到来するときは、数隻あるいは十余隻を超えず、まだ進んですぐには攻めない。その仲間がやがて集まってくるのを待って、そこではじめて力を合わせて内へと馳せる。

広東の虎門と省都、福建省の厦門、浙江省の定海と鎮海に関しては、皆まちの垣や門を連ねた都会で、垣を並べて住み、おおよそ皆で数千里（一里は約五百米）も連なり続いている。大砲で砲撃すれば、必ずしもねらいを定めなくとも、命中しないことはない。命中すれば、またたく間に垣をつらぬき壁を倒し、人々を殺傷する。そして、多くの人は震えおののきやすく、震えた途端、まだ戦わないのに心がさきにひるんでしまう。そうなると、もし逃げる者がいたならば、われ先にと逃走してしまう。

数十隻の敵船は、海原に、鴎や浮き草のように散らばっている。我が軍の砲を、たとえ照準を合わせて発射したとしても、波濤の浮き沈みが定まらず、おのずと命中しがたい。敵も味方も、砲撃を受ける敵に対して集まり散じる。集まれば命中しないことはなく、散らばれば、偶然にあるいは一発あたるだけである。わが軍の大砲が命中した敵船は、どうしていつも沈没しないだろうか。敵船は、どうしていつも恐れないだろうか。

厦門や定海や虎門の場合は、皆、砲が命中した外国船もあった。広東省、江西省、福建省、浙江省の砲台がすでに奪われてしまったときに、敵が射撃口から銃を用いたのは、砲を恐れていた明らかなしるしである。

わが軍は、わずかに岸辺で守るだけであった。敵が来て攻める時は、有利とみればますます進み、不利になれば舵をまわして引き返し、数里の外に思いのままに逍遥する。大砲が及ばないので、ただ川に臨んで引き返し、海を望んで嘆くばかりである。ほかに方法がない。もし軍艦を堅固に造り、兵士を選抜して訓練し、内洋や外洋に出て防いだならば、悪逆の異民族も勝手にふるまうことはできないだろう。

※

偶ま清人の無名氏の「平夷策」一道を得たり。是の人、咦夷の侵犯を目撃し、深く其の情状を知り、憂憤已むこと能わず、筆を奮いて此の策を作れば、鑿鑿として肯綮に中る。其の戦艦を製り、沿海の漁人を募りて洋中に戦い、暮夜、漁船を集めて賊船を焚くに及ぶを論ずるは、皆管見と相い符す。因って煩重を厭わず之を録す。

曰わく、「咦、上年より、攻めて定海を陥れ、後に又た粤東・大角・沙角・虎門を破り、進みて省城に逼る。代わりて商の欠けたるを還し、力を極めて和を議し、示すに優容を以てすと雖も、而れども犬羊（けんよう）厭（あ）くこと無く、性を成して益、鴟張（しちょう）を肆（ほしいまま）にす。今年七月、閩（びん）の厦門（あもい）を破り、八月又た浙の定海、鎮海を破る。

前後、六総兵、一提督皆戦没す。裕制府（ゆうせいふ）の、鎮海の学宮泮（がくきゅうはん）に死するに至るは、則ち尤も憫（あわれ）むべしと為す。他は姚大令（ようたいれい）の城に殉ずるが如し。大小文武の員弁（いんべん）兵士、陣亡（じんぼう）殉難するに及びては、指、勝（あ）げて屈せず。民の殺さるる、女の汚（けが）さるる、財物の掠（かす）めらるる、房屋の焚かるるに至るは、到る処皆然り。逆夷の罪悪、天に滔（はびこ）り、神人共に憤る。

夫れ逆夷の大いに塗毒（とどく）を肆（ほしいまま）にするも、其の鋒（ほこさき）に攖（ふ）るること莫き所以（ゆえん）の者は、固より彼の船の堅く、礮の猛（たけ）きに因る。而れども我が軍の大礮も亦た何ぞ嘗て猛からざらん。

其の制を受くるの処は、則ち防ぐを議する者在るも、僅かに斤斤焉（きんきんえん）として岸に守るのみ。而して戦艦を修め兵士を練りて、以て外洋に戦うことを議せざるなり。

夫れ沿海に警有り、戦場に水在り、既に水を渡るの具無ければ、何を以てか戦を言い守を言わんや。夷船、三四十隻に過ぎず、至多（した）僅かに二三千人を容るるのみ。海上の風信潮信（ふうしんちょうしん）定まり無し。其の始め到るや、数隻或いは十餘隻に過ぎず、いまだ敢えて即ち攻めざるなり。其の党羽（とうは）の已に集まるを待ちて、乃ち力を併せて内に馳す。

粤（えつ）の虎門及び省城、閩（びん）の厦門、浙の定海・鎮海の如きは、皆闤闠（かんかい）都会の地にして、堵（かき）を列ねて居り、率ね皆綿亘数千里なり。礮もて轟撃すれば、必ずしも審準せずとも、中らざる者無し。中れば即ち墻を洞し壁を倒し、人口を傷斃す。而して衆人震し易く、震すれば即ち、いまだ戦わずして心先ず怯る。即ち一たび逃ぐる者有らば、相い率いて走る。

逆船数十隻、海面に散布すること鴎の如く萍の如し。我軍の礮、即い審準して始めて発するとも、海濤の沈浮、定まり靡く、勢い、命中し難し。彼此、礮を受くるの敵を以て、一聚一散す。聚れば即ち中らざること無く、散ずれば即ち偶ま或いは一たび中るのみ。我軍の大礮の中る所の逆船、何ぞ嘗て沈溺せざらんや。該逆、何ぞ嘗て畏れざらんや。

厦門・定海・虎門の如きは、皆、礮に中るの夷船有り。迨粤閩浙の礮台、既に奪わるる所と為るに迨びて、該逆、即ち礮眼を将て銃を用うるは、是れ礮を畏るるの明験なり。

我軍僅かに岸に守るのみ。彼れ来りて攻むる時、利を得れば則ち愈ゝ進み、利を得ざれば則ち舵を捩りて返り、数里の外に逍遥自在なり。即ち礮及ぶ能わざれば、祗だ逕に臨みて返り、洋を望みて歎ずる有るのみ。別法無し。若し堅く戦艦を造り、選びて兵士を練り、内洋外洋に禦がば、即ち逆夷、逞しくすることを得ざらん。

語釈　○**鑿鑿**―はっきり見えて鮮明なさま。　○**肯綮に中る**―要点をおさえる。　○**煩重**―くどくて煩わしいこと。　○**上年**―去年。　○**定海**―浙江省の舟山島にある。　○**粤東**―広東。　○**大角**―大角山は広東省東莞(とうかん)県の虎門港の西岸にあり、砲台が置かれた。　○**沙角**―沙角山は大角山の対岸にあり、砲台が置かれた。　○**虎門**―広東省東莞県の西南の珠江(しゅこう)の口。　○**省城**―一省の首都。　○**優容**―手厚く容れ用いる。　○**犬羊**―つまらぬ者のたとえ。　○**性を成す**―本来の性を全うすること。　○**鴟張**―梟が羽を張ったように勢い強くわがままなこと。　○**閩**―福建省。　○**厦門**―台湾海峡に面する港湾都市。宋・元時代から南洋方面との貿易によって栄えた。　○**鎮海**―浙江省鄞県の東北。大浹江の口に当たる。　○**総兵**―各省提督の下に総兵・副将を設け、総兵は鎮を管轄し、副将は協を管轄した。　○**裕制府**―裕泰、湖広総督。後、陝甘総督。満洲鑲黄旗(じょうこうき)の人。姓は他塔喇(たとうら)氏。　○**泮**―諸侯の国学。　○**姚大令**―姚石甫(ようせきほ)、江蘇省の知事。桐城の人。　○**員弁**―文武の官員。　○**陣亡**―戦死。　○**天に滔る**―水が天にとどくほど溢れはびこること。　○**塗毒**―害を及ぼす。　○**制を受く**―人の命令を受ける。
○**斤斤**―つつしみかしこまるさま。　○**至多**―多くとも。　○**風信潮信**―かざむきとしおどき。　○**党羽**―仲間。　○**闤闠**―市の垣と門。　○**綿亘**―長く連なり続くこと。　○**轟撃**―砲撃する。　○**審準**―弾丸・爆弾が命中するように、目標にねらいを合わせる。　○**洞す**―つらぬく。　○**傷斃**―殺傷する。
○**沈溺**―水に溺れる。　○**礟眼**―堡塁(ほうるい)・艦船・障壁などに設けた射撃口。　○**明験**―明らかなしるし。
○**涇**―まっすぐな川。

❊

どうかこのことを詳しく言わせてほしい。遼寧省の奉天、河北省の天津、江蘇省の崇明、浙江省の定海、福建省の厦門・福州、広東省の虎門、山東省の登州の全部で八ヶ所のうち、ただ山東省の登州と福建省の福州だけは海域がやや狭いので、必ず数十隻の船を造らなければならない。他の六、七港は、港ごとに二十隻の船を造り、全部で百四十隻、一隻ごとに兵士を八十名から百名ほど乗り組ませ、船頭や水夫たちを船ごとに四十人配置することを決まりとする。

その海軍の兵士は、ただちに沿海の漁民から召集して充てる。彼らはもとより海の波濤や干満に通暁しているので、大きな波風があったとしても、しかしながら踏まえれば安定し、頭をあげてもめまいをおこさない。一尺の手板をわきにはさんで、海の遠くや近くを泳ぐ者となると、一段と俸給を増やす。

思いがけず外国船が到来したならば、ただちに港に拠って守り、その大軍がまだ到らないのに乗じて、まずその先列をくじいて、来るあとから捕え殺してゆき、力を除いておくべきである。もしも、大軍をすべて到来させたならば、二十隻の船を海にまき散らし、外国の大砲も必中の技を操ることができなくなり、わが軍の大砲と外国の大砲とが互いに入りまじる。その命中したものは、偶然遭ったに過ぎないのである。かりに偶然遭ったならば、一つの船を破壊したに過ぎないのである。

わが軍に至っては、利があれば風に乗って追撃する。火の玉や火の矢、焙烙火矢はすべて船尾を追ってこれを焼くことができる。利がなければ、わが軍艦は海上を徘徊して収拾をはかり、港に沿って軍艦をとどめ、地勢に応じて碇を下ろせばよい。

そして、外国船がやってきたときは、海の波間に風があればもとより速く航行し、風がなければまた潮の流れに乗って航行する。外国船が一歩行き、わが船が一歩行くことは、平地のようにはいかない。勇ましい度胸の者は船足が力強く、臆病者は船足が弱々しく、速い遅いはその時々に応じて、追いかけるべきである。

かつまた、ここから先の虎門（こもん）、厦門（あもい）、定海、鎮海がみな海の港の内側にあるのに、賊船が強いてまっすぐ侵入してはばからない理由は、わが国が戦艦でその背後を襲わないからである。わが軍の戦艦が外洋を守る場合は、有利になれば賊船を破壊し、不利になれば賊船を避ける。戦艦を保有して外洋にいることを外国が知ったならば、きっと、強いてまっすぐ内港に入ってまちを攻め落としたりせず、軍艦がその港を封鎖してその後ろを襲うことを恐れるはずである。

昔、海戦に長じた人で、李長庚（りちょうこう）公に及ぶ人はおらず、つねに二、三十隻の軍艦でもって、広東の海賊の三百余船を破り、蔡牽（さいけん）（海賊）の七、八百の船を破った。ある人が公に尋ねた、

「くだくだしい言葉を使わずにお答えしよう。軍人が死を恐れないことは、平生の心を保つための方法である。死でさえも恐れることができないのに、休み臥し床に伏せって病死する者は多い。どう

して、決死の賊軍があって、そのうえ戦っている時、砲声が地を揺り動かし、砲弾が空にあふれはびこって、それで死なない者が多いことがあろうか。死ぬ覚悟を持っていれば、平生の心が保たれるのである」と。

はじめて戦いに臨む時は、どうしても気が動転して目がくらむものである。一、二度戦に出れば、心は動じなくなる。少数で多くの敵を破れば、改めて明らかに見えてくる。賊船は城のように帆柱を連ね、わが軍艦は二、三十隻である。この日、もし大砲の射程内に入り、ひたすらに火薬を詰めて発射すれば、必ずしも正確に照準を合わせなくとも、大砲を発射したときに命中しないことはない。賊軍の大砲もたまたま命中するのは、わが軍艦がたまたま遭ったにすぎず、それが命中するのもわずかである。

二十隻のわが軍艦が二十発砲撃して、その半分をとるとして論じれば、敵の十隻の船に命中し得る。再び一発砲撃すれば、賊の十余隻から二十隻ほどの船を皆破る。賊船がたとえ数百船で、多勢に無勢でほとんど刃向かえず、賊船がわが軍艦に比べて高大で、大小がかけ離れているようであったとしても、しかしながら、数百隻の賊船のうち、もしも十隻のうちの八隻をこわしたならば、必ず勢いは失せ、ちりぢりになって逃げ隠れ、びくびくしてひるむことだろう。わが軍はここぞと風向きや潮時を測り、各々の軍艦は追い風や上げ潮を皆さげ持って、遠くまで敵を追いかけて圧倒する。羊の群れを追いたてるように、遠くにいる時は大小の砲が敵に及び、近くにいる時は火の矢や焙烙火矢も敵に及ぶのだ。

※

詳らかに之を言わんことを請う。盛京の奉天、直隷の天津、江蘇の崇明、浙の定海、閩の厦門・福州、粤の虎門、山東の登州、共に八処の内、惟だ山東の登州、福建の福州のみ海較窄ければ、只だ須らく数十隻を造るべし。餘の六七口、口毎に船を造ること二十隻、共に百四十隻、隻毎に兵を容るること或いは八十名或いは一百名、舵工、水手の人等を連ぬること、船毎に四十人を断めと為す。

其の水師の兵士は、即ち沿海の漁人を招募して之に充つ。其の素より海上の波濤潮汐に習るるを以て、大風浪有りと雖も、而れども脚を立つれば既に穏やかに、頭を挙ぐれば暈せず。能く尺板を挟みて、以て水の遠近に凫する者に至っては、更に銭糧を加う。

偶ま夷船の到来する有らば、即ち口に扼え、其の大夥のいまだ至らざるに乗じ、先ず其の鋒を挫き、而して随いて来り随いて勦ぼし、既に力を省くべし。即し大夥をして全て至らしむれば、而して二十船、汪洋の中に散布し、夷砲も亦た必中の技を操ること能わず、軍礮と夷礮と互いに相い交錯す。其の中る者は、偶ま値うに過ぎざるのみ。即し偶ま値わば、亦た一船を破るに過ぎざるのみ。

我軍の若きは、利あれば、則ち風に乗りて追撃す。火弾、火箭、火鑵は皆其の尾を蹴して之を焚くに足る。利あらずんば、則ち遊奕して収治を成し、海港に沿いて軍船を収めて、以て地に随いて碇を寄すべし。

而して夷船の至るや、海上の波濤に風有れば固より迅く、無ければ亦た潮有りて浮送す。彼れ行くこと一歩、我行くこと一歩、平地の如くする能わず。胆壮なる者は足健にして、胆怯なる者は足軟く、遅速時に随いて、以て追及すべきなり。

且つ即ち此より前の虎門、厦門、定海、鎮海は皆海港以り内に有るに、該逆の敢て直に入りて忌むこと無き所以の者は、我れ戦船以て其の後を襲うこと無ければなり。我軍の戦船、外洋に扼うるが若きは、利を得れば則ち之を勦ぼし、利あらざれば則ち之を避く。彼れ戦船有りて外に在るを知らば、必ず敢えて直に内港に入りて城地を攻陥せず、軍船の其の口を封じて其の後を襲うを懼るるなり。

昔、水戦に長じたる者、李忠毅公に如くは莫く、常に戦船二三十隻を以て、粤東の艇賊三百餘船を破り、牽賊匪七八百船を破る。或ひと公に詢う。公答えて曰わく、「是れ言を煩わさずして解かん。武弁、死を怕れざるは、是れ心を定むるの法なり。死すら且つ亦た怕れ来らざるに、息偃して牀に有り、而して病みて死する者多し。豈に死寇在りて且つ鋒を交うる時、礮声地を震い、礮子天に滔り、而して死せざる者多からんや。生死決すれば、而して心定まる」と。

初めて陣に臨む時、何ぞ嘗て心驚き目眩まざらんや。陣を見ること一二次に及べば、即ち心動ぜざるなり。少を以て衆を破るに至れば、更易して暁然たり。賊艘檣を連ぬること城の如く、軍船は只二三十隻なり。今日、如し礮轂の著くを得、只管装薬点放すれば、必ずしも端詳審準せずとも、礮発する時、中らざる者無し。賊礮も亦た偶ま中るは、軍船適ま値うに過ぎず、其の中ること有るも亦た僅かなり。

軍船二十隻、礮を発すること二十出、半ばを得るを以て之を論ずれば、其の十船に中るに足る。再び一出を発すれば、即ち賊或いは十餘船、或いは二十船、皆破る。賊、数百船、衆寡敵せざるに似、賊船、軍船に比べて高大、又た大小相い懸たるに似たりと雖も、但だ数百の賊船、若し其の十船の八隻を傷わば、勢い必ず潰散奔竄し、心虚しく胆怯たらん。我乃ち風信潮信を相い度り、各軍船をして全く上風上潮を提げ、長駆して之を圧せしむ。遠ければ則ち大小礮之に及び、近ければ則ち火箭火鑵も亦た之に及ぶこと群羊を駆るが如し。

語釈 ○**盛京**―清朝初期の首都。遼寧省の省都瀋陽。○**奉天**―瀋陽の旧称。○**直隷**―河北省。○**天津**―河北省東部の河港都市。○**崇明**―長江の河口にある島。○**福州**―福建省の省都。○**登州**―山東半島の北側、港湾都市。○**舵工**―船頭。○**水手**―水夫。○**水師**―海軍。○**潮汐**―海水の干満。○**大夥**―大勢の仲間。○**汪洋**―水量が豊富で、水面が遠く広がっているさま。○**火箭**―火をつけて射た矢。○**火鑵**―焙烙火矢。○**遊奕**―船艦が防備などのために、水上を徘徊する。○**李**

忠毅公─李長庚。一七五〇〜一八〇七。清、同安の人。忠毅は諡。浙江提督。海盗を平らげ、しばしば功を立てた。○**粤東**─広東。○**牽**─蔡牽。一七六一〜一八〇九。海賊。福建・浙江・広東を中心に活動し、航行する船舶の貨物を強奪、また航路を封鎖し出洋税の徴収を行っていた。○**賊匪**─徒党を組んで出没する盗賊。○**武弁**─軍人。○**心を定む**─平生の心。○**息偃**─休み臥す。○**死寇**─決死の寇賊。○**鋒を交う**─戦う。○**礮子**─砲弾。○**天に滔る**─水が天にとどくほど溢れはびこる。○**更易**─改める。○**暁然**─明らかなさま。○**礮轂**─大砲の射程内。○**点放**─点ずる。○**衆寡敵せず**─多数と少数では相手にならない。○**潰散**─戦いに負けて軍勢がちりぢりになる。○**奔竄**─逃げ隠れる。○**心虚**─心不安な。○**風信潮信**─かざむきとしおどき。○**上風**─風上。○**上潮**─上げ潮。○**長駆**─遠くまで敵を追い続ける。

＊

ある人が、「国が編制した戦艦を用いることができないのか」と言う。太平の世が久しく続き、編制された戦艦は値うちがなくなって、もはや半値にも及ばず、国営工場が監督して建造した軍艦は、賠償の対象となって累を受けるようなものがその半分を超える。また、むだに古式にならって、船体は板が薄く、釘がまばらで、木材の材質も多くは万全な状態ではない。皆脆弱で操縦するにたえず、もし風波に遭ったならば、船は大きく揺れ、そうなると兵は持ち場から離れてしまう。これでは、恐がった下級の武官や兵士は口実を設けて敵に恭順してしまう。

もし、船ごとに一万金を費やして建造したならば、必ず堅固で立派なものになる。軍艦の規格となると、両辺に木枠があって高低二層、賊船に遭えば、真綿や魚の網を用い、海水に浸して船を引っ掛ける。たとえ賊の大砲が激しくとも、柔によって剛を制し、水によって火にうち勝てば、害を及ぼすことはできない。船の進退となると、風や潮に乗って行う。内地の川で舟を漕ぐのとは比べものにならないのである。

だから、戦艦を用いるのと岸にいて守るのと、この二つの動と静とでは、勝敗がはっきりしている。何もしないで賊を待っていれば、結局終らない。ことわざにいう、「賊徒の仕事は一更のこと、賊徒から守るには夜中の番」とはこのことである。

編制された海軍となると、用いることはできないのか。「福建省の海軍はまだ役に立つ」と言われている。江蘇省や浙江省の海軍となると、彼らはもともと弱々しく、その上、水の性質に慣れていない。船に乗って外洋に出れば、半数ほどは、たびたび目まいがし嘔吐する。だから、必ず海辺の漁民を召集して船員に充て、訓練をする。そうしてはじめて用いることができる。

ある人が、「まさに風や波を衝いて進んで、盗賊を破るべきである」と言う。ある人が、「船ごとに一万金、百四十万金をかけて建造をはかり、百四十万金に充てるために、軍事の需要物資以外の出費はきりつめ、さらに経費を多く付けるべきか」と言う。ある人が、「外国が福建省や浙江省をさらに乱してから、軍事費は全部で数百万金になった。そして、広東・江西両省の軍事費がとりわけ多く、浪費をうめ合わせていない」と言う。

船を造って力を得るのはどうであるか。船ごとの建造は、十年かければ十分である。そして、毎年時を定めてすこしずつ修理して数えさせ、省く。外夷の危急の知らせがあれば、大いに力を得るので、派手なえびすも勝手な行動はしなくなるだろう。それでもって外洋におびき出し、盗賊を捕えるのだ。

かつまた厦門に危急の知らせがあれば、福州の軍艦を援軍に向かわせる。浙江省の海域に危急の知らせがあれば、崇明の軍艦を援軍に向かわせる。また、山東や天津は、適宜援軍に向かわせる。外洋に、わずかの間に千里も船を動かし、一気に連携すれば、威信はますます轟くことだろう。造船を各省に配分すれば、半年を超えずに造りおえ、すべてが軌道に乗るのである。

もし火急のことが起こったならば、まず商船や漁船を借り入れてそれに応ずる。厦門の商船に関しては、一隻ごとに皆数万金を費やして建造しているので、軍艦の十倍堅牢である。また、外国船が外洋に停泊したときは、その船は馬鹿に重いので、風がなければ進まない。そして、海上も数日風がないことがある。

沿海の漁船を寄せ集めて、高額の賞金を懸け、備える櫂が二十四枝や三十二枝の船を選び、闇夜にひそかに外国船の近くに馳せつけさせ、一声合図して櫂を動かし、飛び集まって船を囲めば、外国船に大砲があるとはいえ、すぐには発射してもとどかず、かつまた大砲は低い方へ発射することができない。船ごとに、水泳の上手な者一、二人を用い、海に入って船の舵の後に伏せ、斧を用いて舵をうがち、その舵を繋いでいる大きなとも綱を切断したならば、舵は上を仰いで力がでない。もし風がまき起こるのに出くわせば、その舵はおのずと覆る。もし風がなければ、船も移動することができず、勢いで、かならずひとりでに倒れる。

あるいは十隻の漁船を用い、十隻を一並びとし、百隻を十の並びとし、これらを輪のように連ねて、上に火を放った柴や薪、油や火薬を積んで、速く走る漁船を闇夜に送り込んで焼かせれば、外国船の船底には、銅片や鉄片の色の防護面があるけれども、しかしながら船の上の敷物や縄や綱がもし焼けたならば、船は動くことができなくなり、何もできずにもがくだろう。

あるいは、この船を海に放って、それぞれ入り口で防ぎ、外国船が紛れ込んでくるのをふさぐべきである。こういうことは、その時その場に応じて適切な手段をとり、心づかいをすることにある。これを明らかにするのは人である。慎んで管見を述べて、採択戴きたく奉呈する。ことによると愚かな者もたまには良い分別を出すこともあろうか。

※以上、『平夷策』

司令官となると軍隊の肝である。その能力を持つことは実に難しいが、「決死」の二字があれば敵はない。人を選んで用い、賞罰は必ず信義に基づき、威令は必ず厳格に行うことにある。司令官や軍隊を統べる方法は、かえって、彼らを用い訓練する人がどのようであるかにかかっている。

❊

或いは曰わく、「戦船を額設せるを用うべからざるか」と。太平日に久しくして、額設の戦船は、価を倒にして既に半ばに及ばず、廠員の監造せるは、賠累又た其の半ばを過ぐ。而して虚しく故事に応じ、船身は則ち板薄く釘稀にして、椗具も亦た多くは嘗て全きに即かず。皆脆弱にして駕駛に任えず、一たび風濤に遇わば、顛播して便ち疎散す。此れ畏葸の弁兵、口を藉るを以て兵を敵に委ねんと為るを得るなり。

若し船毎に万金を以て之を造らば、必ず工は堅く料は壮なり。戦船の定例に至っては、両辺に木架有りて高下双層、賊に遇えば、即ち綿絮漁網を用い、海水に浸して之を掛く。賊礮猛しと雖も、柔を以て剛を制し、水を以て火に剋たば、害を為すこと能わず。船の進退に至っては、即ち風に乗り潮に乗りて之を為す。内河に槳を盪かし櫓を揺るに比せざるなり。

故に戦船を以てすると岸に在りて守ると、二者の動静は、即ち勝負判たり。坐して以て賊を待たば、迄に了る時無し。諺に謂う所の、「賊を做して一更、賊を守りて一夜」とは此れなり。

額設の水師に至っては、用うべからざるか。曰わく、「閩粤の水師、尚お用うべし」と。江浙の水師に至っては、其の人本弱く且つ水性に慣れず。船に乗りて洋に出ずれば、半ばは多く昏暈嘔吐す。故に必ず海辺の漁戸を招募して之に充て、加うるに訓練を以てす。而る後に可なり。

或いは曰わく、「寔に、風濤を衝くを以て盗賊を破るべし」と。或いは曰わく、「船毎に万金、百四十を以て之を計り、百四十万に当つるに、軍需の外に於いてせず、又た多く一大宗の経費を添えんか」と。曰わく、「逆夷滋閩浙を擾せしより、軍需は皆数百万なり。而して、粤は尤も多く、徒費、補う無し」と。

何如ぞ之を造りて力を得んや。船毎の成造、十年を用うるに足る。而して歳時に小しく修めて数えしめ、亦た省く。夷警有れば、則ち大いに力を得、華夷、跡を斂むるに匪ざらんや。以て洋に延き、盗を緝えん。

且つ厦門に警有れば、即ち福州の兵船、以て赴援すべし。浙洋に警有れば、即ち崇明の兵船、以て赴援すべし。而して山東天津、以て便に随いて赴援すべし。外洋、船を行ること瞬息千里、一気に連絡すれば、声威益〻振わん。船を造ること各省に分かたば、造ること半年を過ぎずして、皆緒に就くべし。

若し急あらば、即ち先ず商船漁船を雇いて之に応ず。厦門の商船の如きは、隻毎に成造すること皆万金を費やせば、其の堅実なること軍船に什倍す。又た夷船の外洋に停泊するや、其の船笨重、風あらざれば行かず。而して海上も亦た数日風無き者有り。

沿海の漁船を招集し、懸くるに重賞を以てし、其の設くべき槳の二十四枝、三十二枝の者を択び、暮夜に於いて密かに夷船の附近に赴かしめ、一声をして槳を盪かしめ、飛集して之を囲めば、彼れ礮有りと雖も、一時に亦た点放すれども及ばず、且つ礮、下きに出だすこと能わず。船毎に只善く水に鳧する者一二人を用い、水に下りて其の舵後に伏し、斧を用いて之を鑿ち、其の舵を繋ぐ巨纜を断たば、即ち舵は上に仰ぎて力を得ず。一たび風の作るに遇わば、其の舵自ら覆らん。即し風無ければ、其の船も亦た動移する能わず、勢い、必ず坐ろに斃れん。

或いは十の漁船を用い、十隻を一排と為し、百隻を以て十排と為し、之を連環し、上に放火の柴薪油硝を堆くし、快走の漁船をして、昏夜に送往して之を焚かしむれば、夷船の底面、銅鉄片色の護面有りと雖も、而れども船上の蓬蓆縄索一たび焼かば、即ち船も亦た動く能わず、坐して困しまん。

或いは此の船を以て海に放ち、各口にて之を禦ぎ、亦た其の竄入するを杜ずべし。此れ機に随い神を用うるに在り。而して之を明らかにするは、人に存す。謹みて管見を抒べて、以て採択に奉ず。或いは愚者の一得ならんか」と。

将に至っては、兵の胆と為す。将才寔（まこと）に難きも、敢死（かんし）の二字あれば、即ち敵手無し。是れ選びて之を用い、賞罰必ず信にして、威令必ず厳なるに在り。将を馭（ぎょ）し兵を馭するの法は、具（とも）に、顧（かえ）って之を用い之を訓（おし）うるの人如何（いかん）に在るのみ。

語釈 ○**額設**―定数を定めておく。 ○**監造**―工事・製造を監督する。 ○**賠累**―賠償すべき事類が甚だ多いため当局者が累を受けること。 ○**槙**―木の目が細かくつまっているさま。 ○**駕駛**―操縦する。 ○**顛播**―船が転覆するばかりに揺れる。 ○**疎散**―うとんじ離れる。 ○**畏葸**―恐れる。 ○**弁兵**―下級の武官や兵士。 ○**口を籍る**―口実をもうけて言いわけをする。 ○**木架**―木枠。 ○**綿絮**―真綿。 ○**内河**―内地の河川。 ○**槳を盪かす**―舟を漕ぐ。 ○**一更**―五更の一つ。日没から夜明けまでの時間を五つに分けたその一番目。 ○**閩粤**―福建省。 ○**江浙**―江蘇省と浙江省。 ○**昏暈**―目まいする。 ○**軍需**―軍事上の需要物資。 ○**徒費**―浪費。 ○**跡を斂む**―勝手な行動をせず、つつしむ。 ○**赴援**―おもむきたすける。 ○**瞬息**―わずかの時間。 ○**声威**―名声と威信。 ○**緒に就く**―業につく。 ○**成造**―つくりあげる。 ○**笨重**―馬鹿に重い。 ○**纜**―とも綱。 ○**連環**―輪をつらねたようにつなぎ合わせる。 ○**蓬蓆**―敷物。 ○**縄索**―縄や綱。 ○**竄入**―紛れ込む。 ○**機に随う**―その時その場に応じて適切な手段をとる。 ○**神を用う**―精神を用いる。 ○**愚者の一得**―「愚者も千慮に必ず一得有り」の略。愚かな者もたまには良い分別を出すことがある。（『史記』「淮陰侯伝」） ○**敢死**―

死を覚悟すること。

＊

偶得清人無名氏平夷策一道。是人目撃嘆夷侵犯、深知其情状、憂憤不能已、奮筆作此策、鑿鑿中肯綮。其論製戦艦、募沿海漁人戦於洋中、及暮夜集漁船焚賊舶、皆与管見相符。因不厭煩重録之。

曰、嘆自上年、攻陥定海、後又破粤東大角沙角虎門、進逼省城。雖代還商欠、極力議和、示以優容、而犬羊無厭、成性益肆鴟張。今年七月、破閩之厦門、八月、又破浙之定海鎮海。前後六総兵一提督皆戦没。至裕制府死於鎮海之学宮泮、則尤為可憫。他如姚大令之殉城。及大小文武員弁兵士陣亡殉難、指不勝屈。至民之被殺、女之被汚、財物之被掠、房屋之被焚、到処皆然。逆夷罪悪滔天、神人共憤矣。

夫逆夷之所以大肆塗毒、而莫攖其鋒者、固因彼船堅礮猛。而我軍之大礮亦何嘗不猛。其受制之処、則在議防者、僅斤斤焉守於岸。而不議修戦艦練兵士、以戦於外洋也。

夫沿海有警、戦場在水、既無渡水之具、何以言戦言守。夷船不過三四十隻、至多僅容二三千人。海上之風信潮信無定。其始到也、不過数隻或十餘隻、未敢即攻也。待其党羽已集、乃併力内馳。如粤之虎門及省城、閩之厦門、浙之定海鎮海、皆闤闠都会地、列堵而居、率皆綿亘数千里。礮轟撃不必審準、無不中者。中即洞墻倒壁、傷斃人口。而衆人易震、震即未戦而心先怯。即一有逃者、相率而走矣。

逆船数十隻、散布海面、如鴎如萍。我軍礮、即審準始発、而海濤之沈浮靡定、勢難命中。以彼此受礮之敵、一聚一散。聚即無不中、散即偶或一中耳。我軍大礮所中之逆船、何嘗不沈溺。該逆何嘗不畏。

如厦門定海虎門、皆有中礮夷船。迨粤閩浙之礮台、既為所奪、該逆即将礮眼用銃、是畏礮之明験也。

我軍僅守於岸。彼来攻時、得利則愈進、不得利則捩舵而返、逍遥自在数里外。即礮不能及、祗有臨涇而返、望洋而歎而已。無別法也。若堅造戦艦、選練兵士、禦於内洋外洋、即逆夷不得逞矣。

請詳言之。盛京之奉天、直隷之天津、江蘇之崇明、浙之定海、閩之厦門福州、粤之虎門、山東之登州、共八処内、惟山東登州、福建福州、海較窄、只須造数十隻。餘六七口、毎口造船二十隻、共百四十隻、毎隻容兵或八十名、或一百名、連舵工水手人等、毎船四十人為断。

其水師兵士即招募沿海漁人充之。以其素習海上波濤潮汐、雖有大風浪、而立脚既穏、挙頭不暈。至能挟尺板、以覘水遠近者、更加銭糧。

偶有夷船到来、即扼於口、乗其大夥未至、先挫其鋒、而随来随勦、既可省力。即使大夥全至、而二十船散布汪洋中、夷砲亦不能操必中之技、軍礮与夷礮、互相交錯。其中者不過偶値耳。即偶値、亦不過破一船而已。

若我軍、利則乗風追撃。火弾火箭火鑵皆足蹴其尾而焚之。不利則遊奕成収治、沿海港収軍船、可以随地寄碇。

而夷船之至、海上之波濤有風固迅、無亦有潮浮送。彼行一歩、我行一歩、不能如平地。胆壮者足健、胆怯者足軟、遅速随時、可以追及也。

且即前此之虎門、厦門、定海、鎮海、皆有海港以内、該逆之所以敢直入無忌者、我無戦船以襲其後也。若我軍戦船扼於外洋、得利則勦之、不利則避之。彼知有戦船在外、必不敢直入内港攻陥城地、懼軍船之封其口而襲其後也。

昔長水戦者、莫如李忠毅公、常以戦船二三十隻、破粤東艇賊三百餘船、破牽賊匪七八百船。或詢公。公答曰、是不煩言而解。武弁不怕死、是定心法。死且亦怕不来、息偃在牀、而病死者多矣。豈在死寇、且交鋒時、礟声震地、礟子滔天、而不死者多。生死決、而心定矣。

初臨陣時、何嘗不心驚目眩。及見陣一二次、即心不動矣。至以少破衆、更易暁然。賊艘連檣如城、軍船只二三十隻。今日如礟轂得著、只管装薬点放、不必端詳審準、礟発時無不中者。賊礟亦偶中、軍船不過適値、其有中亦僅矣。

軍船二十隻、発礟二十出、以得半論之、足中其十船。再発一出、即賊或十餘船、或二十船、皆破矣。

賊、雖数百船似乎衆寡不敵、賊船比軍船高大、又似乎大小相懸、但数百賊船、若傷其十船八隻、勢必潰散奔竄、心虚胆怯。我乃相度風信潮信、令各軍船全提上風上潮、長駆圧之。遠則大小礮及之、近則火箭火鑵亦及之、如駆群羊矣。

或曰、額設戦船、不可用乎。太平日久、額設之戦船、倒価既不及半、廠員監造、賠累又過其半。而虚応故事、船身則板薄釘稀、槙具亦多不嘗即全矣。皆脆弱不任駕駛、一遇風濤、顛播便疎散矣。此畏葸之弁兵、得以藉口、為委兵於敵也。

若毎船以万金造之、必工堅料壮矣。至戦船定例、両辺有木架高下双層、遇賊即用綿絮漁網、浸海水掛之。賊礮雖猛、以柔制剛、以水尅火、不能為害。至船之進退、即乗風乗潮為之。不比内河盪槳揺櫓也。

故以戦船、与在岸守、二者動静即勝負判。坐以待賊、迄無了時。諺所謂、做賊一更、守賊一夜者、此也。

至額設水師、不可用乎。曰、閩粤之水師尚可用。至江浙之水師、其人本弱、且不慣水性。乗船出洋、半多昏暈嘔吐。故必招募海辺漁戸充之、加以訓練。而後可。

或曰、寔可以衝風濤破盗賊矣。或曰、毎船万金、以百四十計之、当百四十万、不於軍需外、又多添一大宗経費乎。曰、自逆夷滋擾閩浙、軍需皆数百万矣。而粤者尤多、徒費無補。何如造之得力也。毎船成造足用十年。而歳時小修為数、亦省。有夷警則大得力、華夷匪斂跡耶。以延洋緝盜。

且厦門有警、即福州兵船可以赴援。浙洋有警、即崇明兵船可以赴援。而山東天津可以随便赴援。外洋行船、瞬息千里、一気連絡、声威益振。造船分各省、造不過半年、皆可就緒。

若急即先雇商船漁船応之。如厦門之商船、毎隻成造皆費万金、其堅実什倍軍船。又夷船停泊外洋、其船笨重、非風不行。而海上亦有数日無風者。

招集沿海漁船、懸以重賞、択其可設槳二十四枝三十二枝者、令於暮夜密赴夷船附近、令一声盪槳、飛集囲之、彼雖有礮、一時亦点放不及、且礮不能下出。毎船只用善鳧水者一二人、下水伏其舵後、用斧鑿之、断其繫舵巨纜、即舵上仰而不得力。一遇風作、其舵自覆。即無風、其船亦不能動移、勢必坐斃。

或用十漁船、十隻為一排、以百隻為十排、連環之、上堆放火柴薪油硝、令快走漁船、昏夜送往焚之、夷船底面雖有銅鉄片色護面、而船上之蓬蓆縄索一焼、即船亦不能動、坐而困矣。

或以此船放海、各口禦之、亦可杜其竄入。此在随機用神。而明之存乎人。謹抒管見、以奉採択。或愚者一得耶。

至将為兵之胆。将才寔難、敢死二字、即無敵手也。是在選而用之、賞罰必信、威令必厳。馭将馭兵之法、具在顧用之訓之之人如何耳。

※

平和が久しく続き、武備が次第に怠ってゆくのは、古今の通弊である。梁の武帝が天子の位についてからわずか三、四十年間、江南は平穏で、民はもはや軍事に通暁せず、高位高官の者は馬に乗ることもできなくなっていた。侯景がひとたび挙兵すると、すぐさま瓦や土がくずれるように崩壊して、進んでは戈をさげ持ってこれを拒む者もなく、国は荒れ果てた。唐の玄宗の世、天下は心配事がなかった。これもまた四十年も経たないうちに、民はもはや戦争を知らず、安禄山は、無人の廃墟に登ってゆくように、堂々と進軍した。そして天下は乱れた。元・明の末期の場合は、太平がさらに久しく、敗残のさまもさらにひどかった。そうして滅びてしまった。

わが国は、平和が今やすでに二百三十余年も続いている。すぐれた武勇は、万国に冠たるものと言うけれども、しかしながら武備の厳格さや兵隊や兵馬の巧みですぐれたさまが、およそ昔には及ばないことが多いのも、自然の勢いである。

近年、外国船がしばしば近海に出没し、あるいは蝦夷を奪い取り、あるいは長崎を乱し、あるいは浦賀をうかがっている。こういうわけだから、沿海の諸侯たちは長期的な視点で物事を考え、敵に対して憤り、大砲を鋳造し、武器をととのえて、思いがけない危急の知らせに備えている。シナ人が文弱に流れて、武事に気をつけなかったこととは、比較にもならない。孟子は言う、「内には代々おきてを守る譜代の家臣や君主を輔佐する賢者がなく、外には対抗する国や外国からの脅威がない場合には、安逸に流れて、ついには必ず滅亡するものである」と。この言の通りだとすると、わが国の国境に侵害のしらせがあることは、どうして、天下にこの上ない幸せではないとわかろうか。

以前に、私は『禦戎策（ぎょじゅう）』を著して、清水赤城（せきじょう）翁に示した。翁はその巻末に次のように書きつけた、「君、そこの車ひきを見たまえ。重い荷物を載せた車をひき、酷暑に、真夏の灼熱の人通りを行く。厳寒に、厚い氷を踏み、積雪をものともせず、汗が体中に流れていても、『えんやこら』の声を帯びている。けれども体は強壮で、いまだかつて寒風酷暑に犯されたことがない。彼らには天地自然の気が体内につまっているからである。

王侯貴人が、暑い時には涼しげな扇をふるいうごかし、きれいなかたびらを着こなして、広大で奥深い屋敷に座り、冬は重ねたかわごろもや厚手の綿入れを着て、銀炉を抱いてやわらかな敷物に座っていながら、しばしば寒暑に冒されてしまうのは、彼らには天地自然の気が体内につまっていないからである。将軍が本当に徳を修めて仁政を施し、綱紀をひきしめれば、国は富み食物は足り、上下は睦び合い、天地自然の気は体内につまって減らない。たとえ外敵が襲来したとしても、爪をはじいただけで、これを敗走させることができる。これが、海防の第一の枢要である」と。

私は、道理にかなった言葉だと思っている。

※

承平歳久しくして、武備寖く以て解弛するは、古今の通弊なり。梁の武帝祚を践み、江南無事なること僅かに三四十年、民已に兵に習れず、公卿馬に乗ること能わず。侯景一たび兵を称ぐれば、即ち瓦解土崩して、肯えて戈を提げて之を拒む者莫く、国は墟莽と為る。唐の玄宗の世、宇内虞れ無し。亦た四十年を過ぎざるに、民已に兵革を知らず、安禄山、鼓行して進むこと、無人の墟に登るが如し。而して天下乱る。元明の季の若きは、承平逾久しく、潰乱逾甚だし。以て亡ぶに至る。

吾邦、承平今已に二百三十餘年なり。英武、万国に冠たりと曰うと雖も、然れども武備の厳なること、士馬の精しきこと、蓋し古に如かざる者多きも亦た自然の勢いなり。

近世、蛮船屢辺海に出没し、或いは蝦夷を掠め、或いは長崎を擾し、或いは浦賀を窺う。是れに由りて、縁海の諸侯、長慮却顧して、敵愾の心を抱き、大砲を鋳、兵仗を修めて、以て不虞の警に備う。支那人の文弱に流れ、而して意を武事に留めざる者の比にはあらざるなり。孟子曰わく、「入りては則ち法家払士無く、出でては則ち敵国外患無き者は、国恒に亡ぶ」と。然らば則ち、我の辺警有るは、焉んぞ天下に疆り無きの福いと為さざるを知らんや。

嚢に余れ嘗て禦戎策を作り、清水赤城翁に示す。翁、其の後に題して曰わく、「子、夫の脚夫を見ずや。任載の車を挽き、隆暑、赤日炎塵の中を行く。盛寒、層氷を踏み積雪を冒し、流汗、体に遍く、耶許の声相い属く。而れども身壮強にして、いまだ嘗て風寒暑熱の犯す所と為らず。其の元気の内に実つるを以てなり。

王侯貴人、暑ければ則ち涼篷を揮い、精絺を御し、広厦邃殿の上に坐し、冬は則ち重裘厚綿、宝炉を擁して軟褥に坐するに、屡寒暑の冒す所と為るは、其の元気の内に実たざるを以てなり。県官誠に能く徳を修めて仁を施し、紀綱を振粛すれば、国富み食足り、上下和輯し、元気の内に実ちて、耗ること無し。外寇有りと雖も、亦た以て指甲を弾きて之を走らすべし。此れ海防第一の要枢なり」と。余れ以て知言と為す。

語釈　○**承平**─太平をつぎ受ける。　○**解弛**─おこたる。　○**公卿**─三公九卿の官。　○**侯景**─梁の武帝の時、河南王に封ぜられた。後に反して建康を囲み、台城を陥れて簡文を擁立し、尋いでこれを弑して漢帝と称したが、王僧弁に敗れた。　○**瓦解土崩**─瓦がばらばらになるようにばらばらに離れ、土が崩れるように崩れおちる。物事が根本的に崩れ破れて手のつけようがないたとえ。　○**墟莽**─叢中の古い城跡。　○**兵革**─戦争。　○**鼓行**─堂々と進軍する。　○**潰乱**─軍に敗れて散り散りに遁れ去る。

○**近世**―近い時代。　○**辺海**―近海。　○**縁海**―海に接する。　○**長慮却顧**―遠い先のことまで考えて、利害や損得を見積もる。　○**敵愾**―敵に対する憤り。　○**兵仗**―武器。　○**不虞**―思いがけないこと。

○**孟子**…―『孟子』「告子章句下」の言葉。　○**辺警**―外寇の国境侵害のしらせ。　○**禦戎策**―艮斎の海防論で、『洋外紀略』の原型となった著作。　○**清水赤城**―一七六六〜一八四八　兵法家。清水礫洲、大橋訥庵の父。諸流派の砲術を研究して『火砲要録』を著し、諸藩で指導。　○**脚夫**―車ひき。　○**任**―重い荷物。　○**隆暑**―暑さの厳しいこと。　○**赤日**―夏の照り輝く太陽。　○**盛寒**―厳しい寒さ。

○**層氷**―重なり張った氷。　○**耶許**―衆人力を合わせて重い物を動かすときの声。　○**元気**―天地自然の根本の気。　○**涼箑**―涼しげな扇。　○**精絺**―ゆき届いていてきれいなかたびら。　○**広厦**―広く大きな家。　○**邃殿**―おくぶかい建物。　○**重裘**―重ねた裘。　○**厚綿**―地の厚い綿入れ。　○**宝炉**―銀炉。　○**軟褥**―やわらかな敷物。　○**紀綱**―国家を治める上で根本となる制度や規則。　○**振粛**―緩んだ気風などをふるい起こし、引き締めること。　○**和輯**―やわらぎむつぶ。　○**指甲**―指の爪。　○**知言**―道理にかなった言葉。

※

承平歳久、武備寖以解弛、古今之通弊也。梁武帝践祚、江南無事僅三四十年、民已不習兵、公卿不能乗馬。侯景一称兵、即瓦解土崩、莫肯提戈拒之者、国為墟莽矣。唐玄宗之世、宇内無虞。亦不過四十年、民已不知兵革、安禄山鼓行而進、如登無人之墟。而天下乱矣。若元明之季、承平逾久、潰乱逾甚。以至於亡。

吾邦承平今已二百三十餘年矣。雖曰英武冠于万国、然武備之厳、士馬之精、蓋多不如古者、亦自然之勢也。

近世蛮船屢出没于辺海、或掠蝦夷、或擾長崎、或窺浦賀。由是縁海諸侯、長慮却顧、抱敵愾之心、鋳大砲、修兵仗、以備不虞之警。非支那人流于文弱、而不留意於武事者比也。孟子曰、入則無法家払士、出則無敵国外患者、国恒亡。然則我之有辺警、焉知不為天下無疆之福耶。

曩余嘗作禦戎策、示清水赤城翁。翁題其後曰、子不見夫脚夫乎。挽任載之車、隆暑行赤日炎塵之中。盛寒踏層氷冒積雪、流汗遍体、耶許之声相属。而身壮強、未嘗為風寒暑熱所犯。以其元気実于内也。王侯貴人、暑則揮涼箑御精絺、坐于広厦邃殿之上、冬則重裘厚綿、擁宝炉坐軟褥、而屢為寒暑所冒、以其元気不実于内也。県官誠能修徳施仁、振粛紀綱、国富食足、上下和輯、元気実于内、而無耗焉。雖有外寇、亦可以弾指甲而走之矣。此海防第一要枢也。余以為知言。

解説

安藤　智重

江戸後期の儒学者安積艮斎（一七九一～一八六〇）が、嘉永元年（一八四八）に書いた国防論が『洋外紀略』である。自筆稿本は伝わらず、写本の形で各地の図書館等に伝存している。上巻・中巻・下巻、三巻三冊から成る。写本の中には二巻二冊、冒頭から「ファン・キンスベルゲン伝」までを上巻、「互市」以降を下巻とするものもある。昌平坂学問所教授に就任する二年前、五十八歳の時の作である。当時二本松藩儒として遇されてはいたが、いまだ民間の学者と言うべき立場にあった。

『洋外紀略』は、将軍の奮起を促すなど、およそ幕政批判と見なされるもので、到底出版は無理で、写本によって広まった。『鎖国時代　日本人の海外知識』（一九五三）に、「本書は刊行されなかったが、写本としてかなり流布したものと見えて、往々坊間（市中）に見られる」とある。

『国書総目録』に、『洋外紀略』の二十六種の写本が記されている。その中に、薩摩藩の事実上の藩主たる島津久光や盛岡藩儒那珂梧楼（艮斎の門人、吉田松陰と交友）の手に成る写本、また久坂玄瑞家蔵書の写本（一八六六）が見られる。ことに久光は対外政策において毅然とした立場を貫き、西郷隆盛や大久保利通を従えた賢主である。『洋外紀略』全文を明治維新功労者の久光が写したことは、重要視すべきである。

当『洋外紀略』訳注を作成するにあたり、早稲田大学（二種）、鹿児島大学（一八五四、島津久光写）、福島県立図書館、安積国造神社が所蔵する写本五種を校合して本文を確定した。

上巻は、世界の十一の大国の歴史地理について、軍事に重きを置いて叙述している。国防論を検討するための前提となる海外知識の啓蒙を意図したものである。内容は本書が成立した年の事情にまで及ぶ。

中巻は、コロンブス・ワシントン等の小伝と通商論、宗教論を収める。

下巻は、この本の主眼たる国防論である。すでに著していた『禦戎策』（一冊、上下二篇）から発展させた。また、アヘン戦争に遭遇した清人某の国防論『平夷策』を収める。

『禦戎策』は天保弘化の頃の著作で、一八四九年の海防論の選集『海防彙議』（塩田順庵編）に収められている。同書の三十の論策の中には、尚歯会の人士たちの策、すなわち渡辺崋山『慎機論』、高野長英『戊戌夢物語』、安積艮斎『禦戎策』、齋藤拙堂『海防策』、羽倉簡堂『海防私策』、江川英龍『存附之儀中上候書附』が収められている。このことは、蛮社の獄から十年の後、同会の対外問題の先駆的な論策が再評価されたことを示している。

また艮斎は、清の官吏が編集した、アヘン戦争関係の公文書集『夷匪犯境聞見録』(一八四三)の日本版『夷匪犯境録』(五巻三冊)の出版を主導している。縦書きの罫紙の版心に「夷匪犯境録　先天堂蔵」とあり、文章は細字で墨書し、綴じてある。「先天」とは、天の運行をあらかじめ知って行動する意で、易経の語。先天堂は架空の版元か。序に、艮斎の「夷匪犯境録を読む」と題した七言律詩十首を掲げ、「大日本安積艮斎」の署名がある。序文を詩の形で書いたのは、政道批判と見なされないための工夫である。この十首は『艮斎詩鈔』にも収められている。なお、高鍋藩校明倫堂からも『夷匪犯境聞見録』六巻六冊(一八五七)が出版されている。

天保期の『当世名家評判記』は、艮斎のことを「東西南北へかけ歩き、大いに大立者と言はれやす」と評している。艮斎は如才ない性格で、交友範囲も広かった。尚歯会を主宰した崋山は、艮斎から見れば、同じ佐藤一斎門の後輩である。また艮斎は、幕府の文教と外交とを担う林大学頭家と関係が深かった。林述斎は恩師、檉宇・復斎は親友、壮軒・鶯渓は門人であった。こういった良質な人脈の広がりは、外交政策において、尊皇攘夷の原理主義とは一線を画し、現実的な中庸の路線をとったことにも関係してこよう。

『洋外紀略』「引」に、「翻訳の西洋書数種を閲(けみ)す」とある。つまり、当時清から日本に持ち込まれた漢訳洋書の数種を読んで、情報を得たのである。そして、儒学の考え方や孫子の兵法、日本人としての価値観等に照らして検討し、国防の論策を示した。一八四五、六年刊行の箕作省吾『坤輿図識』（五巻三冊）・『坤輿図識補』（四巻四冊）に同様の記述はあるけれども、内容に異同があり、これに基づいてはいない。

江戸後期の国防論の中では、古賀侗庵の『海防臆測』（一八三八）が、積極的な開国を説いたため、評価が抜きん出て高い。後世、開国が善、鎖国が悪とされ、中庸の道などは忘れ去られた。かつまた古賀家は幕儒を三代務めた家柄である。その立場ゆえ、海外の最新情報に常に接していたことが基盤にある。ただしこの論はアヘン戦争前の著作であり、アヘン戦後の海防論と比すれば、開国に対して楽観的である。なお開国論自体は、江戸中期の本多利明がすでに端緒を開いている。

嘉永年間の海防論、『洋外紀略』や艮斎の門人斎藤竹堂の『鴉片始末』等は、アヘン戦争における清国の敗戦から学び導いた立論となっている。戦争の回避、防備の増強などの方策を講じて、清国と同じ道をたどらないように警鐘を鳴らしている。『海防臆測』とは一変し、切迫した危機意識に基づいて書かれた。井野辺茂雄は、『新訂維新前史の研究』（一九四二）の中で、艮斎等の嘉永期の国防論を「非戦論」に分類している。

『洋外紀略』の後世の引用については、まず水戸藩彰考館総裁豊田天功編『靖海全書』（一八五三）

の「合衆国考」に、『洋外紀略』のアメリカに関する記述が採録された。

森鴎外の小説『渋江抽斎』では、『洋外紀略』が儒学者の抽斎に洋学の必要を悟らせたとし、また同書「ワシントン伝」の、「嗚呼話聖東は、戎羯に生まると雖も、其の人と為りや、足りて多き者有り」の言を引用している。

勤王僧の月性は、『洋外紀略』の「妖教」の文章をほぼ用いて『仏法護国論』を著し、「今日海防の急務は、教を以て教を防ぐにしくはなきなり」とし、仏教擁護に利用した。なお艮斎のキリスト教論は、その信者にとっては不快なものかもしれないが、その時代においては一般常識的な内容であった。なお、当時は後期水戸学を基盤とした尊王攘夷論が隆盛をきわめていた。王政復古の理想のもと、会沢正志斎や藤田東湖が理論を構築した。儒学の論理をもとに、神道・国学・史学などが結びついた思想であった。艮斎の門人吉田松陰も、水戸学の信奉者の一人である。松陰の『講孟劄記』（一八五六）巻の四上に、「余れをして志を得せしめば、朝鮮・支那は勿論、満州・蝦夷、及び豪斯多辣理を定め（平定し）、其の餘は後人に留めて功名の地となさしめんのみ」とある。この海外膨張政策は、まさに正志斎の『新論』を踏襲している。

艮斎は、見山塾において四十七年間の長きにわたって門弟の教育にあたった。その門人帳（福島県重要文化財・安積国造神社蔵）には、門人二二八〇余名が記されている。昌平坂学問所や二本松藩校敬学館、長州藩校有備館（江戸の藩邸内）等の学校教育の学生も含めれば、約三千人の門人を教育したことになる。その中の二百名ほどは、歴史に名を残している。

激動の幕末明治期、艮斎の門人たちは実に広範に活躍して時代を牽引した。たとえば『洋外紀略』において艮斎は大艦建造の急務を説いたが、後年、門人たちによってそれが実現され、展開していった。小栗上野介と栗本鋤雲による横須賀造船所建設（日本の重工業発祥）、前島密（官）と岩崎弥太郎（民）による官民が連携した海運事業の展開（後の三菱・日本郵船）などがその顕著な例である。小栗と栗本、前島と岩崎は、それぞれ同時期に見山塾で学んでいる。

艮斎の門人が著した海外関係の本には、斎藤竹堂『蕃史』（一八四八）、大槻西磐『遠西紀略』（一八五五）、神田孝平『通史略』（一八五五）がある。また、栗本鋤雲に、「閣龍（コロンブス）を詠ず」と題した左の詩があるが、艮斎詩「富士山」と『洋外紀略』の「閣龍伝」踏まえたものである。

詠閣龍（閣龍（コロンブス）を詠ず）　栗本鋤雲

漂葉流屍験有年　漂葉流屍（ひょうようりゅうし）　験して年有り

磁針不誤達遥天　磁針誤らず　遥天（ようてん）に達す

＊下平一先

蓬莱咫尺猶迷霧
愧殺秦皇採薬船

蓬莱咫尺（しせき）　猶お迷霧
愧殺（きさつ）す　秦皇（しんこう）　薬を採るの船

石井研堂は、『洋外紀略』の国防論について、同時代の儒学者たちの論と比べて、「一見識有る論策」と評している。艮斎の国防の意見は、おのずと三千人の門人たちに影響を与え、海外問題に目を開かせていったことであろう。たとえば門人の清河八郎が海外へ大きく関心を向けるようになったのが、東条一堂の塾から艮斎の塾へ移った後であることを、徳田武氏が指摘されている（『幕末維新の文人と志士たち』）。

艮斎は朱子学を主としたが、相反する陽明学も積極的に活用した。「陽朱陰王」の一斎の門人であるので不思議はない。さらに、他の教えや愚夫愚婦の言からも善なるものは皆取り入れ、『洋外紀略』ではワシントンを高く評価した。学派にこだわらない、柔軟性のある思想家であった。艮斎の門人に、洋学に目を向けた人が多いのも、自由な学風のあらわれであろう。彼らは、儒学に立脚して西洋の善なるものを取り入れていったのである。また、副次的なことではあるが、儒学の学習は、異言語習得のための基礎的な学力を培った。

『洋外紀略』成立の五年後の一八五三年、アメリカからペリー、ロシアからプチャーチンが来航した。

艮斎は米露の国書（漢文）を和訳した。当時は漢文が東洋と西洋とを結ぶ共通言語であったので、原文とともに漢文の国書も存在したのである。そして、開国か鎖国かの決断を迫られる中、いわゆる回答延引策を有司の一人として幕府に提出し、現実的な、外交中庸の道を示した。さらに、ロシアへの返書（漢文）を古賀茶渓とともに書いた。これも延引策である。ともかく初期の日米日露外交を陰で支えた人であった。

『洋外紀略』は、西洋列強の世界侵略が今にも日本に及ぼうとしていた時代、大儒艮斎がその広遠な学識に基づいて書いた国防論である。国家の重大な危機を精確に認識していた艮斎は、彼我の軍事力の圧倒的な差を認めつつも、決して希望を失わず、儒家的な合理思考で国防を鋭意検討した。

ところで、世界に誇る歴史学者朝河貫一は、艮斎の姻戚である。その父の朝河正澄は、艮斎の立志伝を少年貫一の訓育のための教材とした。朝河の『日本の禍機』（一九〇九）は、軍国化する祖国を憂い、世界史的視野から論じた、日本への直言である。その六十一年前に書かれた『洋外紀略』に、「敢えて苟且（こうしょ）に兵を挙げず、其の疎（そ）なるを懼（おそ）るるなり。敢えて軽易（けいい）に陣に臨まず、其の漏るるを懼るるなり。敢えて土地貨財を貪（むさぼ）らず、其の貪るを懼るるなり」とある。この言は、朝河の『日本の禍機』執筆の動機と通底する。

『洋外紀略』は、『日本の禍機』と同様、単に過去の文物として見るべきではない。現在の世界情勢を見極め、わが国のあり方を深く考えてゆく上で、その手がかりとなり得る論考である。福沢諭吉など明治期の啓蒙思想まで遡ったとしても、近代日本の真の姿は見えてこない。幕末の思想を埒外に置いて、日本を語ることはできないはずである。また幕末を知るためには、漢文に通暁せねばならない。

明治の人は日本の倫理思想として武士道を見出し、世界にも発信した。朝河もはじめは武士道に期待をしていたが、彼の意に反して、日本は徐々に武士道とは異なる動きをするようになってゆく。それもそのはず、いわゆる武士道は、江戸時代の各藩校において、朱子学中心の教育の中から醸成された倫理道徳とも言い得る。武士道を醸成する機関がなくなり、一方で西洋かぶれが増えれば、それが廃れるのは自然の成り行きである。

輝ける明治の指導者たちは皆、江戸時代の教育によって養成された。彼らはおのずと朱子学を行動の規範としていたが、それを新時代風に言い換えたのが、武士道という言葉だったのであろう。ともかく、我々日本人にとって、儒学は宗教ではなく、倫理道徳や社会科学なのである。

安積艮斎は陸奥国安積郡郡山村鎮座　安積国造神社第五十五代宮司安藤（藤原姓安積氏）親重の三男。名は信また重信、字は思順、通称祐助、艮斎は号である。幼時より学を好み、二本松藩儒に学び、柴野栗山に憧れて十七歳にして江戸へ出奔した。たまたま妙源寺日明の恩義を受け、その紹介で佐藤一斎の門に入り、次いで林述斎に学んだ。江戸で私塾を開き、詩文に名高く東の安積艮斎、西の齋藤拙堂と称えられ、日本八大家に数えられた。

著名な門人を挙げれば、学者・詩人には斎藤竹堂、松岡毅軒、間崎哲馬、岩崎秋溟、那珂梧楼、菅野白華、岡鹿門、松林飯山、松本奎堂、三島中洲、重野安繹、菊池三渓、阪谷朗廬、鷲津毅堂、大須賀筠軒、倉石侗窩、大槻西磐、小川心斎、江田霞邨、庄原篁墩、南摩綱紀、菱田海鷗、佐藤誠実、島田篁村。政治家には小栗上野介、栗本鋤雲、林壮軒、岡本黄石、木村摂津守、吉田東洋、戸川安鎮、秋月悌次郎、吉田大八、長井雅楽、木戸孝允、楫取素彦、宍戸璣、谷干城、前島密、安場保和。洋学では、中村敬宇、箕作麟祥、福地源一郎、神田孝平、宇田川興斎、佐藤尚中。革命家吉田松陰、高杉晋作、清河八郎、本間精一郎。実業家岩崎弥太郎、近藤長次郎等。「明治の新天地を形作った材料とも言うべき人材の多くは、艮斎が養成した者である」とは、市島春城の言である。

当訳注を作成するにあたり、漢学の泰斗、早稲田大学名誉教授村山吉廣先生にご監修ご指導を賜りました。茲に深甚なる謝意を表します。

〈監修者〉 村山吉廣（むらやま・よしひろ）

昭和四年（一九二九）、埼玉県春日部市生まれ。早稲田大学文学部卒業。同大学文学部教授。現在、名誉教授。日本詩経学会会長、日本中国学会顧問、公益財団法人斯文会参与。

【著書】『名言の内側』（日本経済新聞社）、『中国の知嚢』（読売新聞社）、『中国の名詩鑑賞・清詩』（明治書院）、『論語名言集』（中公文庫）、『楊貴妃』（中公新書）、『評伝・中島敦』（中央公論新社）、『論語のことば』（斯文会）、『安積艮斎』（明徳出版社）、『忍藩儒 芳川波山の生涯と詩業』（明徳出版社）、『書を学ぶ人のための漢詩漢文入門』（二玄社）、『書を学ぶ人のための唐詩入門』（二玄社）、『詩経の鑑賞』（二玄社）、『亀田鵬斎碑文並びに序跋訳注集成』（筑波大学日本美術史研究室）、『漢学者はいかに生きたか 近代日本と漢学』（大修館書店）、『藩校 人を育てる伝統と風土』（明治書院）、『玉振道人詩存』（共著、明徳出版社）、『艮斎文略訳注』（監修、明徳出版社）。

〈訳注者〉 安藤智重（あんどう・ともしげ）

昭和四十二年（一九六七）、福島県郡山市生まれ。早稲田大学教育学部卒業。安積国造神社第六十四代宮司、（学）安積幼稚園理事長、全国神社保育団体連合会副会長、郡山信用金庫監事、安積歴史塾専務理事。平成十三年、神社の会館内に安積艮斎記念館が開館。同十五年より村山吉廣氏に師事。同十八年、（社）郡山青年会議所副理事長。同二十三年、（財）神道文化会表彰を受く。同二十六年、福島民友新聞社・徳川記念財団等主催文化講演会「安積艮斎と江戸幕府」鼎談の講師を務む。

【著書】『安積艮斎 艮斎文略 訳注』（第三十七回福島民報出版文化賞正賞、村山吉廣氏監修、明徳出版社）、『安積艮斎 艮斎詩略 訳注』（共著、明徳出版社）、『安積艮斎―近代日本の源流』（歴史春秋社）、『東の艮斎 西の拙堂』（共著、歴史春秋社）、『安積歴史入門』（歴史春秋社）、『苗湖分溝八図横巻・安藤脩重翁碑』（共著、訳注書）。

ISBN978-4-89619-946-8

洋外紀略　安積艮斎

平成二十九年 二月二十日 初版印刷
平成二十九年 三月 二日 初版発行

監修者　村山吉廣
訳注者　安藤智重
発行者　小林眞智子
発行所　㈱明徳出版社
〒162-0801 東京都新宿区山吹町三五三
（本社・東京都杉並区南荻窪一—二五—三）
電話　〇三—三二六六—〇四〇一
振替　〇〇一九〇—七—五八六三四

印刷・製本　㈱明徳

村山吉廣 監修・安藤智重 訳

安積艮斎 艮斎文略 訳注

「辞は達するのみ」と艮斎はいうが、その文は格調高く明快で堂々としている。彼の文集『艮斎文略』所収の文四十二篇、及び「東省日録」「南遊雑記」の二紀行文の全てに詳細な訳注を施した完訳。

◆A5判上製 407頁 定価(本体五、〇〇〇円＋税)

菊田紀郎・安藤智重 著

安積艮斎 艮斎詩略 訳注

昌平坂学問所教授として師の佐藤一斎と双璧をなし、また斎藤拙堂と詩文の才を称され、その門に多くの逸材を輩出した安積艮斎の詞藻の真骨頂を示す『艮斎詩略』所収の全百一首を詳細に訳注。

◆B6判並製 384頁 定価(本体三、〇〇〇円＋税)

中村安宏・村山吉廣 著

佐藤一斎・安積艮斎

叢書・日本の思想家 31

その門に綺羅星のごとき多数の逸材を輩出した、昌平黌を代表する儒者、一斎・艮斎。劇的な運命により師弟関係を結んだ、両大儒の生涯・学問・交友関係を、新知見も織り込んで生き生きと描く。

◆四六判上製 239頁 定価(本体二、八〇〇円＋税)